U0333475

第四次全国中药资源普查（湖北省）系列丛书
湖北中药资源典藏丛书

总 编 委 会

主　　任：涂远超

副 主 任：张定宇　姚　云　黄运虎

总 主 编：王　平　吴和珍

副总主编（按姓氏笔画排序）：

王汉祥　刘合刚　刘学安　李　涛　李建强　李晓东　余　坤
陈家春　黄必胜　詹亚华

委　　员（按姓氏笔画排序）：

万定荣　马　骏　王志平　尹　超　邓　娟　甘啟良　艾中柱
兰　州　邬　姗　刘　迪　刘　渊　刘军锋　芦　好　杜鸿志
李　平　杨红兵　余　瑶　汪文杰　汪乐原　张志由　张美娅
陈林霖　陈科力　明　晶　罗晓琴　郑　鸣　郑国华　胡志刚
聂　晶　桂　春　徐　雷　郭承初　黄　晓　龚　玲　康四和
森　林　程桃英　游秋云　熊兴军　潘宏林

湖北汉川

药用植物志

主　编

张　磊

副主编

喻志华　何良平　肖　浪　王红星　王家宽

编　委（按姓氏笔画排序）

王俊文　王俊波　向绍德　刘　杰　刘韦锦

孙丽君　李　广　李　颜　李望红　张新华

周　必　周国华　彭维礼　程　亮　魏　巍

摄　影

刘　涛

华中科技大学出版社
http://press.hust.edu.cn
中国·武汉

内 容 简 介

本书依据汉川市第四次中药资源普查结果编写而成，旨在填补汉川市药用植物志的空白，是汉川市第一部资料齐全、翔实的地方性专著和中草药工具书。

本书收载的植物涵盖 79 个科，共 194 种，记述了植物的中文名、拉丁名、别名、形态、生境、分布、药用部位、采收加工、药材性状、性味、功能主治等项目。为了便于识别和比较，每种植物均附原植物照片。

本书图文并茂，具有系统性、科学性和实用性等特点。本书可供中药植物研究、教育、资源开发利用及科普等领域人员参考使用。

图书在版编目 (CIP) 数据

湖北汉川药用植物志 / 张磊主编 . — 武汉：华中科技大学出版社，2024.5
ISBN 978-7-5772-0807-7

Ⅰ . ①湖…　Ⅱ . ①张…　Ⅲ . ①药用植物−植物志−汉川　Ⅳ . ① Q949.95

中国国家版本馆CIP数据核字(2024)第096890号

湖北汉川药用植物志　　　　　　　　　　　　　　　　　　　　　　　　　张　磊　主编
Hubei Hanchuan Yaoyong Zhiwuzhi

策划编辑：罗　伟

责任编辑：李艳艳

封面设计：廖亚萍

责任校对：朱　霞

责任监印：周治超

出版发行：华中科技大学出版社 (中国·武汉)　　　电话：(027)81321913
　　　　　武汉市东湖新技术开发区华工科技园　　邮编：430223

录　　排：华中科技大学惠友文印中心

印　　刷：湖北金港彩印有限公司

开　　本：889mm×1194mm　1/16

印　　张：13.25　插页：2

字　　数：363 千字

版　　次：2024 年 5 月第 1 版第 1 次印刷

定　　价：198.00 元

\ 编 写 说 明 \

①本志收载汉川市野生、栽培或引种成功的药用植物共计194种，包括蕨类植物、裸子和被子植物等。每种植物均附原植物照片。

②本志收载的植物，主要按照《中国植物志》所列的顺序排列。

③本志药用植物按中文名、拉丁名、别名、形态、生境、分布、药用部位、采收加工、药材性状、性味、功能主治等项目编写。

④中文名，主要采用《中国植物志》所用的名称。

⑤拉丁名，主要采用《中国植物志》所用的名称。

⑥别名，选择本地较为常用或具有一定代表性的名称。

⑦形态，主要参考《中国植物志》中的植物形态描述。

⑧生境，主要叙述植物野生状态下的生长环境。

⑨分布，主要记述植物在汉川市内的分布概况。

⑩药用部位，叙述植物的药用部位或药材名称。

⑪采收加工，简要记述采收季节和加工方法。

⑫药材性状，根据资料记述部分中药材的性状。

⑬性味，先写味，后写性，若为有毒植物，则按其毒性大小，写明小毒、有毒或大毒，以便引起注意。

⑭功能主治，功能记述该药用植物本身的主要功能，主治只记述其所治疗的主要病症。病症的术语，采用医生常用术语或中西医常用术语，主要参考本地中医的用药习惯。

⑮索引分为中文名索引和拉丁名索引。

＼ 前　言 ＼

汉川市位于汉江下游，江汉平原腹地，地跨东经113°22′～113°57′，北纬30°22′～30°51′，东与武汉市东西湖区和蔡甸区毗邻，西邻天门市，南接仙桃市，北与应城市、云梦县、孝感市孝南区接壤。全市东西长55.6 km，南北宽53.03 km。汉川市地处江汉平原，地势平坦且较低洼，由西北向东南平缓倾斜，属平原湖区。由于汉江横贯全境，历经洪水漫流冲刷，故汉江沿岸略高，中部低平，东南部有起伏的山丘，西北部边缘（汉北河以北）有湖滨隆起的岗地，海拔一般在25 m左右，面积约为1600 km²，占土地总面积96.4%（含湖泊、水系），东南部海拔稍高的低山丘陵面积约60 km²，占土地总面积3.6%。汉川市地貌大体可划分为平原、低丘两种类型，以平原为主。汉川市地处中纬度地区，属于比较典型的亚热带季风气候，雨量充沛，光照充足，气候温和，四季分明。年平均气温16.2 ℃，极端最高气温38.4 ℃，极端最低气温−14.3 ℃；年平均无霜期255天；年平均降水量1224.9 mm；年平均风速2.5 m/s，主导风向为偏北风。年平均日照时数为1910.7 h。

中药资源是中药产业的根基，影响中医药事业的发展。为了摸清现有中药资源情况，解决中药资源短缺、分布不清和信息不对称等一系列问题，由国家中医药管理局组织开展了第四次全国中药资源普查。汉川市作为湖北省第四批普查试点县市之一，在市委、市政府的高度重视和支持下，在有关部门的密切配合下，组建了汉川市中药资源普查领导小组、普查办公室和普查工作队。汉川市野外资源普查于2018年初启动，2020年底普查工作告一段落。近3年的时间里，普查工作队队员跑样地、采集标本、制作标本，为全面记录植物的生境、特征，多次前往样地拍摄，从而拍摄到大量珍贵的植物照片。本次普查对全面了解汉川市中药种类、分布情况，摸清中药资源情况，初步了解野生药材的蕴藏量具有重要意义，为制订汉川市中药产业发展规划和资源保护利用方案提供依据和服务。

本书依据汉川市第四次中药资源普查结果编写而成。此次普查涉及36个样地、180个样方的调查工作，其中系统生成样地3个，自设样地33个。本次普查经鉴定和查证的植物涵盖79个科、194种，采集、制作、鉴定的腊叶标本达 1200 余份，整理的影像资料达 100 G，包括图片 12000 余张，为本书的编撰提供了充足的原始资料。本书的出版，旨在填补汉川市药用植物志的空白。本书科名从低等到高等排列，蕨类植物按秦仁昌系统排列，裸子植物按郑万钧系统排列，被子植物按恩格勒系统排列，属以下植物按其拉丁名的英文字母排列，是汉川市第一部资料齐全、翔实的地方性专著和中草药工具书。植物的中文名和拉丁名主要采用《中国植物志》（1979 年版）的命名，若植物的中文名或拉丁名已修订，则在其后标注*，修订后的中文名或拉丁名详见植物智网站（http://www.iplant.cn/frps）。本书记述了植物的中文名、拉丁名、别名、形态、生境、分布、药用部位、采收加工、药材性状、性味、功能主治等。为了便于识别和比较，每种植物均附有原植物照片，收载的图片近 200 张。

　　本书的编写工作是在汉川市中医院的主持下进行的，并得到了湖北中医药大学、汉川市卫生健康局的大力支持和协助、武汉植物园李晓东教授等的认真审校，以及湖北中医药大学药学院院长吴和珍的指导，谨在此一并表示衷心的感谢。

　　由于受相关条件的限制，书中难免存在缺漏之处，敬请专家及广大读者批评指正。

编　者

\ 目 录 \

（二）单子叶植物纲

蕨类植物门

Pteridophyta

一、木贼科 Equisetaceae

小型或中型蕨类，土生、湿生或浅水生。根茎长而横行，黑色，分枝，有节，节上生根，被茸毛。地上枝直立，圆柱形，绿色，有节，中空有腔，表皮常有小瘤，单生或在节上有轮生的分枝；节间有纵行的脊和沟。叶鳞片状，轮生，在每个节上合生成筒状的叶鞘（鞘筒）包围在节间基部，前段分裂呈齿状（鞘齿）。孢子囊穗顶生，圆柱形或椭圆形，有的具长柄；孢子叶轮生，盾状，彼此密接，每个孢子叶下面生有 5 ～ 10 个孢子囊。孢子近球形，有 4 条弹丝，无裂缝，具薄而透明周壁，有细颗粒状纹饰。

1. 问荆 *Equisetum arvense* L.

【别名】 节节草、笔头草、空心草。

【形态】 中小型植物。根茎斜升，直立或横走，黑棕色，节和根密生黄棕色长毛或光滑无毛。地上枝当年枯萎。枝二型，能育枝春季先萌发，高 5 ～ 35 cm，中部直径 3 ～ 5 mm，节间长 2 ～ 6 cm，黄棕色，无轮茎分枝，脊不明显；鞘筒栗棕色或淡黄色，长约 0.8 cm，鞘齿 9 ～ 12 枚，栗棕色，长 4 ～ 7 mm，狭三角形，鞘背仅上部有一浅纵沟，孢子散后能育枝枯萎。不育枝后萌发，高达 40 cm，主枝中部直径 1.5 ～ 3.0 mm，节间长 2 ～ 3 cm，绿色，轮生分枝多，主枝中部以下有分枝。脊的背部弧形，无棱，有横纹，无小瘤；鞘筒狭长，绿色，鞘齿三角形，5 ～ 6 枚，中间黑棕色，边缘膜质，淡棕色，宿存。侧枝柔软纤细，扁平状，有 3 ～ 4 条狭而高的脊，脊的背部有横纹；鞘齿 3 ～ 5 枚，披针形，绿色，边缘膜质，宿存。孢子囊穗圆柱形，长 1.8 ～ 4.0 cm，直径 0.9 ～ 1.0 cm，顶端钝，成熟时柄伸长，柄长 3 ～ 6 cm。

【生境】 生于沟边、土边、草地。

【分布】 汉川市均有分布。

【药用部位】 全草。

【采收加工】 夏、秋季采收，割取全草，置通风处阴干，或鲜用。

【药材性状】 干燥全草长约 30 cm，多干缩或枝节脱落。茎略扁圆形或圆形，浅绿色，有细纵沟，节间长，每节有退化的鳞片叶，鞘状，先端齿裂，硬膜质。小枝轮生，梢部渐细。基部有时带有部分根，呈黑褐色。气微。

【性味】 味甘、苦，性平。

【功能主治】 止血，利尿，明目。主治鼻衄，吐血，咯血，便血，崩漏，外伤出血，淋证，目赤翳障。

2. 节节草 *Equisetum ramosissimum* Desf.

【别名】 节节木贼。

【形态】 中小型植物。根茎直立、横走或斜升，黑棕色，节和根疏生黄棕色长毛或光滑无毛。地上枝多年生。枝一型，高 20 ～ 60 cm，中部直径 1 ～ 3 mm，节间长 2 ～ 6 cm，绿色，主枝多在下部分枝，常呈簇生状；幼枝的轮生分枝明显或不明显；主枝有脊 5 ～ 14 条，脊的背部弧形，有 1 行小瘤或有浅色小横纹；鞘筒狭长达 1 cm，下部灰绿色，上部灰棕色；鞘齿 5 ～ 12 枚，三角形，灰白色、黑棕色或淡棕色，边缘（有时

上部）为膜质，基部扁平或弧形，早落或宿存，鞘齿上气孔带明显或不明显。侧枝较硬，圆柱状，有脊 5 ～ 8 条，脊上平滑，或有 1 行小瘤或有浅色小横纹；鞘齿 5 ～ 8 枚，披针形，革质但边缘膜质，上部棕色，宿存。孢子囊穗短棒状或椭圆形，长 0.5 ～ 2.5 cm，中部直径 0.4 ～ 0.7 cm，顶端有小尖突，无柄。

【生境】 生于沟旁、田边、潮湿草地。

【分布】 汉川市均有分布。

【药用部位】 全草。

【采收加工】 全年可采，割取地上全草，洗净，晒干。

【药材性状】 根状茎长而横走，黑褐色。茎高 20 ～ 120 cm，基部多分枝，灰绿色，中空，表面有脊，粗糙，节明显。叶轮生，退化，下部连合成鞘筒；鞘片背上无脊，黑色，有易落的膜质长尾。每节有小枝 2 ～ 5 个。孢子囊穗紧密，椭圆形，有小尖头，黄褐色，无柄。

【性味】 味甘、微苦，性平。

【功能主治】 清热，利尿，明目退翳，祛痰止咳。主治目赤肿痛，角膜云翳，肝炎，咳嗽，支气管炎。

二、海金沙科 Lygodiaceae

陆生攀援植物。根状茎颇长，横走，有毛而无鳞片。叶远生或近生，单轴型，叶轴为无限生长，细长，缠绕攀援，常高达数米，沿叶轴相隔一定距离有向两侧互生的短枝（距），顶上有 1 个不发育的，被茸茸毛的休眠小芽，从其两侧生出 1 对开向两侧的羽片。羽片分裂式、一至二回二叉掌状或为一至二回羽状复叶，近二型；不育羽片通常生于叶轴下部。能育羽片位于上部；末回小羽片或裂片为披针形，或长圆形、三角状卵形，基部常为心脏形、戟形或圆耳形；不育小羽片边缘全缘或有细锯齿。叶脉通常分离，少为疏网状，不具内藏小脉，分离小脉直达加厚的叶边。各小羽柄两侧通常有狭翅，上面隆起，往往有锈毛。能育羽片通常比不育羽片狭，边缘生有流苏状的孢子囊穗，由两行并生的孢子囊组成，孢子囊生于小脉顶端，并被叶边外长出来的一个反折小瓣包裹，形如囊群盖。孢子囊大，如梨形，横生于短柄上，环带位于小头，由几个厚壁细胞组成，以纵缝开裂。原叶体绿色，扁平。

3. 海金沙　*Lygodium japonicum* (Thunb.) Sw.

【别名】金沙藤、左转藤。

【形态】植株高攀达 1 ～ 4 m。叶轴上面有 2 条狭边，羽片多数，相距 9 ～ 11 cm，对生于叶轴上的短距两侧，平展。花距长达 3 mm，一端有一丛黄色柔毛覆盖腋芽。不育羽片尖三角形，长宽几相等，10 ～ 12 cm 或较狭，柄长 1.5 ～ 1.8 cm，同羽轴一样被短灰毛，两侧有狭边，二回羽状；一回羽片 2 ～ 4 对，互生，柄长 4 ～ 8 mm，和小羽轴都有狭翅及短毛，基部的一对卵圆形，长 4 ～ 8 cm，宽 3 ～ 6 cm，一回羽状；

二回小羽片 2 ～ 3 对，卵状三角形，具短柄或无，互生，掌状 3 裂；末回裂片短阔，中央一条长 2 ～ 3 cm，宽 6 ～ 8 mm，基部楔形或心脏形，先端钝，顶端的二回羽片长 2.5 ～ 3.5 cm，宽 8 ～ 10 mm，波状浅裂；向上的一回小羽片近掌状分裂或不分裂，较短，叶缘有不规则的浅圆锯齿。主脉明显，侧脉纤细，从主脉斜上，一至二回二叉分歧，直达锯齿。叶纸质，干后绿褐色，两面沿中肋及脉上略有短毛。能育羽片卵状三角形，长、宽几相等，12 ～ 20 cm，或长稍过于宽，二回羽状；一回小羽片 4 ～ 5 对，互生，相距 2 ～ 3 cm，长圆状披针形，长 5 ～ 10 cm，基部宽 4 ～ 6 cm，一回羽状；二回小羽片 3 ～ 4 对，卵状三角形，羽状深裂。孢子囊穗长 2 ～ 4 mm，往往长远超过小羽片的中央不育部分，排列稀疏，暗褐色，无毛。

【生境】　生于林边、灌木林、荒坡、草地。

【分布】　汉川市均有分布。

【药用部位】　干燥成熟孢子。

【采收加工】　秋季孢子未脱落时采割藤叶，晒干，搓揉或打下孢子，除去藤叶。

【药材性状】　孢子粉状，棕黄色或黄褐色；体轻，手捻之有光滑感，置于手中易从指缝滑落。撒入水中浮于水面，加热后则逐渐下沉；燃烧时发出轻微爆鸣及明亮的火焰，无灰渣残留。气微，味淡。

【性味】　味甘、咸，性寒。

【功能主治】　清利湿热，通淋止痛。主治血淋，砂淋，石淋，膏淋，热淋，湿疹，带下，咽喉肿痛，疟腮，水肿等。

三、中国蕨科 Sinopteridaceae

中生或旱生中小形植物。根状茎短而直立或斜升，少为横卧或细长横走（如金粉蕨属），有管状中柱，少为简单的网状中柱，被以基部着生的披针形鳞片。叶簇生，罕为远生，有柄，柄为圆柱形，或腹面有纵沟，通常栗色或栗黑色，很少为禾秆色，光滑，罕被柔毛或鳞片；叶一型，罕有二型或近二型，二回羽状或三至四回羽状细裂，卵状三角形至五角形或长圆形，罕为披针形。叶草质或坚纸质，下面绿色，或往往被白色或黄色蜡质粉末。叶脉分离或偶为网状（网眼内不具内藏小脉）。孢子囊群小，球形，沿叶缘着生于小脉顶端或顶部的一段，罕有着生于叶缘的小脉顶端的联结脉上而呈线形（如金粉蕨属、黑心蕨属），有盖（隐囊蕨属无盖），盖由反折的叶边部分变质所形成，连续，少有断裂，全缘，有齿或撕裂。孢子为球状四面形，暗棕色，表面具颗粒状、拟网状或刺状纹饰。

4. 野雉尾金粉蕨　*Onychium japonicum* (Thunb.) Kunze

【别名】　野鸡尾。

【形态】　植株高 60 cm 左右。根状茎长而横走，粗 3 mm 左右，疏被鳞片，鳞片棕色或红棕色，披针形，筛孔明显。叶散生；柄长 2～30 cm，基部褐棕色，略有鳞片，上部禾秆色（有时下部略饰有棕色），光滑；叶片几与叶柄等长，宽约 10 cm 或过之，卵状三角形或卵状披针形，渐尖头，四回羽状细裂；羽片 12～15 对，互生，柄长 1～2 cm，基部一对最大，长 9～17 cm，宽 5～6 cm，长圆状披针形或三角状披针形，先端渐尖，并具羽裂尾，三回羽裂；各回小羽片彼此接近，均为上先出，照例基部一对最大；末回能育小羽片或裂片长 5～7 mm，宽 1.5～2 mm，线状披针形，有不育的急尖头；末回不育裂片短而狭，线形或短披针形，短尖头；叶轴和各回育轴上面有浅沟，下面突起，不育裂片仅有中脉 1 条，能育裂片上斜向上的侧脉和叶缘的边脉汇合。叶干后坚草质或纸质，灰绿色或绿色，遍体无毛。孢子囊群长（3）5～

6 mm；囊群盖线形或短长圆形，膜质，灰白色，全缘。

【生境】 生于沟边或灌丛阴处。

【分布】 汉川市均有分布。

【药用部位】 全草。

【采收加工】 全年可采，晒干，鲜用尤佳。

【性味】 味苦，性寒。

【功能主治】 清热解毒。主治感冒高热，肠炎，痢疾，小便不利；解山薯、木薯、砷中毒；外用治汤火伤。

裸子植物门

Gymnospermae

四、银杏科 Ginkgoaceae

落叶乔木，树干高大，分枝繁茂；枝分长枝与短枝。叶扇形，有长柄，具多数叉状并列细脉，在长枝上螺旋状排列散生，在短枝上排成簇生状。球花单性，雌雄异株，生于短枝顶部的鳞片状叶的腋内，呈簇生状；雄球花具梗，葇荑花序状，雄蕊多数，螺旋状着生，排列较疏，具短梗，花药 2，药室纵裂，药隔不发达；雌球花具长梗，梗端常分 2 叉，稀不分叉或分成 3～5 叉，叉顶生珠座，各具 1 枚直立胚珠。种子核果状，具长梗，下垂，外种皮肉质，中种皮骨质，内种皮膜质，胚乳丰富；子叶常 2 片，发芽时不出土。

5. 银杏　*Ginkgo biloba* L.

【别名】 白果。

【形态】 乔木。幼树树皮浅纵裂，大树树皮呈灰褐色，深纵裂，粗糙；幼年及壮年树冠圆锥形，老则广卵形；枝近轮生，斜上伸展（雌株的大枝常较雄株开展）；一年生的长枝淡褐黄色，二年或以上生变为灰色，并有细纵裂纹；短枝密被叶痕，黑灰色，短枝上亦可长出长枝；冬芽黄褐色，常为卵圆形，先端钝尖。叶扇形，有长柄，淡绿色，无毛，有多数叉状并列细脉，顶端宽 5～8 cm，在短枝上常具波状缺刻，在长枝上常 2 裂，基部宽楔形，柄长 3～10 cm（多为 5～8 cm），幼树及萌生枝上的叶常较大而深裂（叶片长达 13 cm，宽 15 cm），有时裂片再分裂（这与较原始的化石种类之叶相似），叶在一年生长枝上呈螺旋状散生，在短枝上 3～8 叶呈簇生状，秋季落叶前变为黄色。球花雌雄异株，单性，生于短枝顶端的鳞片状叶腋内，呈簇生状；雄球花葇荑花序状，下垂，雄蕊排列疏松，具短梗，花药常 2，长椭圆形，药室纵裂，药隔不发达；雌球花具长梗，梗端常分两叉，稀 3～5 叉或不分叉，每叉顶生一盘状珠座，胚珠着生其上，通常仅 1 枚叉端的胚珠发育成种子，风媒传粉。种子具长梗，下垂，常为椭圆形、长倒卵形、卵圆形或近圆球形，长 2.5～3.5 cm，直径 2 cm，外种皮肉质，成熟时黄色或橙黄色，

外被白粉，有臭味；中种皮白色，骨质，具2～3条纵脊；内种皮膜质，淡红褐色；胚乳肉质，味甘、略苦；子叶2片，稀3片，发芽时不出土，初生叶2～5片，宽条形，长约5 mm，宽约2 mm，先端微凹，第4或第5片之后生叶扇形，先端具一深裂及不规则的波状缺刻，叶柄长0.9～2.5 cm；有主根。花期3—4月，种子9—10月成熟。

【生境】　栽于庭园及村庄附近或路旁。

【分布】　汉川市均有分布。

【药用部位】　叶和种子。

【采收加工】　银杏叶：秋季叶尚绿时采收，及时干燥。

白果（除去外种皮的成熟种子）：秋后待外种皮转黄白色时采收，加消石灰拌匀堆积，自然发酵，5～6天后，移入竹筐中，踩踏除去肉质外种皮，洗净，晒至中种皮（壳）呈乳白色，放通风处摊放，以防变质。

【药材性状】银杏叶：本品大多折叠或破碎，完整的叶片呈扇形，长4～8 cm，宽6～8 cm。上面绿色，下面淡绿色，光滑而革质，上缘具不规则波状缺刻，叶基楔形。叶脉为射出式平行脉。叶柄细长。质脆易碎。气清香，味微涩。

白果：本品呈椭圆形至倒卵形，长径1.8～2.3 cm，短径1～1.8 cm。表面乳白色至淡棕黄色，光滑，微有细皱纹，顶端渐尖，基部有微突起的圆形种柄痕，边缘有2～3条隆起线。中种皮骨质，破碎后内可见种仁1枚，淡黄绿色，外面灰白色，内面棕红色。胚乳肥厚，中间有较大的空隙。胚细长，子叶通常2片。胚乳气微，味微苦、涩，胚极苦。

【性味】　银杏叶：味苦，性凉。

白果：味甘、苦、涩，性平；有毒。

【功能主治】　银杏叶：活血化瘀，通络止痛，敛肺平喘，化浊降脂。主治瘀血阻络，胸痹心痛，中风偏瘫，肺虚咳喘，高脂血症。

白果：敛肺定喘，止带缩尿。主治哮喘咳嗽，带下，白浊，尿频，遗尿等。

五、松科 Pinaceae

常绿或落叶乔木，稀为灌木状；枝仅有长枝，或兼有长枝与生长缓慢的短枝，短枝通常明显，稀极度退化而不明显。叶条形或针形，基部不下延生长；条形叶扁平，稀呈四棱形，在长枝上呈螺旋状散生，在短枝上呈簇生状；针形叶2～5针（稀1针或多至81针）一束，着生于极度退化的短枝顶端，基部包有叶鞘。花单性，雌雄同株；雄球花腋生或单生于枝顶，或多数集生于短枝顶端，具多数螺旋状着生的雄蕊，每雄蕊具2花药，花粉有气囊或无，或具退化气囊；雌球花由多数螺旋状着生的珠鳞与苞鳞组成，花期时珠鳞小于苞鳞，稀珠鳞较苞鳞大，每珠鳞的腹（上）面具2枚倒生胚珠，背（下）面的苞鳞与珠鳞分离（仅基部合生），花后珠鳞增大，发育成种鳞。球果直立或下垂，当年或第二年，稀第3年成熟，成熟时张开，稀不张开；种鳞背腹面扁平，木质或革质，宿存或成熟后脱落；苞鳞与种鳞离生（仅基部合生），较长而露出或不露出，或短小而位于种鳞的基部；种鳞的腹面基部有 2 粒种子，通常种子上端具 1 膜质之翅，稀无翅或几无翅；胚具 2 ～ 16 片子叶，发芽时出土或不出土。

6. 雪松　*Cedrus deodara* (Roxb.) G. Don

【别名】香柏。

【形态】乔木，树皮深灰色，裂成不规则的鳞状块片；枝平展、微斜展或微下垂，基部宿存芽鳞向外反曲，小枝常下垂，一年生长枝淡灰黄色，密生短茸毛，微有白粉，二、三年生枝呈灰色、淡褐灰色或深灰色。叶在长枝上辐射伸展，短枝之叶呈簇生状（每年生出新叶 15 ～ 20 片），针形，坚硬，淡绿色或深绿色，长 2.5 ～ 5 cm，宽 1 ～ 1.5 mm，上部较宽，先端锐尖，下部渐窄，常呈三棱形，稀背脊明显，叶之腹

面两侧各有 2 ～ 3 条气孔线，背面 4 ～ 6 条，幼时气孔线有白粉。雄球花长卵圆形或椭圆状卵圆形，长 2 ～ 3 cm，直径约 1 cm；雌球花卵圆形，长约 8 mm，直径约 5 mm。球果成熟前淡绿色，微有白粉，成熟时红褐色，卵圆形或宽椭圆形，长 7 ～ 12 cm，直径 5 ～ 9 cm，顶端圆钝，有短梗；中部种鳞呈扇状倒三角形，长 2.5 ～ 4 cm，宽 4 ～ 6 cm，上部宽圆，边缘内曲，中部呈楔状，下部呈耳形，基部呈爪状，鳞背密生短茸毛；苞鳞短小；种子近三角状，种翅宽大，较种子长，连同种子长 2.2 ～ 3.7 cm。

【生境】庭园栽培树木。

【分布】汉川市均有分布。

7. 马尾松　*Pinus massoniana* Lamb.

【别名】青松、松树。

【形态】乔木。树皮红褐色，下部灰褐色，裂成不规则的鳞状块片；枝平展或斜展，树冠宽塔形或伞形，枝条每年生长 1 轮，但在广东南部则通常生长 2 轮，淡黄褐色，无白粉，稀有白粉，无毛；冬芽卵状圆柱形或圆柱形，褐色，顶端尖，芽鳞边缘丝状，先端尖或成渐尖的长尖头，微反曲。针叶 2 针一束，稀 3 针一束，长 12 ～ 20 cm，细柔，微扭曲，两面有气孔线，边缘有细锯齿；横切面皮下层细胞单型，第一层连续排列，第二层由个别细胞断续排列而成，树脂道 4 ～ 8 个，在背面边生，或腹面也有 2 个边生；叶鞘初呈褐色，后渐变为灰黑色，宿存。雄球花淡红褐色，圆柱形，弯垂，长 1 ～ 1.5 cm，聚生于新枝下部苞腋，穗状，长 6 ～ 15 cm；雌球花单生或 2 ～ 4 个聚生于新枝近顶端，淡紫红色，一年生小球果圆球形或卵圆形，直径约 2 cm，褐色或紫褐色，上部珠鳞的鳞脐具向上直立的短刺，下部珠鳞的鳞

脐平钝无刺。球果卵圆形或圆锥状卵圆形，长 4 ～ 7 cm，直径 2.5 ～ 4 cm，有短梗，下垂，成熟前绿色，成熟时栗褐色，陆续脱落；中部种鳞近矩圆状倒卵形或近长方形，长约 3 cm；鳞盾菱形，微隆起或平，横脊微明显，鳞脐微凹，无刺，生于干燥环境者常具极短的刺；种子长卵圆形，长 4 ～ 6 mm，连翅长 2 ～ 2.7 cm；子叶 5 ～ 8 片，长 1.2 ～ 2.4 cm；初生叶条形，长 2.5 ～ 3.6 cm，叶缘具疏生刺毛状锯齿。花期 4—5 月，球果第 2 年 10—12 月成熟。

【生境】　常栽培于干燥的山坡丘陵或低山脊薄向阳的沙砾地上。

【分布】　汉川市均有分布。

【药用部位】　花粉、松节及树脂除去挥发油后所留存的固体树脂（松香）。

【采收加工】　松花粉：清明前后摘取初开放雄球花，放在衬纸的竹匾中，上盖薄纸，晒 2 ～ 3 天，轻敲雄球花使花粉脱落在竹匾上，除去杂质，过筛烘干。

松节：全年均可砍取松树枝节，削去树皮，劈成小块，阴干。

松香：清明前后至霜降均可采取，6—8 月为松脂分泌的最盛期。冬季选生长 7 年以上的松树，在树干基部用刀自树皮至边材部割一个"V"形或螺旋形裂口，使树脂从伤口流出，收集在容器中，隔几天于其下再割一次，又可得树脂，收集后阴干。或加热树脂蒸馏出松节油，继续加热除去水分，趁热过滤除去杂质，冷却后即为透明松香。

【药材性状】　松花粉：本品为淡黄色极细的粉末，手捻之有滑润感，不沉于水。气微香，味淡、有油腻感。

松节：本品呈不规则的块状，大小不等。表面红棕色，粗糙，具纵深裂纹。质坚硬，横切面木部黄色或淡棕色，具年轮纹理，油性显著。有松油气，味微苦。

松香：本品呈半透明不规则的团块，大小不一。表面淡黄色，常被有一层粉霜。质硬而脆，折断面显颗粒状，有光泽，似玻璃，微带松节油气味，味苦。加热则熔化成透明黏稠的液体，遇火即燃烧，并散发棕色的浓烟。

【性味】　松花粉：味甘，性温。松节：味苦，性温。松香：味苦、甘，性温。

【功能主治】　松花粉：收敛止血，燥湿敛疮。主治外伤出血，湿疹，黄水疮，皮肤糜烂，脓水淋漓。

松节：祛风燥湿，舒筋通络，活血止痛。主治跌打损伤，风湿痹病，关节酸痛。

松香：祛风燥湿，排脓拔毒，生肌止痛。主治痈疽恶疮，瘰疬，痿证，疥疮，白秃，麻风病，痹证，金疮，血栓闭塞性脉管炎。

六、杉科 Taxodiaceae

常绿或落叶乔木，树干端直，大枝轮生或近轮生。叶呈螺旋状排列，散生，很少交叉对生（水杉属），披针形、钻形、鳞状或条形，同一树上之叶同型或二型。球花单性，雌雄同株，球花的雄蕊和珠鳞均呈螺旋状着生，很少交叉对生（水杉属）；雄球花小，单生或簇生于枝顶，或排列成圆锥花序状，或生于叶腋，雄蕊有 2～9（常 3～4）个花药，花粉无气囊；雌球花顶生或生于去年生枝近枝顶，珠鳞与苞鳞半合生（仅顶端分离）或完全合生，或珠鳞甚小（杉木属），或苞鳞退化（台湾杉属），珠鳞的腹面基部有 2～9 枚直立或倒生胚珠。球果当年成熟，成熟时张开，种鳞（或苞鳞）扁平或盾形，木质或革质，螺旋状着生或交叉对生（水杉属），宿存或成熟后逐渐脱落，能育种鳞（或苞鳞）的腹面有 2～9 粒种子；种子扁平或三棱形，周围或两侧有窄翅，或下部具长翅；胚有子叶 2～9 片。

8. 杉木　*Cunninghamia lanceolata* (Lamb.) Hook.

【别名】杉、沙树。

【形态】乔木。树皮灰色至暗灰褐色，或稍带黑色，裂成薄片状；小枝下垂，当年生长枝淡褐黄色、淡黄色或淡灰黄色，二年生枝灰色或暗灰色；短枝直径 3～4 mm，深灰色，顶端叶枕之间有较密的淡黄色短柔毛；冬芽近球形，基部稍宽，外部芽鳞褐色或淡褐色，三角状卵形，具背脊，先端长尖，边缘具睫毛状毛。叶倒披针状窄条形，长 1.5～3 cm，宽约 1 mm，先端尖或钝，两面中脉隆起，上面中上部或近先端每侧有

1～2 条白色气孔线，下面沿中脉两侧各有 2～5 条白色气孔线。着生球花的短枝通常无叶；雄球花卵圆形，长约 1 cm，有梗，常下垂，雄蕊黄色；雌球花和幼果淡紫色，卵状矩圆形，苞鳞直伸，先端急尖。球果卵状矩圆形，长 2.5～5 cm，直径 1.5～2.8 cm，种鳞较薄，成熟后显著地张开，中部种鳞扁方圆形、倒三角状圆形或近圆形，长宽几相等或宽大于长，长约 1 cm，宽 1～1.3 cm，先端宽圆，稀平截而微凹，鳞背近中部有密生平伏长柔毛，苞鳞较种鳞长，直伸而不反曲，长约 1.5 cm，下部较宽，中部微窄缩，中上部近等宽，先端平截或稍圆，中肋延伸成长急尖头；种子斜三角状卵圆形，长约 3 mm，连同翅长约 8 mm，种翅淡褐色，宽约 4 mm，先端钝圆。花期 4—5 月，球果 10 月成熟。

【生境】喜温暖湿润的气候，生于山坡、山谷路旁。

【分布】　汉川市均有分布。

【药用部位】　根或根皮、枝干上的结节、树皮、球果、叶。

【采收加工】　全年可采，鲜用或晒干。球果 7—8 月采摘，晒干。

【性味】　味辛，性微温。

【功能主治】　杉木根：祛风利湿，行气止痛，理伤接骨。主治风湿痹病，胃痛，疝气疼痛，淋病，带下，血瘀崩漏，痔疮，骨折，脱臼，刀伤。

杉木节：祛风止痛，散湿毒。主治风湿关节疼痛，胃痛，脚气肿痛，带下，跌打损伤，臁疮。

杉皮：利湿，消肿解毒。

杉塔（球果）：温肾壮阳，杀虫解毒，宁心，止咳。主治遗精，阳痿，白癜风，乳痈，心悸，咳嗽。

杉叶：祛风，化痰，活血，解毒。主治半身不遂初起，风疹，咳嗽，牙痛，天疱疮，脓疱疮，鹅掌风，跌打损伤，毒虫咬伤。

9. 水杉　*Metasequoia glyptostroboides* Hu et Cheng*

【形态】　乔木，树干基部常膨大；树皮灰色、灰褐色或暗灰色，幼树裂成薄片状脱落，大树裂成长条状脱落，内皮淡紫褐色；枝斜展，小枝下垂，幼树树冠尖塔形，老树树冠广圆形，枝叶稀疏；一年生枝光滑无毛，幼时绿色，后渐变成淡褐色，二、三年生枝淡褐灰色或褐灰色；侧生小枝排成羽状，长 4 ～ 15 cm，冬季凋落；主枝上的冬芽卵圆形或椭圆形，顶端钝，长约 4 mm，直径 3 mm，芽鳞宽卵形，先端圆或钝，

长宽几相等，2 ～ 2.5 mm，边缘薄而色浅，背面有纵脊。叶条形，长 0.8 ～ 3.5（常 1.3 ～ 2）cm，宽 1 ～ 2.5（常 1.5 ～ 2）mm，上面淡绿色，下面色较淡，沿中脉有两条较边带稍宽的淡黄色气孔带，每带有 4 ～ 8 条气孔线，叶在侧生小枝上列成 2 列，羽状，冬季与枝一同脱落。球果下垂，近四棱状球形或矩圆状球形，成熟前绿色，成熟时深褐色，长 1.8 ～ 2.5 cm，直径 1.6 ～ 2.5 cm，梗长 2 ～ 4 cm，其上有交叉对生的条形叶；种鳞木质，盾形，通常 11 ～ 12 对，交叉对生，鳞顶扁菱形，中央有 1 条横槽，基部楔形，高 7 ～ 9 mm，能育种鳞有 5 ～ 9 粒种子；种子扁平，倒卵形，间或圆形或矩圆形，周围有翅，先端有凹缺，长约 5 mm，直径 4 mm；子叶 2 枚，条形，长 1.1 ～ 1.3 cm，宽 1.5 ～ 2 mm，两面中脉微隆起，上面有气孔线，下面无气孔线；初生叶条形，交叉对生，长 1 ～ 1.8 cm，下面有气孔线。花期 2 月下旬，球果 11 月成熟。

【生境】　河流两旁、湿润山坡及沟谷中栽培很多。

【分布】　汉川市均有分布。

注：植物的拉丁名或中文名已修订，其后标注的*含义相同。

七、柏科 Cupressaceae

常绿乔木或灌木。叶交叉对生或3～4片轮生，稀螺旋状着生，鳞形或刺形，或同一树上兼有两型叶。球花单性，雌雄同株或异株，单生于枝顶或叶腋；雄球花具3～8对交叉对生的雄蕊，每雄蕊具2～6个花药，花粉无气囊；雌球花有3～16枚交叉对生或3～4枚轮生的珠鳞，全部或部分珠鳞的腹面基部有1至多枚直立胚珠，稀胚珠单生于两珠鳞之间，苞鳞与珠鳞完全合生。球果圆球形、卵圆形或圆柱形；种鳞薄或厚，扁平或盾形，木质或近革质，成熟时张开，或肉质合生呈浆果状，成熟时不裂或仅顶端微开裂，发育种鳞有1至多粒种子；种子周围具窄翅或无翅，或上端有一长一短之翅。

10. 侧柏　*Platycladus orientalis* (L.) Franco

【别名】扁柏。

【形态】乔木。树皮薄，浅灰褐色，纵裂成条片；枝条向上伸展或斜展，幼树树冠卵状尖塔形，老树树冠则为广圆形；生鳞叶的小枝细，向上直展或斜展，扁平，排成一平面。叶鳞形，长1～3 mm，先端微钝，小枝中央的叶露出部分呈倒卵状菱形或斜方形，背面中间有条状腺槽，两侧的叶船形，先端微内曲，背部有钝脊，尖头的下方有腺点。雄球花黄色，卵圆形，长约2 mm；雌球花近球形，直径约2 mm，蓝绿色，被白粉。

球果近卵圆形，长1.5～2（2.5）cm，成熟前近肉质，蓝绿色，被白粉，成熟后木质，开裂，红褐色；中间2对种鳞倒卵形或椭圆形，鳞背顶端的下方有一向外弯曲的尖头，上部1对种鳞窄长，近柱状，顶端有向上的尖头，下部1对种鳞极小，长达13 mm，稀退化而不显著；种子卵圆形或近椭圆形，顶端微尖，灰褐色或紫褐色，长6～8 mm，稍有棱脊，无翅或有极窄之翅。花期3—4月，球果10月成熟。

【生境】多生于或栽培于山坡、路旁。

【分布】汉川市均有分布。

【药用部位】叶和种仁。

【采收加工】干燥的嫩枝叶，称为侧柏叶；干燥成熟的种仁，称为柏子仁。

侧柏叶：全年可采，以6—9月采收者为佳，剪下大枝，干燥后取其小枝叶，扎成小把，置通风处风干，不宜暴晒。

柏子仁：立冬前后摘取成熟果实，置竹匾中摊晒至果壳开裂，搓擦使种谷全部脱出，筛取种谷，再浸入水中，弃去上浮秕粒，取下沉种谷晒干，将石磨的中柱垫高到距种谷微低的程度，将种谷谷壳磨裂，筛取种仁，再簸扬除去杂屑。

【药材性状】侧柏叶：枝长短不一，多分枝，小枝扁平。叶细小鳞片状，交互对生，贴伏于枝上，深绿色或黄绿色。质脆，易折断。气清香，味苦、涩、微辛。以叶嫩、青绿色、无碎末者为佳。

柏子仁：本品呈尖长卵形，长 3.5～6 mm，直径 1.5～2.5 mm。新鲜时淡黄色，陈则变为深黄色。种仁外皮有薄膜质的内种皮。顶端尖，具深棕色的小点，基部钝形，质软而油润。横断面黄白色，胚乳肥厚，子叶 2 片。放纸上稍久会留有油渍痕。气微香，味淡而有油腻感。以粒饱满、黄白色、油性大而不泛油、无皮壳杂质者为佳。

【性味】侧柏叶：味苦、涩，性寒。

柏子仁：味甘，性平。

【功能主治】侧柏叶：凉血止血，化痰止咳。主治血热吐血、衄血、尿血、血痢，肺热咳嗽，血热脱发。

柏子仁：养心安神，润肠通便。主治心悸失眠，肠燥便秘，阴虚盗汗，小儿惊痫。

八、罗汉松科 Podocarpaceae

常绿乔木或灌木。叶多型，条形、披针形、椭圆形、钻形、鳞形，或退化成叶状枝，螺旋状散生，近对生或交叉对生。球花单性，雌雄异株，稀同株；雄球花穗状，单生或簇生于叶腋，或生于枝顶，雄蕊多数，螺旋状排列，各具 2 个向外一边排列、有背腹面区别的花药，药室斜向或横向开裂，花粉有气囊，稀无气囊；雌球花单生于叶腋或苞腋，或生于枝顶，稀穗状，具少数至多数螺旋状着生的苞片，部分或全部，或仅顶端之苞腋着生 1 枚倒转生或半倒转生（中国种类）、直立或近直立的胚珠，胚珠由辐射对称或近辐射对称的囊状或杯状的套被所包围，稀无套被，有梗或无。种子核果或坚果状，全部或部分为肉质或较薄而干的假种皮所包，或苞片与轴愈合发育成肉质种托，有梗或无，有胚乳，子叶 2 片。

11. 罗汉松 *Podocarpus macrophyllus* (Thunb.) D. Don var. *macrophyllus*

【别名】罗汉杉、土杉。

【形态】常绿乔木。树皮灰色或灰褐色，浅纵裂，成薄片状脱落；枝开展或斜展，枝叶稠密。叶螺旋状排列，条状披针形，微弯，长 7～12 cm，宽 7～10 mm，先端渐尖或钝尖，基部楔形，有短柄，上面深绿色，有光泽，中脉显著突起，下面带白色、淡绿色，中脉微突起。雌雄异株；雄球花穗状，常 3～5（稀 7）簇生于极短的总梗上，长 3～5 cm；雌球花单生于叶腋，有梗。种子卵圆球形，直径 1～1.2 cm，成熟时肉质假种皮紫色或紫红色，被白粉，着生于肥厚肉质的种托上，种托红色或紫红色，梗长 1～1.5 cm。

花期4—5月，种子8—9月成熟。

【生境】 多栽培于庭园。

【分布】 汉川市均有分布。

【药用部位】 种子及花托、根皮。

【采收加工】 种子及花托，称为罗汉松实；根皮，称为罗汉松根皮。

罗汉松实：秋季种子成熟时连同花托一起摘下，晒干。

罗汉松根皮：全年或秋季采挖，洗净，鲜用或晒干。

【药材性状】 罗汉松实：种子椭圆形、类圆形或斜卵圆形，长8～11 mm，直径7～9 mm。外表灰白色或棕褐色，多数被白霜，具突起的网纹，基部着生于倒钟形的肉质花托上。质硬，不易破碎，折断面种皮厚，中心粉白色。气微，味淡。

【性味】 罗汉松实：味甘，性微温。

罗汉松根皮：味甘、微苦，性微温。

【功能主治】 罗汉松实：行气止痛，温中补血。主治胃脘疼痛，血虚，面色萎黄。

罗汉松根皮：活血祛瘀，祛风除湿，杀虫止痒。主治跌打损伤，风湿痹病，癣疾。

被子植物门

Angiospermae

（一）双子叶植物纲 Dicotyledoneae

九、胡桃科 Juglandaceae

落叶或半常绿乔木或小乔木，具树脂，有芳香，被有橙黄色盾状着生的圆形腺体。芽裸出或具芽鳞，常 2～3 枚重叠生于叶腋。叶互生或稀对生，无托叶，奇数，稀偶数羽状复叶；小叶对生或互生，具或不具小叶柄，羽状脉，边缘具锯齿或稀全缘。花单性，雌雄同株，风媒。花序单性，稀两性。雄花序常为葇荑花序，单独或数条成束，生于叶腋或芽鳞腋内；或生于无叶的小枝上而位于顶生的雌性花序下方，共同形成一下垂的圆锥式花序束；或者生于新枝顶端而位于一顶生的两性花序（雌花序在下端、雄花序在上端）下方，形成直立的伞房式花序束。雄花生于 1 片不分裂或 3 裂的苞片腋内；小苞片 2 片及花被片 1～4 枚，贴生于苞片内方的扁平花托周围，或无小苞片及花被片；雄蕊 3～40 枚，插生于花托上，花丝极短或不存在，离生或在基部稍稍愈合，花药有毛或无，2 室，纵缝裂开，药隔不发达，或发达而伸出花药的顶端。雌花序穗状，顶生，具少数雌花而直立，或有多数雌花而成下垂的葇荑花序。雌花生于 1 片不分裂或 3 裂的苞片腋内，苞片与子房分离或与 2 片小苞片愈合而贴生于子房下端，或与 2 片小苞片各自分离而贴生于子房下端，或与花托及小苞片形成一壶状总苞贴生于子房；花被片 2～4 枚，贴生于子房，具 2 枚时位于两侧，具 4 枚时位于正中线上者在外，位于两侧者在内；雌蕊 1 枚，由 2 心皮合生，子房下位，初时 1 室，后来基部发出 1 或 2 不完全隔膜而成不完全 2 室或 4 室，花柱极短，柱头 2 裂，稀 4 裂；胎座生于子房基底，短柱状，初时离生，后来与不完全的隔膜愈合，先端有 1 枚直立的无珠柄的直生胚珠。果实由小苞片及花被片或仅由花被片，或由总苞以及子房共同发育成核果状的假核果或坚果状；外果皮肉质、革质或膜质，成熟时不开裂、不规则破裂或 4～9 瓣开裂；内果皮（果核）由子房本身形成，坚硬，骨质，1 室，室内基部具 1 或 2 骨质的不完全隔膜，因而成不完全 2 室或 4 室；内果皮及不完全的隔膜的壁内在横切面上具或不具各式排列的、大小不同的空隙（腔隙）。种子大形，完全填满果室，具 1 层膜质的种皮，无胚乳；胚根向上，子叶肥大，肉质，常成 2 裂，基部渐狭或成心脏形，胚芽小，常被有盾状着生的腺体。

12. 枫杨　*Pterocarya stenoptera* C. DC.

【别名】麻柳。

【形态】大乔木。幼树树皮平滑，浅灰色，老时则深纵裂；小枝灰色至暗褐色，具灰黄色皮孔；芽具柄，密被锈褐色盾状着生的腺体。叶多为偶数、稀奇数羽状复叶，长 8～16 cm（稀达 25 cm），叶柄长 2～5 cm，叶轴具翅，翅不甚发达，与叶柄一样被有疏或密的短毛；小叶 10～16

片（稀6～25片），无小叶柄，对生
或稀近对生，长椭圆形至长椭圆状披
针形，长8～12 cm，宽2～3 cm，
顶端常钝圆或稀急尖，基部歪斜，上
方一侧楔形至阔楔形，下方一侧圆形，
边缘有向内弯的细锯齿，上面被有细小
的浅色疣状突起，沿中脉及侧脉被有极
短的星芒状毛，下面幼时被有散生的短
柔毛，成长后脱落而仅留有极稀疏的
腺体及侧脉腋内留有1丛星芒状毛。雄

性葇荑花序长6～10 cm，单独生于去
年生枝条上叶痕腋内，花序轴常有稀疏的星芒状毛。雄花常具1（稀2或3）枚发育的花被片，雄蕊
5～12枚。雌性葇荑花序顶生，长10～15 cm，花序轴密被星芒状毛及单毛，下端不生花的部分长
达3 cm，具2枚长达5 mm的不孕性苞片。雌花几乎无梗，苞片及小苞片基部常有细小的星芒状毛，
并密被腺体。果序长20～45 cm，果序轴常被有宿存的毛。果实长椭圆形，长6～7 mm，基部常有
宿存的星芒状毛；果翅狭，条形或阔条形，长12～20 mm，宽3～6 mm，具近平行的脉。花期4—
5月，果熟期8—9月。

【生境】　喜生于河滩、阴湿山坡地的林中。

【分布】　汉川市均有分布。

【药用部位】　枝、叶。

【采收加工】　夏、秋季采收，晒干备用。叶多鲜用。

【性味】　味辛、苦，性温；有小毒。

【功能主治】　杀虫止痒，利尿消肿。叶：主治血吸虫病；外用治黄癣，脚癣。枝、叶：捣烂可杀蛆虫、
孑孓。

十、杨柳科 Salicaceae

落叶乔木或直立、垫状和匍匐灌木。树皮光滑或开裂粗糙，通常味苦，有顶芽或无；芽由1至多枚
鳞片所包被。单叶互生，稀对生，不分裂或浅裂，全缘，锯齿缘或齿缘；托叶鳞片状或叶状，早落或宿存。
花单性，雌雄异株，罕有杂性；葇荑花序，直立或下垂，先叶开放，或与叶同时开放，稀叶后开放，花
着生于苞片与花序轴间，苞片脱落或宿存；基部有杯状花盘或腺体，稀缺如；雄蕊2至多枚，花药2室，
纵裂，花丝分离至合生；雌花子房无柄或有柄，雌蕊由2～4（5）心皮合成，子房1室，侧膜胎座，胚
珠多数，花柱不明显至很长，柱头2～4裂。蒴果2～4（5）瓣裂。种子微小，种皮薄，胚直立，无胚乳，
或有少量胚乳，基部围有多数白色丝状长毛。

13. 大叶杨　*Populus lasiocarpa* Oliv.

【别名】　水冬瓜、瓜儿树。

【形态】　乔木。树冠塔形或圆形；树皮暗灰色，纵裂。枝粗壮而稀疏，黄褐色，稀紫褐色，有棱脊，嫩时被茸毛或疏柔毛。芽大，卵状圆锥形，微具黏质，基部鳞片具茸毛。叶卵形，比杨叶大，长15～30 cm，宽10～15 cm，先端渐尖，稀短渐尖，基部深心形，常具2腺点，边缘具反卷的圆腺锯齿，上面光滑亮绿色，近基部密被柔毛；下面淡绿色，具柔毛，沿脉尤为显著。叶柄圆，有毛，长8～15 cm，通常与中脉同为红色。

雄花序长9～12 cm；花轴具柔毛；苞片倒披针形，光滑，赤褐色，先端条裂；雄蕊30～40枚。果序长15～24 cm，轴具毛；蒴果卵形，长1～1.7 cm，密被茸毛，有柄或近无柄，3瓣裂。种子棒状，暗褐色，长3～3.5 mm。花期4—5月，果期5—6月。

【生境】　生于山坡、沿溪林中或灌丛中。

【分布】　汉川市均有分布。

【药用部位】　花。

【采收加工】　4—5月采收，晒干。

【性味】　味甘、涩，性寒。

【功能主治】　止血。主治外伤出血，便血，衄血。

14. 垂柳　*Salix babylonica* L.

【别名】　水柳。

【形态】　乔木，树冠开展而疏散。树皮灰黑色，不规则开裂；枝细，下垂，淡褐黄色、淡褐色或带紫色，无毛。芽线形，先端急尖。叶狭披针形或线状披针形，长9～16 cm，宽0.5～1.5 cm，先端长渐尖，基部楔形两面无毛或微有毛，上面绿色，下面色较淡，有锯齿缘；叶柄长（3）5～10 mm，有短柔毛；托叶仅生于萌发枝上，斜披针形或卵圆形，有齿缘。花序先于

叶开放，或与叶同时开放；雄花序长 1.5～2（3）cm，有短梗，轴有毛；雄蕊 2，花丝与苞片近等长或较长，基部有长毛，花药红黄色；苞片披针形，外面有毛；腺体 2；雌花序长达 2～3（5）cm，有梗，基部有 3～4 片小叶，轴有毛；子房椭圆形，无毛或下部稍有毛，无柄或近无柄，花柱短，柱头 2～4 深裂；苞片披针形，长 1.8～2（2.5）mm，外面有毛；腺体 1。蒴果长 3～4 mm，带绿黄褐色。花期 3—4 月，果期 4—5 月。

【生境】 多栽培于沟边、田边、草地。

【分布】 汉川市均有分布。

15. 旱柳 *Salix matsudana* Koidz.

【别名】 杨柳。

【形态】 乔木。大枝斜上，树冠广圆形；树皮暗灰黑色，有裂沟；枝细长，直立或斜展，浅褐黄色或带绿色，后变褐色，无毛，幼枝有毛。芽微有短柔毛。叶披针形，长 5～10 cm，宽 1～1.5 cm，先端长渐尖，基部窄圆形或楔形，上面绿色，无毛，有光泽，下面苍白色或带白色，有细腺锯齿缘，幼叶有丝状柔毛；叶柄短，长 5～8 mm，在上面有长柔毛；托叶披针形或缺，有细腺锯齿缘。花序与叶同时开放；雄

花序圆柱形，长 1.5～2.5（3）cm，粗 6～8 mm，有花序梗，轴有长毛；雄蕊 2 枚，花丝基部有长毛，花药卵形，黄色；苞片卵形，黄绿色，先端钝，基部有短柔毛；腺体 2；雌花序较雄花序短，长达 2 cm，粗 4 mm，有 3～5 片小叶生于短花序梗上，轴有长毛；子房长椭圆形，近无柄，无毛，无花柱或很短，柱头卵形，近圆裂；苞片同雄花；腺体 2，背生和腹生。果序长达 2（2.5）cm。花期 4 月，果期 4—5 月。

【生境】 多生于河岸、固定沙地。

【分布】 汉川市均有分布。

【药用部位】 嫩叶或枝叶。

【采收加工】 嫩叶（柳芽）：春季采收。枝叶：春、夏、秋季采收，鲜用或晒干。

【药材性状】 嫩叶多纵向卷曲，完整叶展平呈披针形，上面黄绿色，幼叶有丝状柔毛，薄纸质；叶柄短，亦有柔毛。气微，味微苦。嫩枝圆柱形，浅褐黄色，表面略具纵棱，有光泽，节上有芽或脱落后呈三角形的瘢痕。质轻，易折断，横断面皮部极薄，木部黄白色，疏松，中央有白色髓部。

【性味】 味微苦，性寒。

【功能主治】 清热除湿，祛风止痛。主治黄疸型肝炎，急性膀胱炎，小便不利，关节炎，黄水疮，疮毒，牙痛。

十一、榆科 Ulmaceae

乔木或灌木；芽具鳞片，稀裸露，顶芽通常早死，枝端萎缩成一小距状或瘤状突起，残存或脱落，其下的腋芽代替顶芽。单叶，常绿或落叶，互生，稀对生，常2列，有锯齿缘或全缘，基部偏斜或对称，羽状脉或基部3出脉（即羽状脉的基生1对侧脉比较强壮），稀基部5出脉或掌状3出脉，有柄；托叶常呈膜质，侧生或生于柄内，分离或连合，或基部合生，早落。单被花两性，稀单性或杂性，雌雄异株或同株，少数或多数排成疏或密的聚伞花序，或因花序轴短缩而似簇生状，或单生于当年生枝或去年生枝的叶腋，或生于当年生枝下部或近基部的无叶部分的苞腋；花被浅裂或深裂，花被裂片常4～8，覆瓦状（稀镊合状）排列，宿存或脱落；雄蕊着生于花被的基底，在花蕾中直立，稀内曲，常与花被裂片同数而对生，稀较多，花丝明显，花药2室，纵裂，外向或内向；雌蕊由2心皮连合而成，花柱极短，柱头2个，条形，其内侧为柱头面，子房上位，通常1室，稀2室，无柄或有柄，胚珠1枚，倒生，珠被2层。果实为翅果、核果、小坚果，或有时具翅或具附属物，顶端常有宿存的柱头；胚直立、弯曲或内卷，胚乳缺或少量，子叶扁平、折叠或弯曲，发芽时出土。

16. 朴树   *Celtis sinensis* Pers.

【别名】小叶朴。

【形态】落叶乔木。树皮平滑，灰色。一年生枝被密毛。叶互生，革质，宽卵形至狭卵形，长3～10 cm，宽1.5～4 cm，先端急尖至渐尖，基部圆形或阔楔形，偏斜，中部以上边缘有浅锯齿，3出脉，上面无毛，下面沿脉及脉腋疏被毛。花杂性（两性花和单性花同株），1～3朵生于当年枝的叶腋；花被片4枚，被毛；雄蕊4枚，柱头2个。核果单生或2个并生，近球形，直径4～5 mm，成熟时红褐色，果核有穴和突肋。花期4—5月，果期9—11月。

【生境】生于路旁、山坡、林缘。

【分布】汉川市均有分布。

【药用部位】树皮、根皮、果实、叶。

【采收加工】树皮：5—9月采剥，切片，晒干。

根皮：7—10 月采收，刮去粗皮，鲜用或晒干。

果实：11—12 月果实成熟时采摘，晒干。

叶：5—7 月采收，鲜用或晒干。

【药材性状】 树皮：呈板块状，表面棕灰色，粗糙而不开裂，有白色皮孔；内面棕褐色。气微，味淡。

【功能主治】 树皮：祛风透疹，消食化滞。主治麻疹透发不畅，消化不良。

根皮：祛风透疹，消食止泻。主治麻疹透发不畅，消化不良，食积泻痢。

果实：清热利咽。

叶：清热，凉血，解毒。主治漆疮，荨麻疹。

十二、桑科 Moraceae

乔木或灌木，藤本，稀为草本，通常具乳汁，有刺或无刺。叶互生，稀对生，全缘或具锯齿，分裂或不分裂，叶脉掌状或羽状，有钟乳体或无；托叶 2 枚，通常早落。花小，单性，雌雄同株或异株，无花瓣；花序腋生，典型的成对，总状、圆锥状、头状、穗状或壶状，稀聚伞状，花序托有时为肉质，增厚或封闭而为隐头花序，或开张而为头状或圆柱形。雄花：花被片 2～4 枚，有时仅为 1 枚或多至 8 枚，分离或合生，覆瓦状或镊合状排列，宿存；雄蕊通常与花被片同数而对生；雌花：花被片 4 枚，稀更多或更少，宿存；子房 1 室，稀为 2 室，上位、下位或半下位，或埋藏于花序轴上的陷穴中，每室有倒生或弯生胚珠 1 枚；花柱 1 个或 2 个，具 1 或 2 个柱头臂，柱头非头状或盾形。果实为瘦果或核果状，围以肉质变厚的花被，或藏于其内形成聚花果，或隐藏于壶形花序托内壁形成隐花果，或陷入发达的花序轴内形成大型的聚花果。种子大或小，包于内果皮中，有胚乳，胚通常弯曲。

17. 构　*Broussonetia papyrifera* (L.) L′hér. ex Vent.

【别名】 大构、构树、大叶构树、大构树、楮。

【形态】 落叶乔木。有乳汁。树皮平滑，灰色，小枝，密生长柔毛。叶互生，常于枝端对生，宽卵形或矩圆状卵形，长 7～20 cm，宽 6～15 cm，顶端尖锐，基部圆形或稍呈心形，不分裂或不规则的 3～5 深裂，边缘有粗锯齿，上面暗绿色，粗糙，下面灰绿色，密生柔毛，3 出脉；叶柄长 2.5～3 cm，密生茸毛，托叶膜质，多脱落。花单性，雌雄异株，雄花序葇荑状，长 6～8 cm，着生于叶腋，上方有毛，雄花花被 4 裂，内有雄蕊 4 枚；雌花序头状，雌蕊为苞片所包围，苞片棒状，先端有毛，花被管状，具 3～4 齿，子房有柄，花柱侧生，单一，丝状，聚花果球形，直径 2～3 cm，肉质，由橙红色小核果聚成，成熟时小核果借肉质子房柄向外挺出。花期 4—5 月，果期 8—9 月。

【生境】 生于溪边两旁的坡地、山坡疏林内及田野或路边。

【分布】　汉川市均有分布。

【药用部位】　果实及根皮、叶、叶内乳汁。

【采收加工】　果实：8—10月果实成熟呈红色时打下，晒干，除去杂质。根皮：全年可采。叶：春、秋季采集，晒干或鲜用。

【性味】　果实：味甘，性寒。根皮：味甘，性平。叶：味甘，性凉。叶内乳汁：味甘，性平。

【功能主治】　果实：清肝明目，益肾利尿。主治虚劳，目昏，目翳，水气浮肿。

皮：利尿消肿。主治水肿，筋骨酸痛。

叶：主治鼻衄，顽癣。

叶内乳汁：主治顽癣，神经性皮炎，湿疹（取乳汁涂擦患处）。

18. 无花果　*Ficus carica* L.

【别名】　奶浆果。

【形态】　落叶灌木或小乔木。有白色乳汁。树皮暗褐色，分枝多，小枝粗壮，近无毛。单叶互生，叶片厚膜质，宽卵形或近球形，长10～24 cm，宽6～20 cm，呈掌状3～5裂，偶有不分裂者，裂片先端钝或渐尖，边缘有粗疏波状钝齿，掌状叶脉明显，上面深绿色，粗糙，下面淡绿色，有细柔毛；托叶三角状卵形，早落。冬季于叶腋处单生花序托，花序托有短梗，梨形，成熟时紫黑色，直径2.5～5 cm，基部有苞片3枚；雄花生于瘿花序托内面，花被2～6片，线形，雄蕊1～5枚；雌花另生于一花序托内，有长梗，花被4～5片，广线形，子房上位，椭圆形，与花被片等长，花柱侧生或近顶生，柱头2裂。瘦果三棱状卵形，淡棕黄色。花期4—5月，果期9—10月。

【生境】　多生于庭园。

【分布】　汉川市均有分布。

【药用部位】　果实、根、叶。

【采收加工】　果实：夏、秋季摘取未成熟青色的果实，放在沸水中烫片刻，立即捞起，晒干或烘干。

根、叶：全年可采，晒干或鲜用。

【药材性状】　干燥果实呈圆锥形或类球形，长约 2 cm，直径 1.5 ～ 2.5 cm。表面淡黄棕色至暗棕色、青黑色，有波状弯曲的纵棱线，顶端稍平截，中央有圆形突起，基部渐狭，带有果柄及残存苞片。质坚硬，切面黄白色，内壁着生于多数细小的卵形瘦果，有时上面尚见枯萎的雄花，长 1 ～ 2 mm。淡黄色，外有宿萼包被。气微，味甜。

【性味】　果实：味甘、酸，性平。根、叶：味淡、涩，性平。

【功能主治】　果实：润肺止咳。主治咳喘，咽喉肿痛。

根、叶：散瘀消肿，止泻。主治肠炎，腹泻；外用治痈肿。

19. 葎草　*Humulus scandens* (Lour.) Merr.

【别名】　锯锯藤、拉拉藤、葛勒子秧、勒草、拉拉秧、割人藤、拉狗蛋。

【形态】　缠绕草本，茎、枝、叶柄均具倒钩刺。叶纸质，肾状五角形，掌状 5 ～ 7 深裂，稀 3 裂，长、宽 7 ～ 10 cm，基部心脏形，表面粗糙，疏生糙伏毛，下面有柔毛和黄色腺体，裂片卵状三角形，边缘具锯齿；叶柄长 5 ～ 10 cm。雄花小，黄绿色，圆锥花序，长 15 ～ 25 cm；雌花序球果状，直径约 5 mm，苞片纸质，三角形，顶端渐尖，具白色茸毛；子房被苞片包围，柱头 2 个，伸出苞片外。瘦果成熟时露出苞片外。花期春、夏季，果期秋季。

【生境】　生于沟边、荒地、废墟、林缘等。

【分布】　汉川市均有分布。

【药用部位】　全草。

【采收加工】　9—10 月收获，选晴天收割地上部分，除去杂质，晒干。

【药材性状】　叶皱缩成团。完整叶片展平后近肾状五角形，掌状深裂，裂片 5 ～ 7，边缘有粗锯齿，两面均有毛，下面有黄色腺体；叶柄长 5 ～ 10 cm，有纵沟和倒刺。茎圆形，有倒刺和茸毛。质脆易碎，茎断面中空，不平坦，皮、木部易分离，有的可见花序或果穗。气微，味淡。

【性味】　味甘、苦，性寒。

【功能主治】　清热解毒，利尿通淋。主治肺热咳嗽，肺痈，虚热烦渴，热淋，水肿，小便不利，湿热泻痢，热毒疮疡，皮肤瘙痒。

20. 柘 *Maclura tricuspidata* Carr.

【别名】棉柘、黄桑、灰桑。

【形态】落叶灌木或小乔木。树皮灰褐色，小枝无毛，略具棱，有棘刺，刺长 5～20 mm；冬芽红褐色。叶卵形或菱状卵形，偶为 3 裂，长 5～14 cm，宽 3～6 cm，先端渐尖，基部楔形至圆形，表面深绿色，背面绿白色，无毛或被柔毛，侧脉 4～6 对；叶柄长 1～2 cm，被微柔毛。雌雄异株，雌雄花序均为球形头状花序，单生或成对腋生，具短总花梗；雄花序直径 0.5 cm，雄花有苞片 2 枚，附着于花被片上，花

被片 4 片，肉质，先端肥厚，内卷，内面有黄色腺体 2 个，雄蕊 4 枚，与花被片对生，花丝在花芽时直立，退化雌蕊锥形；雌花序直径 1～1.5 cm，花被片与雄花同数，花被片先端盾形，内卷，内面下部有 2 个黄色腺体，子房埋于花被片下部。聚花果近球形，直径约 2.5 cm，肉质，成熟时橘红色。花期 5—6 月，果期 6—7 月。

【生境】生于阳光充足的山地或林缘。

【分布】汉川市均有分布。

【药用部位】木材、除去栓皮的树皮或根皮（白皮）、果实、枝叶。

【采收加工】柘木：全年可采，砍取树干及粗枝，趁鲜剥去树皮，切段或切片，晒干。

柘木白皮：全年可采，剥取根皮和树皮，刮去栓皮，鲜用或晒干。

果实：秋季果实将成熟时采收，切片，鲜用或晒干。

枝叶：夏、秋季采收，鲜用或晒干。

【药材性状】柘木：木材圆柱状，较粗壮。全体黄色或淡黄棕色。表面较光滑。质地硬，难折断，断面不平坦，黄色至黄棕色，中央可见小髓。气微，味淡。

柘木白皮：根皮为扭曲的卷筒状，外面淡黄白色，偶有残留未除净的橙黄色栓皮，内面黄白色，有细纵纹。树皮为扭曲的条片，常纵向裂开，露出纤维，全体淡黄白色，体轻质韧，纤维性强。气微，味淡。

果实：完整果实近球形，直径约 2.5 cm，鲜品肉质，橘红色。干品多为对开切片，呈皱缩的半球形，全体橘黄色或棕红色，果皮内层着生多数瘦果，瘦果被干缩的肉质花被包裹，长约 0.5 cm，内含种子 1 粒，棕黑色。

枝叶：茎枝圆柱形，直径 0.5～2 cm，表面灰褐色或灰黄色，可见灰白色小点状皮孔。茎节上有坚硬棘刺粗针状，有的略弯曲，刺长 0.5～3.5 cm，单叶互生，易脱落，叶痕明显。叶为倒卵状椭圆形、椭圆形或长椭圆形，先端钝或渐尖，或有微凹缺，基部楔形，全缘，基出脉 3 条，两面无毛，深绿色或绿棕色，厚纸质或近革质。气微，味淡。

【性味】柘木：味甘，性温。柘木白皮：味甘、微苦，性平。果实：味苦，性平。枝叶：味甘、微苦，

性凉。

【功能主治】　柘木：滋养血脉，调益脾胃。主治虚损，妇女崩中，疟疾。

柘木白皮：补肾固精，利湿解毒，止血，化瘀。主治肾虚耳鸣，腰膝冷痛，遗精，带下，黄疸，疖疮，呕血，咯血，崩漏，跌打损伤。

果实：清热凉血，舒筋活络。主治跌打损伤。

枝叶：清热解毒，舒筋活络。主治疖腮，痈肿，瘾疹，湿疹，跌打损伤，腰腿痛。

21. 桑 *Morus alba* L.

【别名】　桑树、家桑、蚕桑。

【形态】　乔木或灌木，树皮厚，灰色，具不规则浅纵裂；冬芽红褐色，卵形，芽鳞覆瓦状排列，灰褐色，有细毛；小枝有细毛。叶卵形或广卵形，长5～15 cm，宽5～12 cm，先端急尖、渐尖或圆钝，基部圆形至浅心形，边缘钝锯齿，有时叶为各种分裂，表面鲜绿色，无毛，背面沿脉有疏毛，脉腋有簇毛；叶柄长1.5～5.5 cm，具柔毛；托叶披针形，早落，外面密被细硬毛。花单性，腋生或生于芽鳞腋内，与叶同时生出；

雄花序下垂，长2～3.5 cm，密被白色柔毛，雄花。花被片宽椭圆形，淡绿色。花丝在芽时内折，花药2室，球形至肾形，纵裂；雌花序长1～2 cm，被毛，总花梗长5～10 mm，被柔毛；雌花序无花梗，花被片倒卵形，顶端圆钝，外面和边缘被毛，两侧紧抱子房；无花柱，柱头2裂，内面有乳头状突起。聚花果卵状椭圆形，长1～2.5 cm，成熟时红色或暗紫色。花期4—5月，果期5—8月。

【生境】　常栽培于村旁、田间、地边。

【分布】　汉川市均有分布。

【药用部位】　叶、果穗、根皮、嫩枝。叶称为桑叶，果穗称为桑葚，根皮称为桑白皮，嫩枝称为桑枝。

【采收加工】　叶：多在秋末后采摘，除去枝条，摊放通风处阴干。

果穗：夏末秋初果实成熟时，表面呈红色时采摘，晒干或烘干，或略蒸后晒干。

根皮：春、秋季采收，将根挖出后，除去须根和泥土，趁新鲜时刮去黄棕色栓皮，纵向剥开皮部，用木棒轻轻捶打，使皮部与木部分离，除去木心，晒干。

嫩枝：秋、冬季修剪桑树时，剪取均匀细枝条，截成30 cm左右的段或切断成薄的斜片，晒干。

【药材性状】　叶：本品多呈卷缩皱碎的叶片，完整的叶片呈卵形或广卵形，长至15 cm，宽至12 cm，叶柄长约3 cm。叶片顶端渐尖，基部呈心形，边缘有钝锯齿，上面平坦或稍皱缩，下面颜色稍浅，叶脉突出呈网状，用放大镜观察可见叶脉上密生短柔毛。质脆，易碎。气微，味淡。

果穗：由许多扁圆形小瘦果集合而成的果穗。长圆形，稍弯曲，长 1～2 cm，直径 5～8 mm，黄棕色或棕红色，有短梗，卵圆形，稍扁，外包花被片 4 枚。

根皮：呈扭曲的卷筒状、板片状或两边向内卷曲成槽状。长短宽窄不一，厚 1～4 mm。外面近白色或淡黄色，有时可见未除净的橙黄色或棕黄色鳞片状的栓皮；内面黄白色或灰黄色，有细纵纹，有的纵向裂开，露出纤维。体轻柔韧，纤维性强，难折断，易纵向撕裂，撕裂时有白色粉末飞扬。

嫩枝：多斜切成薄片。长椭圆形，厚 2～3 mm，周边栓皮薄，棕黄色。斜片表面黄白色，皮部狭窄，木质部占绝大部分，中央小部分为髓，呈白色海绵状。横切面有时可见年轮。质坚硬，折断面粗纤维性。

【性味】叶：味苦、甘，性寒。果穗：味甘、酸，性寒。根皮：味甘，性寒。嫩枝：味微苦，性平。

【功能主治】叶：散风，清热，明目。主治风热头痛，咳嗽，目赤肿痛。

果穗：补肝，益肾，熄风。主治肝肾亏损，消渴，便秘，目眩，耳鸣，关节不利。

根皮：润肺平喘，行水消肿。主治肺热咳嗽，小便不利。

嫩枝：祛风除湿，舒筋活络。主治风湿痹病，肢体麻木，高血压。

十三、蓼科 Polygonaceae

草本，稀灌木或小乔木。茎直立、平卧、攀援或缠绕，节部通常膨大，具沟槽或条棱，有时中空。叶为单叶，互生，稀对生或轮生，边缘通常全缘；叶柄基部有膜质托叶鞘。花较小，两性，稀单性，雌雄异株或雌雄同株，辐射对称，排成顶生或腋生的穗状、总状、头状或圆锥状花序；花梗通常具关节；萼片 3～5 片，花瓣状，覆瓦状，或为 2 轮，宿存，内萼片有时增大，背部具翅、刺或小瘤；雄蕊 6～9 枚，稀较少或较多，花丝离生或基部贴生，花药背着，2 室，纵裂；花盘环状，腺状或缺；子房上位，1 室，有基生直立胚珠 1 枚，花柱 2～3 个，离生或下部合生，柱头头状、盾状或画笔状。瘦果具 3 棱或呈双凸镜状，极少具 4 棱，有时具翅或刺，包于宿存萼片或外露；胚直立或弯曲，通常偏于一侧，胚乳丰富，粉末状。

22. 何首乌　*Pleuropterus multiflorus* (Thunb.) Nakai

【别名】赤首乌、首乌、雄黄七。

【形态】多年生草本。根细长，末端有膨大的块根；块根长椭圆形，外皮棕褐色或暗棕色。茎细长，达 3～4 m，缠绕，多分枝，红紫色，中空，基部木化。单叶互生，卵形或近三角状卵形，长 5～10 cm，宽 3～5 cm，先端渐尖，基部心形或耳状箭形，无毛，全缘或微波状，上面深绿色，下面浅绿色，两面均光滑无毛；托叶鞘短筒状，膜质，棕褐色，长 5～6 mm。圆锥花序顶生或腋生，大而开展；

苞片卵状披针形；花小，白色，花梗纤细，有短柔毛；花被绿白色，5 深裂，裂片舟状卵圆形，大小不等，外边 3 片肥厚，在果时增大，背部有翅；雄蕊 8 枚，比花被短，子房卵状三角形，花柱短，柱头 3 个，扩大成鞘状。瘦果椭圆形，有 3 棱，黑褐色，光滑，包于花后增大的花被内。花期 6—9 月，果期 10—11 月。

【生境】　生于山坡石缝间、路旁或灌丛中。

【分布】　汉川市均有分布。

【药用部位】　块根和藤茎。块根称为何首乌，藤茎称为夜交藤。

【采收加工】　块根：春、秋季采挖，以秋季为好，洗净，切去两端，大者对半切开切厚片，晒干、烘干或煮后晒干。

藤茎：秋、冬季割取，折曲成把，晒干。

【药材性状】　块根：呈纺锤形或团块状，大小不一，药材多横切片，呈不规则的圆块状，表面红棕色或红褐色，有凹凸不平的纵沟和纵皱纹，并有少数皮孔。块根的两端各有 1 个明显的根痕，呈强纤维性，质坚实，不易折断，断面淡

红棕色。横切面可见中央部分有较大的正常维管束，四周皮部环列大小不等的异形维管束。气微，味苦、涩。

藤茎：呈长圆柱形，粗约 5 mm，细枝直径 2～6 mm，扭曲状，带有叶。茎粗糙，表面棕红色或紫褐色，有明显扭曲的纵皱纹和略膨大的节，节上有分枝痕。细枝近方形，表面浅棕黄色或淡紫棕色。质硬脆，易折断，藤茎断面皮部棕红色，木部黄白色或淡棕色，呈放射状排列，有多数小孔，中央为白色髓部。细枝断面有大型白色疏松髓部或中空。微有清香气。

【性味】　块根：味苦、涩，性平；制熟则味甘，性温。藤茎：味苦、涩，性平。

【功能主治】　块根：生用通大便，解疮毒。主治肠燥便秘，疔疮，瘰疬。制熟补肝肾，益精血。主治精血亏虚，头晕眼花，腰膝酸软，须发早白，久疟，遗精。

藤茎：养血安神，活络。主治虚烦失眠，血虚痹痛；外用治皮肤瘙痒。

23. 萹蓄　*Polygonum aviculare* L.

【别名】　竹叶草、萹蓄草。

【形态】　一年生草本，高 15～50 cm。茎平卧或斜上升，茎由基部分枝甚多，表面具棱。叶互生，狭椭圆形或披针形，长 1～4 cm，宽 0.5～0.9 cm，先端钝尖，基部楔形，全缘，两面无毛；叶柄短或近无柄；托叶鞘膜质，下部褐色，上部白色透明，多破裂，有多数脉纹，无毛。花 1～5 朵，簇生于叶腋，小花不同时开放；苞片膜质透明；花梗细而短，顶部有关节；花被 5 深裂，裂片椭圆形，绿色，边缘白

色或淡红色，宿存；雄蕊 8 枚；子房上位，花柱
3 个。瘦果三棱状卵形，黑色或黑褐色，具不明
显细纹及小点，稍伸出宿存花萼之外。花期 5—9
月，果期 8—11 月。

【生境】 生于山坡、路旁及园圃。

【分布】 汉川市均有分布。

【药用部位】 全草。

【采收加工】 夏至至立秋拔取全草，除去
泥沙、杂草，晒干。

【药材性状】 本品茎呈细圆柱形，长 15 ～
50 cm，表面灰绿色至灰棕色，具纵直纹理，节
明显，节间长短不一，节上有叶鞘，叶鞘下部合
生抱茎，先端多破裂如丝状，白色，透明。叶互
生，部分破碎或脱落，完整叶为披针形或狭椭圆
形，全缘，灰绿色，通常皱缩。茎质硬脆，易折断，
断面类白色。气微，味苦。

【性味】 味苦，性平。

【功能主治】 清热解毒，利水通淋，驱虫。
主治尿路感染、结石，肾炎，黄疸，细菌性痢疾，
蛔虫病，蛲虫病，疖疮湿痒。

24. 红蓼 *Polygonum orientale* L.

【别名】 水红花子、荭草。

【形态】 一年生草本，高 2 ～ 3 m。茎直立，有节，多分枝，中空，全体密被粗长毛。单叶互生，
具长柄；叶片卵形或宽卵形，长 10 ～ 18 cm，宽 6 ～ 12 cm，先端渐尖，基部近圆形或近楔形，全缘，
两面疏生长毛；有长叶柄；托叶鞘筒
状，下部膜质，褐色，上部草质，展
开成环状，绿色。总状花序顶生或腋
生，下垂，单一或数个花序集生成圆
锥状，苞片宽卵形；花被淡红色或白色，
5 深裂，裂片卵状椭圆形；雄蕊 7 枚，
长于花被，花柱 2 个；瘦果近圆形，
扁平，黑色，有光泽。花期 6—7 月，
果期 7—9 月。

【生境】 生于低山、山坡、沟边、
路旁、潮湿地，亦有栽培。

【分布】 汉川市各乡镇均有分布。

【药用部位】 果实、根及全草。

【采收加工】 10—11月果实成熟时，挖取全草，打下种子，根和全草分别晒干。

【药材性状】 果实近圆形，直径2～3 mm，有光泽，两侧面微凹入，其中央呈微隆起的线状，先端有刺状突起的柱基，基部有浅棕色略突起的果柄痕，有时残留膜质花被。果皮厚而坚硬，用水浸软后，除去果皮，内有扁圆形的种子，种皮浅棕色膜质，断面白色，粉性。

【性味】 味甘、淡，性微寒。

【功能主治】 散血，消积，止痛。主治胃痛，腹满痞胀。

25. 杠板归* *Polygonum perfoliatum* L.*

【别名】蛇不过、河白草、蛇倒退。

【形态】 多年生蔓生草本。长可超过2 m，茎细长，蔓延地面或攀援他物，有棱角，绿色或红褐色，倒生钩刺。单叶互生，近三角形，长4～6 mm，下部宽5～8 cm，先端略尖，基部截形或近心形，上面无毛，下面沿叶脉疏生钩刺，边缘疏生小刺；叶柄盾状着生于叶片近基部的中间，长2～7 cm，柄上有条棱和钩刺；托叶鞘近心形，抱茎。穗状花序顶生或腋生，苞片圆形，花被白色或淡红色，5深裂，裂片卵形，裂片

在果时增大，肉质，后变深蓝色；雄蕊8枚，较花被短；雌蕊1枚，子房卵圆形，花柱3叉状。瘦果球形，直径约3 mm，黑色，有光泽。花期7—9月，果期9—10月。

【生境】 生于山坡路旁、沟溪边或荒草地上。

【分布】 汉川市各乡镇均有分布。

【药用部位】 全草。

【采收加工】 夏、秋季采收，晒干。

【药材性状】 茎细长，有细直纵纹和多数倒钩刺，表面紫红色或红棕色，节处有托叶鞘或残留的环痕，折断面近方形，白色，内有白色疏松的髓或中空。叶多皱缩破碎，黄绿色，叶片展开后盾状着生，叶柄细长，背面叶脉及叶柄均密被倒刺。花序着生于顶端，有时可见黑色球形瘦果。气微，味淡，微酸。

【性味】 味酸，性凉。

【功能主治】 清热利湿，消肿解毒。主治水肿，小便不利，痢疾，腹泻，疮痈肿毒，皮炎，湿疹，毒蛇咬伤。

26. 丛枝蓼　*Polygonum posumbu* Buch.-Ham. ex D. Don*

【别名】　长尾叶蓼。

【形态】　一年生草本。茎细弱，无毛，具纵棱，高 30 ～ 70 cm，下部多分枝，外倾。叶卵状披针形或卵形，长 3 ～ 6（8）cm，宽 1 ～ 2（3）cm，顶端尾状渐尖，基部宽楔形，纸质，两面疏生硬伏毛或近无毛，下面中脉稍突出，边缘具缘毛；叶柄长 5 ～ 7 mm，具硬伏毛；托叶鞘筒状，薄膜质，长 4 ～ 6 mm，具硬伏毛，顶端截形，缘毛粗壮，长 7 ～ 8 mm。总状花序呈穗状，顶生或腋生，细弱，下部间断，花稀疏，长 5 ～ 10 cm；苞片漏斗状，无毛，淡绿色，边缘具缘毛，每苞片内含 3 ～ 4 朵花；花梗短，花被 5 深裂，淡红色，花被片椭圆形，长 2 ～ 2.5 mm；雄蕊 8 枚，比花被短；花柱 3 个，下部合生，柱头头状。瘦果卵形，具 3 棱，长 2 ～ 2.5 mm，黑褐色，有光泽，包于宿存花被内。花期 6—9 月，果期 7—10 月。

【生境】　生于溪边或阴湿地处。

【分布】　汉川市均有分布。

【采收加工】　7—9 月花期采收，鲜用或晒干。

【药用部位】　全草。

【药材性状】　茎枝圆柱形，基部多分枝，棕褐色至红褐色，节部稍膨大，无毛，断面中空。叶片皱缩卷曲，易破碎，展平后卵形、卵状披针形，先端急狭而成尾状，基部楔形，两面及叶缘有伏毛，或仅沿脉疏生伏毛，淡绿色至褐棕色，草质；托叶鞘短筒状，疏生伏毛，先端截形，有长睫毛状毛。花序穗状，单生，或 2 ～ 3 个集生，细弱，花簇稀疏间断；花被粉红色。瘦果卵形，黑色，有光泽，包于宿存花被内。

【性味】　味辛，性平。

【功能主治】　清热解毒。主治腹痛泄泻，痢疾。

27. 虎杖　*Reynoutria japonica* Houtt.

【别名】　酸梗子、酸筒杆。

【形态】　多年生草本，高 1 ～ 1.5 m。根状茎蔓延地下，侧生数条粗根，木质，黄色，具节。节上生数条须根。茎直立，丛生，表面光滑无毛，绿色或淡红色，通常散生红色或紫红色斑点，中空。叶互生，广卵形或卵状椭圆形，长 6 ～ 12 cm，宽 5 ～ 9 cm，顶端短骤尖，基部圆形或楔形，全缘或具不明显的细锯齿；托叶鞘膜质，褐色，早落。花单性，雌雄异株，成腋生的圆锥花序；花梗细长，中部有关节，上部有翅；花被白色或黄绿色，5深裂，裂片2轮，外轮3片在果时增大，背部生翅；雄蕊8枚；雌花花柱3个，柱头呈鸡冠状。瘦果椭圆形，有3棱，黑褐色，有光泽，包于增大的翅状花被内。花期6—7月，果期9—10月。

【生境】 喜生于温暖潮湿田野、水边、沟边、山谷湿地或林下阴湿处。

【分布】 汉川市北河工业园附近。

【药用部位】 根茎。

【采收加工】 全年均可采收，一般多在秋季采挖，除去泥土、茎叶及须根，晒干或鲜用。

【药材性状】 根粗壮，多数呈长圆柱形，弯曲或呈块状，长短不一，直径1～3 cm，有短分枝，节部膨大。表面灰褐色或棕褐色，有纵皱纹和点状的须根痕，老根有裂纹；以根的顶端或节上有芽痕，并有鞘状鳞片。质坚硬。不易折断，横断面皮部薄，黄棕色或橙黄色，与木部较易分离，木部占大部分，棕黄色，呈菊花纹放射状纹理。根茎部分有较大的凹陷茎痕，横切面中央有髓，髓中有隔或呈空洞状。

【性味】 味苦、涩，性凉。

【功能主治】 清热解毒，消肿散瘀。主治汤火伤，外伤感染，皮炎，湿疹，痈肿，黄疸，肝炎，毒蛇咬伤，跌打损伤。

十四、商陆科 Phytolaccaceae

草本或灌木，稀为乔木。直立，稀攀援；植株通常不被毛。单叶互生，全缘，托叶无或细小。花小，两性或有时退化成单性（雌雄异株），辐射对称或近辐射对称，排列成总状花序或聚伞花序、圆锥花序、穗状花序，腋生或顶生；花被片4～5，分离或基部连合，大小相等或不等，叶状或花瓣状，在花蕾中覆瓦状排列，椭圆形或圆形，顶端钝，绿色或有时变色，宿存；雄蕊数目变异大，4～5或多数，着生于花盘上，与花被片互生、对生，或多数成不规则生长，花丝线形或钻状，分离或基部略相连，通常宿存，花药背着，2室，平行，纵裂；子房上位，间或下位，球形，心皮1至多数，分离或合生，每心皮有一基生、横生或弯生胚珠，花柱短或无，直立或下弯，与心皮同数，宿存。果实肉质，浆果或核果，稀蒴果；种子小，侧扁，双凸镜状、肾形或球形，直立，外种皮膜质或硬脆，平滑或皱缩；胚乳丰富，粉质或油质，为一弯曲的大胚所围绕。

28. 垂序商陆 *Phytolacca americana* L.

【别名】洋商陆、美国商陆、美洲商陆、美商陆。

【形态】多年生草本，高1～2 m。根粗壮，肥大，倒圆锥形。茎直立，圆柱形，有时带紫红色。叶片椭圆状卵形或卵状披针形，长9～18 cm，宽5～10 cm，顶端急尖，基部楔形；叶柄长1～4 cm。总状花序顶生或侧生，长5～20 cm；花梗长6～8 mm；花白色，微带红晕，直径约6 mm；花被片5，雄蕊、心皮及花柱通常均为10，心皮合生。果序下垂；浆果扁球形，成熟时紫黑色；种子肾圆形，直径约3 mm。花期6—8月，果期8—10月。

【生境】生于沟边、田边、灌丛。

【分布】原产于北美，引入栽培。汉川市各地均有分布。

【采收加工】冬季倒苗时采挖，割去茎杆，挖出根部，横切成1 cm厚的薄片，晒干或烘干。

【药用部位】根。

【药材性状】根呈倒圆锥形，有多数分枝。表面呈灰棕色或灰黄色，有明显的横向皮孔及纵沟纹。商品多为横切或纵切的不规则块片，厚薄不等。外皮灰黄色或灰棕色。横切片弯曲不平，边缘皱缩，直径2～8 cm；切面呈浅黄棕色，或商陆（根）外形黄白色，木部隆起，形成数个突起的同心环轮。纵切片弯曲或卷曲，长5～8 cm，宽1～2 cm，木部呈平行条状突起。质硬。气微，久嚼麻舌。

【性味】味苦，性寒；有毒。

【功能主治】逐水消肿，通利二便，解毒散结。主治水肿胀满，二便不通；外用治痈肿，疮毒。

十五、马齿苋科 Portulacaceae

一年生或多年生草本，稀半灌木。单叶，互生或对生，全缘，常肉质；托叶干膜质或刚毛状，稀不存在。花两性，整齐或不整齐，腋生或顶生，单生或簇生，或成聚伞花序、总状花序、圆锥花序；萼片2，稀5，草质或干膜质，分离或基部连合；花瓣4～5片，稀更多，覆瓦状排列，分离或基部稍连合，常有鲜艳色，早落或宿存；雄蕊与花瓣同数，对生，或更多，分离、成束或与花瓣贴生，花丝线形，花药2室，内向纵裂；雌蕊3～5心皮合生，子房上位或半下位，1室，基生胎座或特立中央胎座，有弯生胚珠1至多枚，花柱线形，柱头2～5裂，形成内向的柱头面。蒴果近膜质，盖裂或2～3瓣裂，稀为坚果；种子肾形或球形，多粒，稀为2粒，有种阜或无，胚环绕粉质胚乳，胚乳大多丰富。

29. 大花马齿苋　*Portulaca grandiflora* Hook.

【别名】太阳花、午时花、洋马齿苋。

【形态】一年生草本，高10～30 cm。茎平卧或斜升，紫红色，多分枝，节上丛生毛。叶密集于枝端，较下的叶分开，不规则互生，叶片细圆柱形，有时微弯，长1～2.5 cm，直径2～3 mm，顶端圆钝，无毛；叶柄极短或近无柄，叶腋常生1撮白色长柔毛。花单生或数朵簇生于枝端，直径2.5～4 cm，日开夜闭；总苞片8～9片，叶状，轮生，具白色长柔毛；萼片2，淡黄绿色，卵状三角形，长5～7 mm，顶端急尖，

具龙骨状突起，两面均无毛；花瓣5片或重瓣，倒卵形，顶端微凹，长12～30 mm，红色、紫色或黄白色；雄蕊多数，长5～8 mm，花丝紫色，基部合生；花柱与雄蕊近等长，柱头5～9裂，线形。蒴果近椭圆形，盖裂；种子细小，多数，圆肾形，直径不及1 mm，铅灰色、灰褐色或灰黑色，有珍珠光泽，表面有小瘤状突起。花期6—9月，果期8—11月。

【生境】生于沟边、田边、草地。

【分布】汉川市均有分布。

【药用部位】全草。

【功能主治】散瘀止痛，清热，解毒消肿。主治咽喉肿痛，烫伤，跌打损伤，疮痈肿毒。

30. 马齿苋　*Portulaca oleracea* L.

【别名】马齿菜。

【形态】一年生肉质草本，全株光滑无毛，高20～30 cm。茎圆柱形，下部平卧或斜向上，由基部分枝四散，向阳面带淡褐色或紫色。叶互生或近对生，叶柄极短，叶片肉质肥厚，倒卵形或匙形，长1～3 cm，宽0.5～1.5 cm，先端钝圆，有时微缺，基部阔楔形，全缘，上面深绿色，下面暗红色。花两性，较小，黄色，通常3～5朵丛生于枝顶叶腋；苞片4～5片，三角状卵形；萼片2，对生，卵形，基部与子房连合；花瓣5，倒心形，先端微凹；雄蕊8～12，花药黄色；雌蕊1，子房下位，1室；花柱顶端4～6裂，形成线状柱头。蒴果短圆锥形，棕色，盖裂；种子多数，黑褐色，表面具细点。花期5—6月，果

期 6—10 月。

【生境】 喜生于菜园、旱地、田埂、沟边、路旁。

【分布】 汉川市各乡镇均有分布。

【药用部位】 全草。

【采收加工】 夏、秋季茎叶茂盛时采收，割取全草，洗净泥土，用沸水略烫后，晒干或鲜用。

【药材性状】 干燥全草皱缩成团，表面呈黄褐色。茎细圆柱形略扁，多分枝，有明显的纵沟纹，常扭曲。叶互生或近对生，卷曲或破碎脱落，绿褐色，茎端常有短圆锥形蒴果，有盖，如小帽，脱下后形似小碗。果实内有多数黑色细小种子。

【性味】 味酸，性寒。

【功能主治】 清热，解毒，凉血止痢。主治热毒痢疾，肠炎，疮痈肿毒，蛇虫咬伤。

十六、藜科 Chenopodiaceae

　　一年生草本、半灌木、灌木，较少为多年生草本或小乔木，茎和枝有时具关节。叶互生或对生，全缘，有齿或分裂，较少退化成鳞片状；无托叶。花为单被花，两性，较少为杂性或单性，如为单性时，雌雄同株，极少雌雄异株；有苞片或无，或苞片与叶近同形；小苞片 2 片，舟状至鳞片状，或无小苞片；花被膜质、草质或肉质，3～5 深裂或全裂，花被片（裂片）覆瓦状，很少排列成 2 轮，果时常常增大，变硬，或在背面生出翅状、刺状、疣状附属物，较少无显著变化；雄蕊与花被片（裂片）同数对生或较少，着生于花被基部或花盘上，花丝钻形或条形，离生或基部合生，花药背着，在芽中内曲，2 室，外向纵裂或侧面纵裂，顶端钝或药隔突出形成附属物；有花盘或无；子房上位，卵形至球形，由 2～5 个心皮合成，离生，极少基部与花被合生，1 室；花柱顶生，通常极短；柱头通常 2 个，很少 3～5 个，丝形或钻形，很少近头状，四周或仅内侧面具颗粒状或毛状突起；胚珠 1 枚，弯生。果实为胞果，很少为盖果，通常包在宿存的花萼内，每果内有直立或横生的种子 1 粒；种子直立、横生或斜生，扁平圆形、双凸镜形、肾形或斜卵形；种皮壳质、革质、膜质或肉质，内种皮有膜质或无；胚乳为外胚乳，粉质或肉质，或无胚乳，胚环形、半环形或螺旋形。

31. 土荆芥　*Chenopodium ambrosioides* L.*

【别名】 杀虫芥、臭草。

【形态】　一年生或多年生草本，高 50 ～ 80 cm，有强烈香味。茎直立，多分枝，有色条及钝条棱；枝通常细瘦，有短柔毛并兼有具节的长柔毛，有时近无毛。叶片矩圆状披针形至披针形，先端急尖或渐尖，边缘具稀疏不整齐的大锯齿，基部渐狭，具短柄，上面平滑无毛，下面有散生油点，并沿叶脉稍有毛，下部的叶长达 15 cm，宽达 5 cm，上部叶逐渐狭小而近全缘。花两性及雌性，通常 3 ～ 5 朵团集，生于上部叶腋；花被裂片 5，较少为 3，绿色，果时通常闭合；雄蕊 5 枚，花药长 0.5 mm；花柱不明显，柱头通常 3 个，较少为 4 个，丝形，伸出花被外。胞果扁球形，完全包于花被内。种子横生或斜生，黑色或暗红色，平滑，有光泽，边缘钝，直径约 0.7 mm。花期和果期的时间都很长。

【生境】　喜生于村旁、路边、河岸等处。

【分布】　汉川市各乡镇均有分布。

【药用部位】　全草。

【采收加工】　8 月下旬至 9 月下旬收割全草，摊放在通风处，或捆束悬挂阴干，避免日晒及雨淋。

【药材性状】　全草黄绿色，茎上有柔毛。叶皱缩破碎，叶缘常具稀疏不整齐的钝锯齿；上面光滑，下面可见散生油点；叶脉有毛。花穗簇生于叶腋。胞果扁球形，外被一薄层囊状而具腺毛的宿萼。种子黑色或暗红色，平滑，直径约 0.7 mm。具强烈而特殊的香气。

【性味】　味辛、苦，性微温。

【功能主治】　祛风除湿，杀虫止痒，活血消肿。主治钩虫病，蛔虫病，蛲虫病，头虱，皮肤湿疹，疖疮，风湿痹病，闭经，痛经，口舌生疮，咽喉肿痛，跌打损伤，蛇虫咬伤。

32. 地肤　*Kochia scoparia* (L.) Schrad.*

【别名】　铁扫帚、铁扫把、扫帚苗。

【形态】　一年生草本，高 50 ～ 150 cm。茎直立，多分枝，分枝斜上，淡绿色，秋季常变为紫红色，幼枝有白柔毛。叶互生，无柄，叶片披针形或条状披针形，长 2 ～ 5 cm，宽 3 ～ 7 mm，两面被短柔毛，先端渐尖，基部楔形，全缘，上面绿色，无毛，下面淡绿色，无毛或有短柔毛，幼叶边

缘有白色长柔毛，其后逐渐脱落。花两性或雌性，通常单生或数条生于叶腋，聚成稀疏的穗状花序；花小，黄绿色，花被筒状，先端 5 齿裂，裂片卵状三角形，向内弯曲，包裹子房，中肋突起似龙骨状，裂片背部有一绿色突起物；雄蕊 5 枚，伸出花被之外；子房上位，扁圆形，花柱极短，柱头 2 个，线形。胞果扁圆形，基部有宿存花被，展开呈 5 枚横生的翅。种子 1 粒，黑色，似芝麻。花期 7—9 月，果期 8—10 月。

【生境】　生于山野荒地、田野、路旁或栽培于庭园。

【分布】　汉川市均有分布。

【药用部位】　果实。

【采收加工】　秋季果实成熟时割取全草，晒干，打下果实，除去枝叶等杂质。

【药材性状】　干燥果实呈扁圆状五角星形，直径 1～3 mm，厚约 1 mm，外面为宿存花被，膜质，先端 5 裂，裂片三角形，土灰绿色或浅棕色，有的具三角形小翅 5 枚，排列如五角星状，顶面中央有柱头残痕，基部有圆点状果柄痕及 10 条左右放射状的棱线，花被易剥离，内有 1 粒小坚果，横生，果皮半透明膜质，有点状花纹，也易剥落。种子棕褐色或黑色，形如芝麻，置放大镜下观察可见表面具点状花纹，中部稍凹，边缘稍隆起，内有马蹄状的胚，浅黄色，油质，胚乳白色。气微，味微苦。

【性味】　味苦，性寒。

【功能主治】　清湿热，利小便，祛风止痒。主治小便不利，淋病，带下，疝气，疮毒，疖疮，阴部湿痒，荨麻疹。

十七、苋科 Amaranthaceae

一年生或多年生草本，少数为小灌木。叶互生或对生，全缘，少数有微齿，无托叶。花小，两性或单性同株或异株，或杂性，有时退化成不育花，花簇生于叶腋内，呈疏散或密集的穗状花序、头状花序、总状花序或圆锥花序；苞片 1 片及小苞片 2 片，干膜质，绿色或着色；花被片 3～5 片，干膜质，覆瓦状排列，常和果实同时脱落，少有宿存；雄蕊常和花被片等数且对生，偶较少，花丝分离，或基部合生成杯状或管状，花药 2 室或 1 室；有退化雄蕊或无；子房上位，1 室，具基生胎座，胚珠 1 或多枚，珠柄短或伸长，花柱 1～3 个，宿存，柱头头状或 2～3 裂。果实为胞果或小坚果，少数为浆果，果皮薄膜质，不裂、不规则开裂或顶端盖裂。种子 1 或多粒，凸镜状或近肾形，光滑或有小疣点，胚环状，胚乳粉质。

33. 牛膝　*Achyranthes bidentata* Bl.

【别名】　红牛膝、土牛膝。

【形态】　多年生直立草本。根细长，圆柱形，干硬或肉质，具少数支根。茎直立，四棱形，茎节略膨大，疏被柔毛。叶对生，椭圆形或卵状披针形，长 4～10 cm，宽 1.5～7 cm，先端锐尖，基部楔形或广楔形，全缘，上表面绿色，背面淡绿，两面被柔毛。穗状花序腋生和顶生，花密而多，花序伸长后，每朵小花均向下反折；花梗密被柔毛，苞片膜质，卵形，上部突尖或针刺，小苞片2片，坚刺状，略向外曲，基部两侧耳状，均无毛，有光泽；花被片5片，披针形，绿色，边缘干膜质，有光泽，无毛，有显著中肋；雄蕊5枚，花丝细，基部合生；子房1室。胞果长圆形，种子1粒。花期 8～9 月，果期 9—10 月。

【生境】 多栽培于肥沃疏松的土壤中，野生者多生于山野路旁。

【分布】 汉川市均有分布。

【药用部位】 根。

【采收加工】 秋、冬季茎叶枯萎时挖取根部，除去细根及泥沙，捆成小把，晒至干皱后，用硫黄煮2次，将顶端切齐，晒干。栽培者一般于播种当年冬季采挖。

【药材性状】 根呈细长圆柱形，上端较粗，下端较细，直或稍弯曲，长 10～15 cm，直径 0.5～1 cm。表面灰黄色或淡棕色，有细纵皱纹及排列稀疏的侧根痕。质硬而脆，易折断，断面平坦，微呈角质样而油润，木部黄白色。周围有多数点状的维管束，排列成 2～4 轮。嚼之略粘牙。

【性味】 味苦、酸，性平。

【功能主治】 生用散瘀血，消痈肿；熟用补肝肾，强筋骨。主治血滞闭经，痛经，产后瘀血腹痛，跌打损伤肿痛，腰膝骨痛，四肢拘挛，萎痹。

34. 喜旱莲子草　*Alternanthera philoxeroides* (Mart.) Griseb.

【别名】 空心莲子草、水花生。

【形态】 多年生草本；茎基部匍匐，上部上升，管状，不明显4棱，长 55～120 cm，具分枝，幼茎及叶腋有白色或锈色柔毛，茎老时无毛，仅在两侧纵沟内保留。叶片矩圆形、矩圆状倒卵形或倒卵状披针形，长 2.5～5 cm，宽 7～20 mm，顶端急尖或圆钝，具短尖，基部渐狭，全缘，两面无毛或上面有贴生毛及缘毛，下面有颗粒状突起；叶柄长 3～10 mm，无毛或微有柔毛。花密生，成具总花梗的头状花序，单生于叶腋，球形，直径 8～15 mm；苞片及小苞片白色，顶端渐尖，具1脉；苞片卵形，长 2～2.5 mm，小苞片披针形，长 2 mm；花被片矩圆形，长 5～6 mm，白色，有光泽，无毛，顶端急尖，背部侧扁；雄蕊花丝长 2.5～3 mm，基部连合成杯状；退化雄蕊矩圆状条形，和雄蕊约等长，顶端裂成窄条；

子房倒卵形,具短柄,背面侧扁,顶端圆形。果实未见。花期5—10月。

　　【生境】　生于沟边、田边。

　　【分布】　汉川市均有分布。

　　【药用部位】　全草。

　　【采收加工】　秋季采收,洗净鲜用。

　　【性味】　味苦、甘,性寒。

　　【功能主治】　清热利尿,凉血解毒。主治乙脑、流感初期,肺结核咯血;外用治湿疹,带状疱疹,疔疮,毒蛇咬伤,流行性出血性结膜炎。

35. 反枝苋　*Amaranthus retroflexus* L.

　　【别名】　西风谷、苋菜。

　　【形态】　一年生草本,高20～80 cm,有时超过1 m;茎直立,粗壮,单一或分枝,淡绿色,有时具带紫色条纹,稍具钝棱,密生短柔毛。叶片菱状卵形或椭圆状卵形,长5～12 cm,宽2～5 cm,顶端锐尖或尖凹,有小凸尖,基部楔形,全缘或波状缘,两面及边缘有柔毛,下面毛较密;叶柄长1.5～5.5 cm,淡绿色,有时淡紫色,有柔毛。圆锥花序顶生及腋生,直立,直径2～4 cm,由多数穗状花序形成,顶生花穗较侧生者长;苞片及小苞片钻形,长4～6 mm,白色,背面有1龙骨状突起,伸出顶端成白色尖芒;花被片矩圆形或矩圆状倒卵形,长2～2.5 mm,薄膜质,白色,有1淡绿色细中脉,顶端急尖或尖凹,具凸尖;雄蕊比花被片稍长;柱头3个,有时2个。胞果扁卵形,长约1.5 mm,环状横裂,薄膜质,淡绿色,包裹在宿存花被片内。种子近球形,直径1 mm,棕色或黑色,边缘钝。花期7—8月,果期8—9月。

　　【生境】　生于沟边、田边、草地。

　　【分布】　汉川市均有分布。

　　【药用部位】　全草。

　　【性味】　味甘,性微寒。

　　【功能主治】　清热解毒,利尿。主治痢疾,腹泻,疮痈肿毒。

36. 青葙 *Celosia argentea* L.

【别名】 野鸡冠花、鸡公苋。

【形态】 一年生草本，高 0.3～1 m，全株无毛。茎直立，有分枝，绿色或紫红色，具纵条纹。叶互生，纸质，披针形或长圆状披针形，长 5～9 cm，宽 1～2.5 cm，先端渐尖，基部狭，下延，全缘。穗状花序顶生或生于分枝顶端，圆锥状或圆柱状，长 3～10 cm，花密集；苞片、小苞片和花被片均披针形，干膜质，有光泽，白色；小苞片 3 片，花被片 5 片，长圆状披针形，顶端尖，初时淡紫红色，后转白色，具 1 中脉，向背面突起；雄蕊 5 枚，花丝基部连合成杯状，子房 1 室，胚珠多枚。胞果卵形，盖裂，包裹在宿存花被片内。种子扁圆形，黑色，有光泽。花期 5—7 月，果期 8—9 月。

【生境】 生于坡地、路边及较干燥的向阳处。

【分布】 汉川市均有分布。

【药用部位】 种子。

【采收加工】 9—10 月种子成熟时，割取地上部分或摘取果穗晒干，搓下种子，簸净果壳、灰渣即得。

【药材性状】 种子细小，呈扁圆形，中心微隆起，直径 1～1.8 cm。表面黑色或红黑色，平滑，有光泽，置放大镜下观察可见细网状花纹，侧面有一微凹处为种脐。常有残留的黄白色帽状果壳包被于种子上端，果壳顶端有一细丝状的花柱，长 4～6 mm。种子薄而脆，易破碎，内里种仁白色。

【性味】 味淡，性微寒。

【功能主治】 清肝凉血，明目退翳。主治目赤腰痛，云翳遮睛，畏光，高血压。

十八、木兰科 Magnoliaceae

落叶、常绿乔木或灌木。植物体有油细胞，常有芳香。叶互生、簇生或近轮生，单叶不分裂，罕分裂；托叶大，包被着幼芽，早落，脱落后在小枝上留下环状的托叶痕。花两性，顶生或腋生，稀成 2～3 朵的聚伞花序；花被片通常花瓣状，共 3～5 轮，每轮 3 片，覆瓦状排列；雄蕊多数，分离，螺旋状排列，花丝短或细长，花药线形，2 室，纵裂；子房上位，心皮多数，离生，稀合生，虫媒传粉。果实为聚合果，小果为蓇葖，少数为带刺的小坚果，果皮通常革质或近木质，宿存；种子大，胚珠着生于腹缝线，胚小，胚乳丰富。

37. 荷花玉兰 * *Magnolia grandiflora* L.

【别名】 洋玉兰、广玉兰。

【形态】 常绿乔木。树皮淡褐色或灰色，薄鳞片状开裂；小枝粗壮，具横隔的髓心；小枝、芽、叶下面及叶柄均密被褐色或灰褐色短茸毛（幼树的叶下面无毛）。叶厚革质，椭圆形、长圆状椭圆形或倒卵状椭圆形，长10～20 cm，宽4～7（10）cm，先端钝或短钝尖，基部楔形，叶面深绿色，有光泽；侧脉每边8～10条；叶柄长1.5～4 cm，无托叶痕，具深沟。花白色，有芳香，直径15～20 cm；花被片9～

12片，厚肉质，倒卵形，长6～10 cm，宽5～7 cm；雄蕊长约2 cm，花丝扁平，紫色，花药内向，药隔伸出成短尖；雌蕊群椭圆体形，密被长茸毛；心皮卵形，长1～1.5 cm，花柱呈卷曲状。聚合果圆柱状长圆形或卵圆形，长7～10 cm，直径4～5 cm，密被褐色或淡灰黄色茸毛；蓇葖背裂，背面圆，顶端外侧具长喙；种子近卵圆形或卵形，长约14 mm，直径约6 mm，外种皮红色，除去外种皮的种子顶端延长成短颈。花期5—6月，果期9—10月。

【分布】 原产于北美洲东南部。我国长江流域以南各地有栽培。本种广泛栽培，有超过150个栽培品系。

【药用部位】 花蕾及树皮（中药名广玉兰）。

【采收加工】 春季采收未开放的花蕾，白天暴晒，晚上发汗，五成干时堆放1～2天，再晒至全干。树皮随时可采。

【药材性状】 花蕾圆锥形，淡紫色或紫褐色。花被片9～12片，宽倒卵形，白质较厚，内层呈荷瓣状。雄蕊多数，花丝宽，较长，花药黄棕色条形。心皮多数，密生长茸毛。花梗节明显。质硬，易折断。

【性味】 味辛，性温。

【功能主治】 祛风散寒，行气止痛。主治外感风寒，头痛鼻塞，脘腹胀痛，呕吐腹泻，高血压，偏头痛。

十九、蜡梅科 Calycanthaceae

落叶或常绿灌木；小枝四方形至近圆柱形；有油细胞。鳞芽或芽无鳞片而被叶柄的基部包围。单叶对生，全缘或近全缘；羽状脉；有叶柄；无托叶。花两性，辐射对称，单生于侧枝的顶端或腋生，通常有芳香，黄色、黄白色、褐红色或粉红白色，先于叶开放；花梗短；花被片多数，未明显地分化成花萼和花瓣，成螺旋状着生于杯状的花托外围，花被片形状各式，最外轮的似苞片，内轮的呈花瓣状；雄蕊2轮，外轮的能发育，内轮的败育，发育的雄蕊5～30枚，螺旋状着生于杯状的花托顶端，花丝短而离生，药室外向，2室，纵裂，药隔伸长或短尖，退化雄蕊5～25枚，线形至线状披针形，被短柔毛；心皮少数至多数，离生，着生于中空的杯状花托内面，每心皮有胚珠2枚，或1枚不发育，倒生，花柱丝状，伸长；花托杯状。聚合瘦果着生于坛状的果托之中，瘦果内有种子1粒；种子胚大，无胚乳。

38. 蜡梅　*Chimonanthus praecox* (L.) Link

【别名】黄梅花、腊梅。

【形态】落叶灌木。幼枝四方形，老枝近圆柱形，灰褐色，无毛或被疏微毛，有皮孔；鳞芽通常着生于第二年生枝条叶腋内，芽鳞片近圆形，覆瓦状排列，外面被短柔毛。叶纸质至近革质，卵圆形、椭圆形、宽椭圆形至卵状椭圆形，有时长圆状披针形，长5～25 cm，宽2～8 cm，顶端急尖至渐尖，有时具尾尖，基部急尖至圆形，除叶背脉上被疏微毛外无毛。花着生于第二年生枝条叶腋内，先花后叶，芳香，直径

2～4 cm；花被片圆形、长圆形、倒卵形、椭圆形或匙形，长5～20 mm，宽5～15 mm，无毛，内部花被片比外部花被片短，基部有爪状物；雄蕊长4 mm，花丝比花药长或等长，花药向内弯，无毛，药隔顶端短尖，退化雄蕊长3 mm；心皮基部被疏硬毛，花柱长达子房3倍，基部被毛。果托近木质化，坛状或倒卵状椭圆形，长2～5 cm，直径1～2.5 cm，口部收缩，并具有钻状披针形的被毛附生物。花期11月至翌年3月，果期4—11月。

【生境】多为栽培，是园林绿化植物。

【分布】汉川市均有分布。

【药用部位】花蕾。

【采收加工】 移栽后3—4年开花，在花刚开放时采收。用无烟微火炕到表面干燥时取出，等回潮后，再复炕，这样反复1～2次，炕至呈金黄色全干即成。除去杂质及梗、叶，筛去灰屑。

【药材性状】 花蕾呈圆形、短圆形或倒卵形，长1～1.5 cm，宽4～8 mm。花被片叠合，呈棕黄色，下半部被多数膜质鳞片，鳞片呈黄褐色，三角形，有微毛。气香，味微甜后苦，稍有油腻感。以花心黄色、完整饱满而未开放者为佳。

【性味】 味辛、甘、微苦，性凉。

【功能主治】 解暑清热，理气开郁。主治暑热烦渴，头晕，胸脘痞闷，梅核气，咽喉肿痛，百日咳，小儿麻疹，汤火伤。

二十、樟科 Lauraceae

常绿、落叶乔木或灌木，少数为缠绕性寄生草本。叶互生、对生、近对生或轮生，具柄，全缘，少数分裂，与树皮一样常有多数含芳香油或黏液的细胞，羽状脉，3出脉或离基3出脉，小脉常为密网状；无托叶。花序为圆锥状、总状或小头状，花通常小，白色或绿白色，有时黄色，有时淡红色而花后转为红色，通常芳香，花被片开花时平展或常近闭合；花两性或由于败育而成单性，雌雄同株或异株，辐射对称，通常3基数；花被筒辐状，漏斗形或坛形，花被裂片6或4，呈2轮排列，或为9而呈3轮排列，等大或外轮花被片较小，互生，脱落或宿存，花后有时坚硬；雄蕊着生于花被筒喉部，周位或上位，通常12枚，排列成4轮，每轮2～4枚，通常最内一轮败育且退化为明显的退化雄蕊，稀第一、二轮雄蕊亦为败育，第三轮雄蕊通常能育，极稀为不育的，通常在花丝的每一侧有1个具柄的腺体或腺体的柄与花丝合生而成为近无柄或无柄的腺体，极稀各轮雄蕊具基生的腺体；花丝存在或花药无柄，花药4室或2室，内向或外向，裂片上卷；子房通常上位，胚珠单一，下垂，倒生；花柱明显，稀不明显，柱头盘状，扩大或开裂，有时不明显，但自花柱的一侧下延而有不同颜色的组织。果实为浆果或核果，花被片宿存而增大，或脱落；果托边缘全缘、波状或具齿裂，果托本身通常肉质，常有圆形大疣点。假种皮有时存在，包被胚珠顶部。种子有大而直的胚，无胚乳。

39. 樟　*Camphora officinarum* Nees

【别名】 樟树、小叶香樟、樟脑树、香樟。

【形态】 乔木，高可达30 m，胸径可达5 m，全株有樟脑香气，树皮幼时绿色平滑，老则渐变为黄褐色或灰褐色，纵裂；叶互生，薄革质，卵形，长6～12 cm，宽3～6 cm，先端渐尖而具急尖头，基部宽楔形，全缘，离基3出脉，上面亮绿色，下面灰绿色或粉白色，两面无毛，脉腋有明显的腺体，叶柄长2.5～3.5 cm。圆锥花序腋生，长5～7.5 cm，花小，淡黄绿色，两性；花被片6片，排成2轮，椭圆形，长约2 mm，内面密生短柔毛；能育雄蕊9枚，每3枚一轮，花药4室，瓣裂，第一、二轮雄蕊花药向内，第三轮向外，花丝基部具 2 个腺体，第四轮为退化雄蕊；子房球形，无毛。核果球形，直径 6～8 mm，成熟时紫黑色，内含种子 1 粒，果托杯状。花期 4—5 月，果期 10—11 月。

【生境】 常生于向阳山坡、山麓、沟谷、道路两旁及村子周围。

【分布】 汉川市各乡镇均有分布。

【药用部位】 根、树皮、叶及果实。

【采收加工】 根、树皮、叶：全年可采，洗净，切碎，鲜用或晒干，不宜火烘，以免损失香气。

樟脑：一般在 9—12 月砍伐老树，取其根、树干、树枝锯劈成碎片（树叶亦可），置蒸馏器中进行蒸馏。樟木中所含有的樟脑及挥发油随水蒸气馏出，冷却后，即得粗制樟脑。粗制樟脑再经升华精制，即得精制樟脑粉。将此樟脑粉放入模型中压榨，则得透明的樟脑块。置干燥处，宜于瓷器中密闭保存。本品以生长 50 年以上的老树产量最丰，幼嫩叶含樟脑少，产量低。

果实：秋季采集成熟的果实，晒干。

【药材性状】 樟木：不规则的木块，外表呈红棕色至暗棕色，断面可见年轮，质硬，有强烈的樟脑香气，尝之有清凉感。

根：不规则的片块，大小不一，厚 2～10 mm，边缘有棕褐色的栓皮，多因干燥而脱落，切面呈棕色或黄棕色，有放射状的纹理，断面可见年轮，质硬，有强烈的樟脑香气，尝之有清凉感。

樟脑：纯品为雪白的结晶状粉末或无色透明的硬块，粗制品略带黄色，有光泽，常温下易挥发，点火能发出多烟而有光的火焰，气芳香而浓烈刺鼻，味初辛辣，后辛凉。

果实：干燥果实为圆球形，棕黑色或紫黑色，表面皱缩不平或有光泽，直径 5～8 mm，有的基部尚包有宿存的花被，果皮肉质而薄，内含种子 1 粒，紫黑色，气香，味辛辣。

【性味】 味辛，性温。

【功能主治】 樟木：祛风除湿，散寒止痛。主治心腹胀痛，脚气，痛风，疥疮，跌打损伤。

樟脑：通窍，杀虫，止痛，辟秽。主治心腹胀痛，脚气，疮疡，疥癣，牙痛，跌打损伤。

果实：散寒祛湿，行气止痛。主治吐泻，胃寒腹痛，脚气，肿毒。

40. 山鸡椒　*Litsea cubeba* (Lour.) Pers.

【别名】 木姜子、山苍树、山苍子。

【形态】 落叶灌木或小乔木。幼树树皮黄绿色，光滑，老树树皮灰褐色。小枝细长，绿色，无毛，枝、叶具芳香味。顶芽圆锥形，外面具柔毛。叶互生，披针形或长圆形，长 4～11 cm，宽 1.1～2.4 cm，先端渐尖，基部楔形，纸质，上面深绿色，下面粉绿色，两面均无毛，羽状脉，侧脉每边 6～10 条，纤细，中脉、侧脉在两面均突起；叶柄长 6～20 mm，纤细，无毛。伞形花序单生或簇生，总梗细长，长 6～

10 mm；苞片边缘有睫毛状毛；每一花序有花 4～6 朵，先于叶开放或与叶同时开放，花被裂片 6，宽卵形；能育雄蕊 9 枚，花丝中下部有毛，第三轮基部的腺体具短柄；退化雌蕊无毛；雌花中退化雄蕊中下部具柔毛；子房卵形，花柱短，柱头头状。果实近球形，直径约 5 mm，无毛，幼时绿色，成熟时黑色，果梗长 2～4 mm，先端稍增粗。花期 2—3 月，果期 7—8 月。

【生境】　生于向阳的山地、灌丛、疏林或林中路旁、水边。

【分布】　汉川市均有分布。

【药用部位】　果实。

【采收加工】　夏、秋季采收，晒干。

【药材性状】　果实近球形，直径 3～6 mm。表面棕褐色或黑色，有皱缩。基部有果柄疤痕，有的具果柄，先端稍膨大呈盘状。果皮易破碎，具浓烈的香气。

【性味】　味辛、苦，性温。

【功能主治】　行气，健胃消食。主治消化不良，脘腹胀痛。

二十一、毛茛科 Ranunculaceae

多年生或一年生草本，少有灌木或木质藤本。叶通常互生或基生，少数对生，单叶或复叶，通常掌状分裂，无托叶；叶脉掌状，偶尔羽状，网状联结，少有开放的两叉状分枝。花两性，少有单性，雌雄同株或雌雄异株，辐射对称，稀两侧对称，单生或组成各种聚伞花序或总状花序。萼片下位，4～5 片，较多或较少，绿色，或花瓣不存在，或特化成分泌器官时常较大，呈花瓣状，有颜色。有花瓣或无，下位，4～5 片，或较多，常有蜜腺并常特化成分泌器官，这时常比萼片小得多，呈杯状、筒状、二唇状，基部常有囊状或筒状的距。雄蕊下位，多数，有时少数，螺旋状排列，花药 2 室，纵裂。退化雄蕊有时存在。心皮分生，少有合生，多数、少数或 1 枚，在隆起的花托上螺旋状排列或轮生，沿花柱腹面生柱头组织，柱头明显或不明显；胚珠多数或少数至 1 枚，倒生。果实为蓇葖或瘦果，少数为蒴果或浆果。种子有小的胚和丰富胚乳。

41. 威灵仙　*Clematis chinensis* Osbeck

【别名】 铁脚威灵仙。

【形态】 半常绿藤本，全体暗绿色，干后变为黑色。根丛生，条状，咀嚼时有辣味。茎圆柱形，具明显条纹，近无毛。叶对生，长达 20 cm，一回羽状复叶，小叶 5 片，略带草质，狭卵形或三角状卵形，长 3～8 cm，宽 1.5～3.4 cm，先端钝或渐尖，基部圆形或宽楔形，全缘，主脉 3 条，上面沿叶脉有细毛，下面无毛。圆锥花序长 12～18 cm，顶生或腋生；总苞片窄线形，长 5～7 mm，密生细白毛；

花直径 1.5 cm，萼片 4 片，有毛，内侧光滑无毛；雄蕊多数，不等长，花丝扁平；心皮多数，离生；子房及花柱上密生白毛。瘦果扁平，略生细短毛，花柱宿存，延长成白色羽毛状。花期 5—6 月，果期 6—7 月。

【生境】 生于低山杂木林缘及路边、山麓溪沟旁。

【分布】 汉川市各乡镇均有分布。

【药用部位】 根和根茎。

【采收加工】 立秋前后挖取根及根茎，除去叶，洗净，晒干。

【药材性状】 由根茎及多数圆柱形细长的根组成。根茎呈不规则圆柱形。横长，长 1.5～3.5 cm，直径约 2.5 cm，表面灰黄色至棕褐色，皮脱裂而呈纤维状，有隆起的节，顶端常残留木质残茎，两侧及下方着生多数细长的根，根圆柱形。稍扭曲，长 10～20 cm，直径 1～3 mm，略弯曲。表面棕黑色，具纵皱纹，质脆易断，断面皮部灰棕色；皮部与木部易分离。

【性味】 味辛、咸，性温；有毒。

【功能主治】 祛风除湿，通经活络，消痰涎，散癖积。主治风湿痹病，癥瘕聚积，脚气，痢疾，扁桃体炎，诸骨鲠喉。

42. 扬子毛茛　*Ranunculus sieboldii* Miq.

【形态】 多年生草本。须根伸长簇生。茎铺散，斜升，高 20～50 cm，下部节偃地生根，多分枝，密生开展的白色或淡黄色柔毛。基生叶与茎生叶相似，为三出复叶；叶片圆肾形至宽卵形，长 2～5 cm，宽 3～6 cm，基部心形，中央小叶宽卵形或菱状卵形，3 浅裂至较深裂，边缘有锯齿，小叶柄长 1～5 mm，生开展柔毛；侧生小叶不等 2 裂，背面或两面疏生柔毛；叶柄长 2～5 cm，密生开展的柔毛，基部扩大成褐色膜质的宽鞘抱茎。上部叶较小，叶柄也较短。花与叶对生，直径 1.2～1.8 cm；花梗长 3～8 cm，密生柔毛；萼片狭卵形，长 4～6 mm，为宽的 2 倍，外面生柔毛，花期向下反折，迟落；花瓣 5

片，黄色或上面变白色，狭倒卵形至椭圆形，长 6～10 mm，宽 3～5 mm，有 5～9 条或深色脉纹，下部渐窄成长爪状物，蜜槽小鳞片位于爪状物的基部；雄蕊 20 余枚，花药长约 2 mm；花托粗短，密生白柔毛。聚合果圆球形，直径约 1 cm；瘦果扁平，长 3～4（5）mm，宽 3～3.5 mm，为厚度的 5 倍以上，无毛，边缘有宽约 0.4 mm 的宽棱。花、果期 5—10 月。

【生境】 生于沟边、田边、草地。

【分布】 汉川市均有分布。

【药用部位】 全草。

【性味】 味苦，性热；有毒。

【功能主治】 发疱，截疟。主治疮毒，腹水，浮肿。

43. 天葵 *Semiaquilegia adoxoides* (DC.) Makino

【别名】 紫背天葵、千年老鼠屎。

【形态】 块根长 1～2 cm，粗 3～6 mm，外皮棕黑色。茎 1～5 条，高 10～32 cm，直径 1～2 mm，被稀疏的白色柔毛，分歧。基生叶多数，为掌状三出复叶；叶片轮廓卵圆形至肾形，长 1.2～3 cm；小叶扇状菱形或倒卵状菱形，长 0.6～2.5 cm，宽 1～2.8 cm，3 深裂，深裂片又有 2～3 个小裂片，两面均无毛；叶柄长 3～12 cm，基部扩大呈鞘状。茎生叶与基生叶相似，唯较小。花小，直径 4～6 mm；苞片小，

倒披针形至倒卵圆形，不裂或 3 深裂；花梗纤细，长 1～2.5 cm，被伸展的白色短柔毛；萼片白色，常带淡紫色，狭椭圆形，长 4～6 mm，宽 1.2～2.5 mm，顶端急尖；花瓣匙形，长 2.5～3.5 mm，顶端近截形，基部突起呈囊状；雄蕊退化，雄蕊约 2 枚，线状披针形，白膜质，与花丝近等长；心皮无毛。蓇葖卵状长椭圆形，长 6～7 mm，宽约 2 mm，表面具突起的横向脉纹，种子卵状椭圆形，褐色至黑褐色，长约 1 mm，表面有许多小瘤状突起。花期 3—4 月，果期 4—5 月。

【生境】 生于疏林下、路旁或山谷地的较阴处。

【分布】 汉川市各乡镇均有分布。

【药用部位】 块根。

【采收加工】 春季采收块根，晒干或鲜用。

【性味】 味甘、苦，性寒。

【功能主治】 清热解毒，利尿消肿。主治疮痈肿毒，乳腺炎，扁桃体炎，淋巴结结核，跌打损伤，毒蛇咬伤，小便不利。

二十二、小檗科 Berberidaceae

灌木或多年生草本，稀小乔木，常绿或落叶，有时具根状茎或块茎。茎具刺或无。叶互生，稀对生或基生，单叶或一至三回羽状复叶；托叶存在或缺；叶脉羽状或掌状。花序顶生或腋生，花单生、簇生或组成总状花序、穗状花序、伞形花序、聚伞花序或圆锥花序；花具花梗或无；花两性，辐射对称，小苞片存在或缺，花被通常3基数，偶2基数，稀缺；萼片6～9片，常花瓣状，离生，2～3轮；花瓣6片，扁平，盔状或呈距状，或变为蜜腺状，基部有蜜腺或缺；雄蕊与花瓣同数而对生，花药2室，瓣裂或纵裂；子房上位，1室，胚珠多数或少数，稀1枚，基生或侧膜胎座，花柱存在或缺，有时结果时缩存。浆果、蒴果、蓇葖或瘦果。种子1粒至多粒，有时具假种皮；富含胚乳；胚大或小。

44. 南天竹 *Nandina domestica* Thunb.

【别名】 天竹子。

【形态】 常绿灌木。高约2 m，茎直立，少分枝，幼枝常为红色。叶对生，常集生于茎梢，革质，二至三回羽状复叶，最末的小羽片具3～5片小叶，小叶椭圆状披针形，长3～9 cm，顶端渐尖，基部楔形，全缘，深绿色，冬季常变红色，叶两面光滑无毛，小叶下方及叶柄基部有关节，包茎。大圆锥花序顶生，长20～35 cm；花白色；萼片多轮，每轮3片，外轮较小，卵状三角形，内轮较大，卵圆形；雄蕊6枚，花瓣状，

离生，子房1室。浆果球形，鲜红色，偶有黄色，直径6～7 mm；种子2粒，扁圆形。花期4—6月，果期7—11月。

【生境】 多生于山坡路边、疏林下或沟旁，有栽培，为庭园或房屋旁普通观赏绿化植物。

【分布】　汉川市均有分布。

【药用部位】　根、茎、叶、果实。

【采收加工】　根、茎：全年可采，切片晒干。果实：秋、冬季采摘，晒干。叶：夏季采收。

【药材性状】　干燥果实近球形，外表棕红色或暗红色，光滑，微具光泽，顶端宿存微突出的柱基，基部留有果柄或其残痕。果皮质脆易碎，种子扁圆形，中央微凹。无臭。

【性味】　味苦、酸，性平。

【功能主治】　止咳，平喘，消积，止泻。主治咳嗽，气喘，百日咳，食积，腹泻，尿血，腰肌劳损。

二十三、木通科 Lardizabalaceae

木质匐本，很少为直立灌木。茎缠绕或攀援，木质部有宽大的髓射线；冬芽大，有2至多片覆瓦状排列的外鳞片。叶互生，掌状或三出复叶，很少为羽状复叶，无托叶；叶柄和小柄两端膨大为节状。花辐射对称，单性，雌雄同株或异株，很少杂性，通常组成总状花序或伞房状的总状花序，少为圆锥花序；萼片花瓣状，6片，排成2轮，覆瓦状或外轮的镊合状排列，很少仅有3片；花瓣6，蜜腺状，远较萼片小，有时无花瓣；雄蕊6枚，花丝离生或合生成管，花药外向，2室，纵裂，药隔常突出药室顶端而成角状或凸头状的附属体；退化心皮3；在雌花中有6枚退化雄蕊；心皮3，很少6～9，轮生于扁平花托上或心皮多数，螺旋状排列在膨大的花托上，上位，离生，柱头显著，近无花柱，胚珠多枚或仅1枚，倒生或直生，纵行排列。果实为肉质的骨葖果或浆果，不开裂或沿向轴的腹缝开裂；种子多粒或仅1粒，卵形或肾形；种皮脆壳质，有肉质、丰富的胚乳和小而直的胚。

45. 木通　*Akebia quinata* (Houtt.) Decne.

【形态】　落叶木质藤本。茎纤细，圆柱形，缠绕，茎皮灰褐色，有圆形、小而突起的皮孔；芽鳞片覆瓦状排列，淡红褐色。掌状复叶互生或在短枝上簇生，通常有小叶5片，偶有3～4片或6～7片；叶柄纤细，长4.5～10 cm；小叶纸质，倒卵形或倒卵状椭圆形，长2～5 cm，宽1.5～2.5 cm，先端圆或凹入，具小突尖，基部圆或阔楔形，上面深绿色，下面青白色；中脉在上面凹入，下面凸起，侧脉每边5～7条，与网脉均

在两面凸起；小叶柄纤细，长 8～10 mm，中间 1 片长可达 18 mm。伞房花序式的总状花序腋生，长 6～12 cm，疏花，基部有雌花 1～2 朵，基部以上 4～10 朵为雄花；总花梗长 2～5 cm，着生于缩短的侧枝上，基部为芽鳞片所包托；花略芳香。雄花：花梗纤细，长 7～10 mm；萼片通常 3 片，有时 4 或 5 片，淡紫色，偶有淡绿色或白色，兜状阔卵形，顶端圆形，长 6～8 mm，宽 4～6 mm；雄蕊 6（7）枚，离生，初时直立，后内弯，花丝极短，花药长圆形，钝头；退化心皮 3～6，小。雌花：花梗细长，长 2～4（5）cm；萼片暗紫色，偶有绿色或白色，阔椭圆形至近圆形，长 1～2 cm，宽 8～15 mm；心皮 3～6（9），离生，圆柱形，柱头盾状，顶生；退化雄蕊 6～9 枚。果实孪生或单生，长圆形或椭圆形，长 5～8 cm，直径 3～4 cm，成熟时紫色，腹缝开裂；种子多数，卵状长圆形，略扁平，不规则地多行排列，着生于白色、多汁的果肉中，种皮褐色或黑色，有光泽。花期 4—5 月，果期 6—8 月。

【生境】　生于灌丛、林缘和沟谷中。

【分布】　汉川市均有分布。

【药用部位】　干燥藤茎。

【采收加工】　秋、冬季采收，截取茎枝，干燥。

【药材性状】　藤茎圆柱形，稍扭曲。表面灰褐色，极粗糙，有许多不规则裂纹，皮孔圆形或横向长圆形，突起。质坚硬，不易折断，断面皮部纤维性，较厚，黄褐色；木部黄白色或灰白色，密布细孔洞的导管，夹有灰黄色、放射状的花纹；中央具小型的髓。

【性味】　味苦，性寒。

【功能主治】　利尿通淋，清心除烦，通经下乳。主治热淋涩痛，水肿，口舌生疮，心烦尿赤，闭经乳少，喉痹咽痛，湿热痹痛。

二十四、防己科 Menispermaceae

攀援或缠绕藤本，稀直立灌木或小乔木，木质部常有车辐状髓线。叶螺旋状排列，无托叶，单叶，稀复叶，常具掌状脉，较少羽状脉；叶柄两端肿胀。聚伞花序，或由聚伞花序再排成圆锥花序式、总状花序式或伞形花序式排列，极少退化为单花；苞片通常小，稀叶状。花通常小，不鲜艳，单性，雌雄异株，通常两被（花萼和花冠分化明显），较少单被；萼片通常轮生，每轮 3 片，较少 2 或 4 片，极少退化至 1 片，有时螺旋状着生，分离，较少合生，覆瓦状排列或镊合状排列；花瓣通常 2 轮，较少 1 轮，每轮 3 片，很少 2 或 4 片，有时退化至 1 片或无花瓣，通常分离，很少合生，覆瓦状排列或镊合状排列；雄蕊 2 至多枚，通常 6～8 枚，花丝分离或合生，花药 1～2 室或假 4 室，纵裂或横裂，在雌花中有退化雄蕊或无；心皮 3～6，较少 1 或多数，分离，子房上位，1 室，常一侧肿胀，内有胚珠 2 枚，其中 1 枚早期退化；花柱顶生，柱头分裂或条裂，较少全缘，在雄花中退化雌蕊很小或没有。核果，外果皮革质或膜质，中果皮通常肉质，内果皮骨质或有时木质，较少革质，表面有皱纹或各式突起，较少平坦，胎座迹半球状、球状、隔膜状或片状，有时不明显或无；种子通常弯，种皮薄，有胚乳或无；胚通常弯，胚根小，对着花柱残迹，子叶扁平而叶状或厚而半柱状。

46. 木防己   *Cocculus orbiculatus* (L.) DC.

【别名】土木香、青藤香。

【形态】木质藤本；小枝被茸毛至疏柔毛，或近无毛，有条纹。叶片纸质至近革质，形状变异极大，自线状披针形至阔卵状近圆形、狭椭圆形至近圆形、倒披针形至倒心形，有时卵状心形，顶端短尖或钝而有小突尖，有时微缺或2裂，边缘全缘或3裂，有时掌状5裂，长通常3～8 cm，很少超过10 cm，宽不等，两面被密柔毛至疏柔毛，有时除下面中脉外两面近无毛；掌状脉3条，很少5条，在下面微突起；叶柄长1～3 cm，很少超过5 cm，被稍密的白色柔毛。聚伞花序少花，腋生，或排成多花，狭窄聚伞圆锥花序，顶生或腋生，长可达10 cm或更长，被柔毛；雄花：小苞片1或2，长约0.5 mm，紧贴花萼，被柔毛；萼片6片，外轮卵形或椭圆状卵形，长1～1.8 mm，内轮阔椭圆形至近圆形，有时阔倒卵形，长达2.5 mm或稍过之；花瓣6片，长1～2 mm，下部边缘内折，抱着花丝，顶端2裂，裂片叉开，渐尖或短尖；雄蕊6枚，比花瓣短；雌花：萼片和花瓣与雄花相同；退化雄

蕊6枚，微小；心皮6，无毛。核果近球形，红色至紫红色，直径通常7～8 mm；果核骨质，直径5～6 mm，背部有小横肋状雕纹。

【生境】 生于灌丛、村边、林缘等处。

【分布】 汉川市均有分布。

【药用部位】 根、花。

【采收加工】 根：春、秋季采挖，以秋季采收质量较好，挖取根部，除去茎、叶、芦头，洗净，晒干。
花：5—6月采摘，鲜用、阴干或晒干。

【性味】 味苦、辛，性寒。

【功能主治】 根：祛风除湿，通经活络，解毒消肿。主治风湿痹病，水肿，小便淋痛，闭经，跌打损伤，咽喉肿痛，疮痈肿毒，湿疹，毒蛇咬伤。
花：解毒化痰。主治慢性骨髓炎。

47. 千金藤 *Stephania japonica* (Thunb.) Miers

【别名】 金线吊乌龟、公老鼠藤。

【形态】 稍木质藤本，全株无毛；根条状，褐黄色；小枝纤细，有直线纹。叶纸质或坚纸质，通常三角状近圆形或三角状阔卵形，长6～15 cm，通常不超过10 cm，长与宽近相等或略小，顶端有小突尖，基部通常微圆，下面粉白；掌状脉10～11条，下面突起；叶柄长3～12 cm，明显盾状着生。复伞形聚伞花序腋生，通常有伞梗4～8条，小聚伞花序近无柄，密集呈头状；花近无梗，雄花：

萼片6片或8片，膜质，倒卵状椭圆形至匙形，长1.2～1.5 mm，无毛；花瓣3或4片，黄色，稍肉质，阔倒卵形，长0.8～1 mm；聚药雄蕊长0.5～1 mm，伸出或不伸出；雌花：萼片和花瓣各3～4片，形状和大小与雄花的近似或较小；心皮卵状。果实倒卵形至近圆形，长约8 mm，成熟时红色；果核背部有2行小横肋状雕纹，每行8～10条，小横肋常断裂，胎座迹不穿孔或偶有一小孔。

【生境】 生于村边或旷野、灌丛中。

【分布】 汉川市均有分布。

【药用部位】 根或茎叶。

【采收加工】 茎叶：7—8月采收，晒干。根：9—10月采挖，洗净，晒干。

【性味】 味苦、辛，性寒。

【功能主治】 清热解毒，祛风止痛，利水消肿。主治咽喉肿痛，疮痈肿毒，毒蛇咬伤，风湿痹病，胃痛，脚气水肿。

二十五、睡莲科 Nymphaeaceae

多年生，少数一年生，水生或沼泽生草本；根状茎沉水生。叶常二型，漂浮叶或出水叶互生，心形至盾形，芽时内卷，具长叶柄及托叶；沉水叶细弱，有时细裂。花两性，辐射对称，单生于花梗顶端；萼片3～12片，常4～6片，绿色至花瓣状，离生或附生于花托；花瓣3至多片，或渐变成雄蕊；雄蕊6至多枚，花药内向、侧向或外向，纵裂；心皮3至多数，离生，或连合成一个多室子房，或嵌生在扩大的花托内，柱头离生，成辐射状或环状柱头盘，子房上位、半下位或下位，胚珠1至多枚，直生或倒生，从子房顶端垂生或生于子房内壁。坚果或浆果，不裂或由于种子外面胶质膨胀呈不规则开裂；种子有假种皮或无，有胚乳或无，胚有肉质子叶。

48. 芡　*Euryale ferox* Salisb. ex Konig et Sims*

【别名】 湖南根、刺莲藕、鸡头米。

【形态】 一年生大型水生草本。沉水叶箭形或椭圆状肾形，长 4 ～ 10 cm，两面无刺；叶柄无刺；浮水叶革质，椭圆状肾形至圆形，直径 10 ～ 130 cm，盾状，有弯缺或无，全缘，下面带紫色，有短柔毛，两面在叶脉分枝处有锐刺；叶柄及花梗粗壮，长可达 25 cm，皆有硬刺。花长约 5 cm；萼片披针形，长 1 ～ 1.5 cm，内面紫色，外面密生稍弯硬刺；花瓣矩圆状披针形或披针形，长 1.5 ～ 2 cm，紫红色，呈数

轮排列，向内渐变成雄蕊；无花柱，柱头红色，成凹入的柱头盘。浆果球形，直径 3 ～ 5 cm，污紫红色，外面密生硬刺；种子球形，直径超过 10 mm，黑色。花期 7—8 月，果期 8—9 月。

【生境】 生于池塘、湖沼中。

【分布】 汉川市汈汊湖居多。

【药用部位】 成熟种仁。

【采收加工】 在 9—10 月分批采收，先用镰刀割去叶片，再收获果实，并用箅捞起自行散浮在水面的种子。采回果实后用棒击破带刺外皮，取出种子洗净，阴干。或用草覆盖 10 天左右至果壳沤烂后，淘洗出种子，搓去假种皮，放锅内微火炒，大小分开，磨去或用粉碎机打去种壳，簸净种壳杂质即成。

【药材性状】 种仁类圆球形，直径 5 ～ 8 mm，有的破碎成块，完整者表面有红棕色或暗紫色的内种皮，可见不规则的脉状网纹，一端约 1/3 为黄白色。胚小，位于淡黄色一端的圆形凹窝内。质地较硬，断面白色，粉性。气无，味淡。以饱满断面白色、粉性足、无碎末者为佳。

【性味】 味甘、涩，性平。

【功能主治】 益肾固精，健脾止泻，除湿止带。主治肾气不固之腰膝酸软，遗精滑精，肾元不固之小便不禁或小儿遗尿，脾虚，纳少，肠鸣便溏，或湿盛下注，久泻久痢，带下。

49. 莲　*Nelumbo nucifera* Gaertn.

【别名】 荷花。

【形态】 多年生水生草本。根状茎横生，长而肥厚，有长节。叶圆形，高出水面，直径 25 ～ 90 cm；叶柄常有刺。花单生于花梗顶端，直径 10 ～ 20 cm；萼片 4 ～ 5 片，早落；花瓣多数，红色、粉红色或白色，有时逐渐变形成雄蕊；雄蕊多数，药隔顶端伸出成一棒状附属物；心皮多数，离生，嵌生于花托穴内；花托于果期膨大，海绵质。坚果椭圆形或卵形，长 1.5 ～ 2.5 cm。种子卵形或椭圆形，长 1.2 ～ 1.7 cm。花期 7—8 月，果期 9—10 月。

【生境】　生于池沼湖泊及阔水沟中。

【分布】　汉川市各乡镇均有分布。

【药用部位】　根茎的节、雄蕊、果实、种子、种皮、胚、花托、叶、叶柄顶端、叶柄等。根状茎的节，称为藕节；雄蕊，称为莲须；老熟的果实，称为石莲子；成熟的种子，称为莲子；成熟种子的种皮，称为莲衣；胚，称为莲心；去果实的成熟花托，称为莲房；叶，称为荷叶；叶柄顶端的一小块，称为荷蒂；叶柄，称为荷梗。

【采收加工】　藕节：收集副食品加工后的藕节，晒干后搓去须根。

莲须：大暑前后摘取含苞初放的花蕾，将花心摘出，晒干。

石莲子：冬至前后，摘取莲房，剥取坚硬老熟果实，晒干。

莲子：秋季果实成熟时，割下莲房，取出果实，晒干。

莲衣：9—10 月果实成熟时取种子，剥皮，晒干。

莲心：收集胚，晒干。

莲房：收集除去果实后的花托，剪除果梗，晒干。

荷叶：大暑前后剪取叶片，鲜用或晒干。

荷蒂：大暑前后剪取叶柄顶端一小块，晒干。

荷梗：剪取叶柄顶端后剩下的梗，截段，晒干。

【药材性状】　藕节：本品呈不规则短圆柱形，两端常有部分节间残留。表面呈黄棕色或灰棕色，节间表面具细致的纵脉纹。两端切面平坦或稍凹凸不平，中央有小孔，四周有 7～9 个较大的孔。质坚硬。

莲须：本品的花药与花丝大多已分离。花丝呈丝状而略扁，稍弯曲，黄色。花药线状，多扭转呈螺旋状，黄色，分 2 室而纵裂，内留有部分细小黄色花粉。质轻，气微香，味微涩。

石莲子：本品呈椭圆形或卵圆形，两端稍尖，长 1.5～2 cm，直径 0.8～1.3 cm。表面呈灰黑色，果顶有圆孔状柱迹或残留的柱基，基部为果梗痕。砸碎后，内含莲子。

莲子：本品略呈椭圆形或类球形，表面呈黄棕色至红棕色，有细纵纹，种皮薄而稍皱缩，紧贴于种仁上，不易剥离。子叶 2 片，肥厚，黄白色，粉性，中有空隙，具绿色的莲心。

莲心：本品呈扁柱形，先端为幼叶 2 片，一长一短，向下倒折，深绿色，中央为胚芽，直立，味极苦。

莲房：本品呈平顶状倒圆锥形，但多已压扁，近似蜂窝状，顶部有 14～22 个孔穴，质疏松如海绵样，极易撕碎。气微，味涩。

荷叶：本品通常折叠成半圆形或扇形，完整或部分破碎。展开后叶片呈盾状圆形，上表面灰绿色或棕绿色，略粗糙，下表面淡灰绿色或灰白色，平滑，略有光泽。

荷蒂：本品近半圆形。上面棕绿色，较粗糙；下面棕黄色，有光泽，中央有残存的叶柄，质松脆。

荷梗：本品近圆柱形。表面呈淡黄色至棕色，具深浅不一的纵沟和多数刺状突起，质轻脆。气微。

【性味】 藕节：味涩，性平。

莲须：味甘、涩，性平。

石莲子：味甘、微苦，性平。

莲子：味甘、涩，性平。

莲衣：味涩、微苦，性平。

莲心：味苦，性寒。

莲房：味苦、涩，性温。

荷叶：味苦，性平。

荷蒂：味苦，性平。

荷梗：味苦，性平。

【功能主治】 藕节：收敛止血，活血化瘀。主治诸出血症。

莲须：固涩止精。主治遗精，遗尿，赤血带下。

石莲子：健脾止泻。主治慢性痢疾，食欲不振。

莲子：补脾，养心，涩肠固脱。主治脾虚泄泻，久痢，心悸失眠，遗精，带下。

莲衣：收涩止血。主治吐血，衄血，下血。

莲心：清心，安神。主治心烦口渴，遗精，高血压。

莲房：消瘀止血。主治月经过多，尿血，便血；外用治子宫脱垂。

荷叶：清暑，解热，升阳，散瘀。主治暑热头晕，暑热泄泻，止血，衄血。

荷蒂：和胃，安胎，益气升提。主治胎动不安，脱肛。

荷梗：宽胸，消暑。主治受暑胸闷，乳汁不通。

二十六、三白草科 Saururaceae

多年生草本；茎直立或匍匐状，具明显的节。叶互生，单叶；托叶贴生于叶柄上。花两性，聚集成稠密的穗状花序或总状花序，具总苞或无总苞，苞片显著，无花被；雄蕊3、6或8枚，稀更少，离生或贴生于子房基部或完全上位，花药2室，纵裂；雌蕊由3～4心皮组成，离生或合生，如为离生心皮，则每心皮有胚珠2～4枚，如为合生心皮，则子房1室而具侧膜胎座，在每一胎座上有胚珠6～8枚或多枚，花柱离生。果为分果爿或蒴果顶端开裂；种子有少量的内胚乳和丰富的外胚乳及小的胚。

50. 蕺菜 *Houttuynia cordata* Thunb.

【别名】 鱼腥草、侧耳根。

【形态】　多年生草木，高15～50 cm。具腥臭味。茎具明显的节，茎下部伏地，生根，上部直立，通常无毛。单叶互生，心形，长3～5 cm，宽4～6 cm，全缘，密生细腺点，两面脉上有柔毛，下面常紫色；叶柄长1～3 cm，常有疏毛；托叶膜质，披针形，长1～2 cm，下部常与叶柄合生成鞘状。穗状花序生于茎上端，与叶对生，长1～3 cm，基部有4片白花瓣状苞片，总苞倒卵形，长1～2 cm，密生腺点；花小，两性，无花被；雄蕊3，花丝下部与子

房合生；雌蕊由3个下部合生的心皮组成，子房上位，花柱分离，蒴果顶端开裂。种子卵圆形，有条纹。花期4—7月，果期6—9月。

【生境】　生于山坡林下、田坎边、路旁或水沟洼边草丛中。

【分布】　汉川市各乡镇均有分布。

【药用部位】　全草。

【采收加工】　春、夏季采收全草，晒干和鲜用。

【药材性状】　本品全体皱缩。茎干枯，略扭曲，表面黄绿色至红棕色，节明显，近下部的节间短且节上有须根残留。叶生于茎的中上部，极皱缩而卷曲，互生，上面暗绿色至暗棕色，下面灰绿色至灰棕色；叶柄长约2 cm，其基部和托叶合生成抱茎叶鞘。少数茎端有棕色穗状花序。质稍脆，易折断，断面纤维性，叶搓之易碎，具腥臭气。蒴果长约1.5 cm，上端残留3个向内弯曲的柱头，内含种子数粒。

【性味】　味辛，性微寒。

【功能主治】　清热解毒，散瘀消肿。主治肺脓疡，肺炎，支气管炎，肠痈，痢疾，尿路感染，疮痈肿毒，毒蛇咬伤。

二十七、马兜铃科 Aristolochiaceae

草质或木质藤本、灌木或多年生草本，稀乔木；根、茎和叶常有油细胞。单叶、互生，具柄，叶片全缘或3～5裂，基部常心形，无托叶。花两性，有花梗，单生、簇生或排成总状、聚伞状或伞房花序，顶生、腋生或生于老茎上，花色通常艳丽而有腐肉臭味；花被辐射对称或两侧对称，花瓣状，1轮，稀2轮，花被管钟状、瓶状、管状、球状或其他形状；檐部圆盘状、壶状或圆柱状，整齐或不整齐3裂，或向一侧延伸成1～2舌片，裂片镊合状排列；雄蕊6至多枚，1或2轮；花丝短，离生或与花柱、药隔合生成

合蕊柱；花药2室，平行，外向纵裂；子房下位，稀半下位或上位，4～6室或为不完全的子房室，稀心皮离生或仅基部合生；花柱短而粗厚，离生或合生而顶端3～6裂；胚珠每室多枚，倒生，常1～2行叠置，中轴胎座或侧膜胎座内侵。蒴果蓇葖果状、长角果状或浆果状；种子多粒，常藏于内果皮中，通常长圆状倒卵形、倒圆锥形、椭圆形、钝三棱形，扁平或背面凸而腹面凹入，种皮脆骨质或稍坚硬，平滑、具皱纹或疣状突起，种脊海绵状增厚或翅状，胚乳丰富，胚小。

51. 寻骨风　*Isotrema mollissimum* (Hance) X. X. Zhu, S. Liao et J. S. Ma

【别名】绵毛马兜铃。

【形态】木质藤本；根细长，圆柱形；嫩枝密被灰白色长绵毛，老枝无毛，干后常有纵槽纹，暗褐色。叶纸质，卵形、卵状心形，长3.5～10 cm，宽2.5～8 cm，顶端钝圆至短尖，基部心形，基部两侧裂片广展，弯缺深1～2 cm，边缘全缘，上面被糙伏毛，下面密被灰色或白色长绵毛，基出脉5～7条，侧脉每边3～4条；叶柄长2～5 cm，密被白色长绵毛。花单生于叶腋，花梗长1.5～3 cm，直立或近顶端向下弯，中

部或中部以下有小苞片；小苞片卵形或长卵形，长5～15 mm，宽3～10 mm，无柄，顶端短尖，两面被毛与叶相同；花被管中部急剧弯曲，下部长1～1.5 cm，直径3～6 mm，弯曲处至檐部，较下部短而狭，外面密生白色长绵毛，内面无毛；檐部盘状，圆形，直径2～2.5 cm，内面无毛或稍被微柔毛，浅黄色，并有紫色网纹，外面密生白色长绵毛，边缘浅3裂，裂片平展，阔三角形，近等大，顶端短尖或钝；喉部近圆形，直径2～3 mm，稍呈领状突起，紫色；花药长圆形，成对贴生于合蕊柱近基部，并与其裂片对生；子房圆柱形，长约8 mm，密被白色长绵毛；合蕊柱顶端3裂；裂片顶端钝圆，边缘向下延伸，并具突起。蒴果长圆状或椭圆状倒卵形，长3～5 cm，直径1.5～2 cm，具6条呈波状或扭曲的棱或翅，暗褐色，密被细绵毛或毛常脱落而变无毛，成熟时自顶端向下6瓣开裂；种子卵状三角形，长约4 mm，宽约3 mm，背面平凸状，具皱纹和隆起的边缘，腹面凹入，中间具膜质种脊。花期4—6月，果期8—10月。

【生境】生于山坡、草丛、沟边和路旁等处。

【分布】汉川市均有分布。

【药用部位】地上部分。

【采收加工】夏、秋季（或5月开花前）连根挖出，洗净，切段，晒干。

【药材性状】根茎呈细长圆柱形，多分枝。表面棕黄色，有纵向纹理。质韧而硬，断面黄白色。

茎淡绿色，密被白色绵毛。叶皱缩卷曲，灰绿色或黄绿色，展平后呈卵状心形，顶端钝圆至短尖，全缘。质脆易碎。气微香，味苦、辛。

【性味】 味辛、苦，性平。

【功能主治】 祛风通络，止痛。主治风湿痹病，胃痛，睾丸肿痛，跌打损伤。

二十八、山茶科 Theaceae

乔木或灌木。叶革质，常绿或半常绿，互生，羽状脉，全缘或有锯齿，具柄，无托叶。花两性，稀雌雄异株，单生或数花簇生，有柄或无柄，苞片2至多片，宿存或脱落，或苞萼不分逐渐过渡；萼片5片至多片，脱落或宿存，有时向花瓣过渡；花瓣5至多片，基部连生，稀分离，白色、红色或黄色；雄蕊多枚，排成多列，稀4～5枚，花丝分离或基部合生，花药2室，背部或基部着生，直裂，子房上位，稀半下位，2～10室；胚珠每室2至多枚，垂生或侧面着生于中轴胎座，稀为基底着坐；花柱分离或连合，柱头与心皮同数。果为蒴果，或不分裂的核果及浆果状，种子圆形，多角形或扁平，有时具翅；胚乳少或缺，子叶肉质。

52. 山茶 *Camellia japonica* L.

【别名】 洋茶、茶花。

【形态】 灌木或小乔木，嫩枝无毛。叶革质，椭圆形，长5～10 cm，宽2.5～5 cm，先端略尖，或急短尖而有钝尖头，基部阔楔形，上面深绿色，干后发亮，无毛，下面浅绿色，无毛，侧脉7～8对，在上下两面均能见，边缘有相隔2～3.5 cm的细锯齿。叶柄长8～15 mm，无毛。花顶生，红色，无柄；苞片及萼片约10片，组成长2.5～3 cm的杯状苞被，半圆形至圆形，长4～20 mm，外面有绢毛，脱落；花瓣6～7片，外侧2片近圆形，几离生，长2 cm，外面有毛，内侧5片基部连生，约8 mm，倒卵圆形，长3～4.5 cm，无毛；雄蕊3枚，长2.5～3 cm，外轮花丝基部连生，花丝管长1.5 cm，无毛；内轮雄蕊离生，稍短，子房无毛，花柱长2.5 cm，先端3裂。蒴果圆球形，直径2.5～3 cm，2～3室，每室有种子1～2粒，3片裂开，果片厚木质。花期1—4月。

【生境】 栽培品种。

【分布】 汉川市均有分布。

【药用部位】 花。

【采收加工】 4—5月花盛开期时分批采收，晒干或烘干。在干燥过程中，要少翻动，避免破碎或散瓣。

【药材性状】 花蕾卵圆形，开放的花呈不规则扁盘状，盘的直径5～8 cm。表面红色、黄棕色或棕褐色，萼片5片，棕红色，革质，背面密布灰白色绢丝样细茸毛；花瓣5～7片或更多，上部卵圆形，先端微凹，下部色较深，基部连合成一体，纸质；雄蕊多数，2轮，外轮花丝连合成一体。

【性味】 味苦、辛，性凉。

【功能主治】 凉血止血，散瘀消肿。主治吐血，衄血，咯血，便血，痔血，赤白痢，血淋，血崩，带下，烫伤，跌打损伤。

二十九、藤黄科 Guttiferae

乔木或灌木，稀为草本，在裂生的空隙或小管道内含有树脂或油。叶为单叶，全缘，对生或有时轮生，一般无托叶。花序各式，聚伞状或伞状，或为单花；小苞片通常生于花萼之紧接下方，与花萼难于区分；花两性或单性，轮状排列或部分螺旋状排列，通常整齐，下位；萼片4～5片，覆瓦状排列或交互对生，内部的有时花瓣状；花瓣4～5片，离生，覆瓦状排列或卷曲；雄蕊多数，离生或成4～5（10）束，束离生或不同程度合生；子房上位，通常有5个或3个合生的心皮，1～12室，具中轴或侧生或基生的胎座；胚珠多数，横生或倒生；花柱3～5，分离或基部合生，线形。果实为蒴果、浆果或核果；种子1至多粒，无胚乳。

53. 金丝桃　*Hypericum monogynum* L.

【别名】 土连翘、金丝海棠。

【形态】 常绿或半常绿小灌木，高可达1 m。茎多分枝，对生，圆柱形，无毛，红褐色。叶对生，无柄，纸质，长椭圆形，长3～9 cm，宽1～2.5 cm，先端钝尖，基部楔形，有时抱茎，全缘，上面绿色光滑，下面粉绿色，中脉两面都明显，而下面稍突起，基部红色。花顶生、单生或呈聚伞花序；花鲜黄色，直径3～6 cm，具披针形小苞片；萼片5片，卵状矩圆形或卵状披针形，长约1 cm；花

瓣 5 片，宽倒卵形，长 1.5～2.5 cm；雄蕊多枚，与花瓣等长或略长，基部合生成 5 束；花柱细长，先端 5 裂。蒴果卵圆形，长约 8 mm，顶端空间 5 裂，花柱与萼片宿存。花、果期 6—8 月。

【生境】 生于阳光充足的山坡或路旁。

【分布】 汉川市各乡镇均有分布。

【药用部位】 根、果实。

【采收加工】 果实：秋季采收，洗净，晒干。根：全年可采，洗净，鲜用或晒干。

【药材性状】 本品呈长圆柱形，长 10～20 cm，直径 4～7 mm。表面棕褐色，外皮呈鳞片状脱落，脱落处呈红棕色，顶端有茎基痕，具细长须根及须根痕。质坚硬，不易折断，断面黄棕色，纤维性，气无。

【性味】 根：味苦、辛、涩，性平。果：味甘，性平。

【功能主治】 根：清热解毒，活血散瘀，祛风消肿。主治黄疸型肝炎，肝脾肿大疼痛，风湿性腰痛，跌打损伤，疮痈肿毒，蛇咬伤。

果实：润肺止咳。主治肺痨咳嗽。

三十、山柑科 Capparaceae

草本、灌木或乔木，常为木质藤本，毛被存在时分枝或不分枝，如为草本，则常具腺毛和有特殊气味。叶互生，很少对生，单叶或掌状复叶；托叶刺状，细小或不存在。花序为总状、伞房状、亚伞形或圆锥花序，或（1）2～10 花排成一短纵列，腋上生，少有单花腋生；花两性，有时杂性或单性，辐射对称或两侧对称，常有苞片，但常早落；萼片 4～8 片，常为 4 片，排成 1 轮或 2 轮，相等或不相等，分离或基部连生，少有外轮或全部萼片连生成帽状；花瓣 4～8 片，常为 4 片，与萼片互生，在芽中的排列为闭合式或开放式，分离，无柄或有爪状物，有时无花瓣；花托扁平或锥形，或常延伸为长或短的雌雄蕊柄，常有各式花盘或腺体；雄蕊（4）6 至多枚，花丝分离，在芽中时内折或成螺旋形，着生在花托上或雌雄蕊柄顶上；花药以背部、近基部着生在花丝顶上，2 室，内向，纵裂；雌蕊由 2（8）心皮组成，常有长或短的雌蕊柄，子房卵球形或圆柱形，1 室，有 2 至数个侧膜胎座，少有 3～6 室而具中轴胎座；花柱不明显，有时丝状，少有花柱 3 枚；柱头头状或不明显；胚珠常多数，弯生，珠被 2 层。果实为有坚韧外果皮的浆果或瓣裂蒴果，球形或伸长，有时近念珠状；种子 1 至多粒，肾形至多角形，种皮平滑或有各种雕刻状花纹；胚弯曲，胚乳少量或不存在。

54. 白花菜 *Cleome gynandra* L.*

【别名】 黄花菜、羊角菜。

【形态】 一年生直立分枝草本，高 1 m 左右，常被腺毛，有时茎上变无毛。无刺。叶为 3～7 小叶的掌状复叶，小叶倒卵状椭圆形、倒披针形或菱形，顶端渐尖、急尖、钝形或圆形，基部楔形至渐狭延成小叶柄，两面近无毛，边缘有细锯齿或有腺纤毛，中央小叶最大，长 1～5 cm，宽 8～16 mm，侧生小叶依次变小；叶柄长 2～7 cm；小叶柄长 2～4 mm，在汇合处彼此连生；无托叶。总状花序长 15～30 cm，花少数至多数；苞片由 3 片小叶组成，有短柄或几无柄；苞片中央小叶长达 1.5 cm，侧生小叶有时近消失；花梗长约 1.5 cm；萼片分离，披针形、椭圆形或卵形，长 3～6 mm，宽 1～2 mm，被腺毛；花瓣白色，

少有淡黄色或淡紫色，在花蕾时期不覆盖雄蕊和雌蕊，有爪状物，连爪状物长 10～17（20）mm，瓣片近圆形或阔倒卵形，宽 2～6 mm；花盘稍肉质，微扩展，圆锥状，长 2～3 mm，粗约 2 mm，果时不明显；雄蕊 6 枚，伸出花冠外；雌雄蕊柄长 5～18（22）mm；雌蕊柄在两性花中长 4～10（16）mm，在雄花中长 1～2 mm 或无柄；子房线柱形；花柱很短或无，柱头头状。果实圆柱形；斜举，长 3～8 cm，中部直径 3～4 mm，果时雌雄蕊柄与雌蕊柄长度近相等，5～20 mm。种子近扁球形，黑褐色，长 1.2～1.8 mm，宽 1.1～1.7 mm，高 0.7～1 mm，表面有横向皱纹或更常为具疣小突起，爪状物开张，但常近似彼此连生；不具假种皮。花期与果期在 7—10 月。

【生境】　生于村边、道旁、荒地或田野间。

【分布】　汉川市各乡镇均有分布。

【药用部位】　全草。

【采收加工】　6—8 月采收全草（地上部分），鲜用或晒干。

【药材性状】　茎多分枝，密被黏性腺毛。掌状复叶互生，小叶 5，倒卵形或菱状倒卵形，全缘或有细锯齿；具长叶柄。总状花序顶生；萼片 4 片，花瓣 4 片，倒卵形，有长爪状物；雄蕊 6 枚，雌蕊子房有长柄。蒴果长角状。有恶臭气味。

【性味】　味辛、甘，性平。

【功能主治】　祛风除湿，清热解毒。主治风湿痹病，跌打损伤，淋浊带下，痔疮，蛇虫咬伤。

三十一、十字花科 Cruciferae

一年生、二年生或多年生植物，很少呈亚灌木状。根有时膨大成肥厚的块根。叶有二型：基生叶呈旋叠状或莲座状；茎生叶通常互生，有柄或无柄，单叶全缘、有齿或分裂，基部有时抱茎或半抱茎，有时呈各式深浅不等的羽状分裂或羽状复叶；通常无托叶。花整齐，两性，少有退化成单性的，通常排成总状花序，顶生或腋生，偶有单生的；萼片 4 片，分离，排成 2 轮，直立或开展，有时基部呈囊状；花

瓣4片，分离，呈十字形排列，花瓣白色、黄色、粉红色、淡紫色、淡紫红色或紫色，基部有时具爪状物；雄蕊通常6枚，4长2短（称为四强雄蕊），也排列成2轮，外轮的2枚，具较短的花丝，内轮的4枚，具较长的花丝，有时雄蕊退化至4或2枚，或多至16枚，花丝有时成对连合，有时向基部加宽或扩大呈翅状；在花丝基部常具蜜腺，在短雄蕊基部周围的称为侧蜜腺；在2个长雄蕊基部外围或中间的称为中蜜腺，有时无中蜜腺；雌蕊1枚，子房上位，由于假隔膜的形成，子房2室，少数无假隔膜时，子房1室，每室有胚珠1至多枚，排列成1或2行，生在胎座框上，形成侧膜胎座，花柱短或缺，柱头单一或2裂。果实角果，开裂或不开裂。种子小，表面光滑或具纹理，有翅或无翅，无胚乳。种子内子叶与胚根的排列方式常见的有3种：①子叶缘倚胚根，称为子叶直叠；②子叶背倚胚根，称为子叶横；③子叶对折。

55. 芥菜　*Brassica juncea* (L.) Czern.

【别名】油芥菜、雪里蕻。

【形态】一年生草本，高30～150 cm，常无毛，有时幼茎及叶具刺毛，带粉霜，有辣味；茎直立，有分枝。基生叶宽卵形至倒卵形，长15～35 cm，顶端圆钝，基部楔形，大头羽裂，具2～3对裂片或不裂，边缘均有缺刻或齿，叶柄长3～9 cm，具小裂片；茎下部叶较小，边缘有缺刻或齿，有时具圆钝锯齿，不抱茎；茎上部叶窄披针形，长2.5～5 cm，宽4～9 mm，边缘具不明显疏齿或全缘。总状花序顶生，花后延长；花黄色，直径7～10 mm；花梗长4～9 mm；萼片淡黄色，长圆状椭圆形，长4～5 mm，直立开展；花瓣倒卵形，长8～10 mm，宽4～5 mm。长角果线形，长3～5.5 cm，宽2～3.5 mm，果瓣具一突出中脉；果梗长5～15 mm。种子球形，直径约1 mm，紫褐色。花期3—5月，果期5—6月。

【生境】以栽培为主。

【分布】汉川市各乡镇均有分布。

【药用部位】嫩茎和叶。

【采收加工】5—10月采收，鲜用或晒干。

【药材性状】嫩茎圆柱形，黄绿色，有分枝，断面髓部占大部分，类白色，海绵状。叶片常破碎，完整叶片宽卵形；深绿色、黄绿色或枯黄色，全缘或具粗锯齿，基部下延呈狭翅状；叶柄短，不抱茎。气微，搓之有辛辣气味。

【性味】 味辛，性温。

【功能主治】 利肺豁痰，消肿散结。主治寒饮咳嗽，痰滞气逆，胸膈满闷，石淋，牙龈肿烂，乳痈，痔肿，冻疮，漆疮。

56. 荠 *Capsella bursa-pastoris* (L.) Medik.

【别名】 地米菜。

【形态】 一年生或二年生草本，高 20～50 cm。主根瘦长，白色，直下，分枝。茎直立，有分枝，具白色单一或分枝的细柔毛，基生叶丛生，叶柄有翅，羽状深裂、倒向羽裂或不规则羽裂，长可达 10 cm，顶生裂片较大，侧生裂片较小，狭长，顶端渐尖，浅裂或有不规则粗锯齿，具长柄，茎生叶互生，狭披针形，长 1～3 cm，宽 2 mm，先端钝尖，基部抱茎，边缘有缺刻或锯齿，两面有细毛或叉状毛。总状花序顶生和腋

生，花白色，多数，花梗细长；萼片 4 片，绿色而具白色边缘；花瓣 4 片，倒卵形，有短爪状物。短角果倒三角形或倒心形，扁平，无毛，长 6～7 mm，宽 5～6 mm，先端中央有浅宽凹头；有宿存的短花柱；种子 20～25 粒，倒卵形，淡褐色。花期 3—5 月，果期 4—6 月。

【生境】 多生于山坡路旁及田地、屋旁、墙脚边。

【分布】 汉川市均有分布。

【药用部位】 全草。

【采收加工】 3—5 月拔取全草，除去杂质、泥屑，晒干或鲜用。

【药材性状】 本品多带有主根及须状根，茎纤细，弯曲或部分折断。叶卷曲，灰绿色或枯黄色，质脆易碎，常脱落或破碎；根出叶羽状分裂，茎稍有总状排列的小白花或短角果。果实呈倒三角形，先端中央有浅宽凹头，灰绿色或淡黄色，基部具长 7～8 mm 的果梗。气微，味淡。

【性味】 味甘、淡，性凉。

【功能主治】 清热平肝，凉血止血，止泻，利尿。主治高血压，咯血，呕血，便血，崩漏，痢疾，肝炎，乳糜尿，防治荨麻疹。

57. 臭荠 *Coronopus didymus* (L.) J. E. Sm.*

【别名】 芸芥、臭芸芥、臭独行菜。

【形态】一年生或二年生匍匐草本，高 5～30 cm，全体有臭味；主茎短且不明显，基部多分枝，无毛或有长单毛。叶为一回或二回羽状全裂，裂片 3～5 对，线形或窄长圆形，长 4～8 mm，宽 0.5～

1 mm，顶端急尖，基部楔形，全缘，两面无毛；叶柄长 5 ～ 8 mm。花极小，直径约 1 mm，萼片具白色膜质边缘；花瓣白色，长圆形，比萼片稍长，或无花瓣；雄蕊通常 2 枚。短角果肾形，长约 1.5 mm，宽 2 ～ 2.5 mm，2 裂；果瓣半球形，表面有粗糙皱纹，成熟时分裂成 2 瓣。种子肾形，长约 1 mm，红棕色。花期 3 月，果期 4—5 月。

【生境】 生于路旁或荒地。

【分布】 汉川市各乡镇均有分布。

58. 北美独行菜 *Lepidium virginicum* L.

【形态】 一年生或二年生草本，高 20 ～ 50 cm；茎单一，直立，上部分枝，具柱状腺毛。基生叶倒披针形，长 1 ～ 5 cm，羽状分裂或大头羽裂，裂片大小不等，卵形或长圆形，边缘有锯齿，两面有短伏毛；叶柄长 1 ～ 1.5 cm；茎生叶有短柄，倒披针形或线形，长 1.5 ～ 5 cm，宽 2 ～ 10 mm，顶端急尖，基部渐狭，边缘有尖锯齿或全缘。总状花序顶生；萼片椭圆形，长约 1 mm；花瓣白色，倒卵形，和萼片等长或稍长；雄

蕊 2 或 4 枚。短角果近圆形，长 2 ～ 3 mm，宽 1 ～ 2 mm，扁平，有窄翅，顶端微缺，花柱极短；果梗长 2 ～ 3 mm。种子卵形，长约 1 mm，光滑，红棕色，边缘有窄翅；子叶缘倚胚根。花期 4—5 月，果期 6—7 月。

【生境】 生于田边或荒地。

【分布】 汉川市各乡镇均有分布。

59. 风花菜 *Rorippa globosa* (Turcz.) Hayek*

【别名】 银条菜、圆果蔊菜、球果蔊菜。

【形态】 一年生或二年生直立粗壮草本，高 20 ～ 80 cm，植株被白色硬毛或近无毛。茎单一，基部木质化，下部被白色长毛，上部分枝近无毛或不分枝。茎下部叶具柄，上部叶无柄，叶片长

圆形至倒卵状披针形，长 5 ～ 15 cm，宽 1 ～
2.5 cm，基部渐狭，下延成短耳状而半抱茎，
边缘具不整齐粗齿，两面被疏毛，尤以叶脉明显。
总状花序多数，排列成圆锥花序式，果期伸长。
花小，黄色，具细梗，长 4 ～ 5 mm；萼片 4 片，
长卵形，长约 1.5 mm，开展，基部等大，边缘
膜质；花瓣 4 片，倒卵形，与萼片等长或稍短，
基部渐狭成短爪状物。短角果近球形，直径约
2 mm，果瓣隆起，平滑无毛，有不明显网纹，
顶端具宿存短花柱；果梗纤细，呈水平开展或
稍向下弯，长 4 ～ 6 mm。种子多数，淡褐色，
极细小，扁卵形，一端微凹；子叶缘倚胚根。
花期 4—6 月，果期 7—9 月。

【生境】 生于河岸、湿地、路旁、沟边或草
丛中，也生于干旱处。

【分布】 汉川市各乡镇均有分布。

三十二、金缕梅科 Hamamelidaceae

常绿或落叶乔木和灌木。叶互生，很少是对生的，全缘或有锯齿，或为掌状分裂，具羽状脉或掌状脉；
通常有明显的叶柄；托叶线形或苞片状，早落，少数无托叶。花排列成头状花序、穗状花序或总状花序，
两性，或单性而雌雄同株，稀雌雄异株，有时杂性；异被，放射对称，或缺花瓣，少数无花被；常为周
位花或上位花，亦有下位花；萼筒与子房分离或合生，萼裂片 4 ～ 5 片，镊合状或覆瓦状排列；花瓣与
萼裂片同数，线形、匙形或鳞片状；雄蕊 4 ～ 5 枚或更多，有为不定数的；花药通常 2 室，直裂或瓣裂，
药隔突出；退化雄蕊存在或缺；子房半下位或下位，亦有上位，2 室，上半部分离；花柱 2，有时伸长，
柱头尖细或扩大；胚珠多枚，着生于中轴胎座上，或只有 1 枚而垂生。果实为蒴果，常室间及室背裂开
为 4 片，外果皮木质或革质，内果皮角质或骨质；种子多数，常为多角形，扁平或有窄翅，或单独而呈
椭圆状卵形，并有明显的种脐；胚乳肉质，胚直生，子叶矩圆形，胚根与子叶等长。

60. 红花檵木 *Loropetalum chinense* var. *rubrum* Yieh

【别名】 红檵花、红桎木、红檵木。

【形态】 灌木，有时为小乔木，多分枝，小枝有星毛。叶革质，卵形，长 2～5 cm，宽 1.5～2.5 cm，先端尖锐，基部钝，上面略有粗毛或秃净，干后暗绿色，无光泽；下面被星毛，稍带灰白色，侧脉约 5 对，在上面明显，在下面突起，全缘。叶柄长 2～5 mm，有星毛。托叶膜质，三角状披针形，长 3～4 mm，宽 1.5～2 mm，早落。花 3～8 朵簇生，有短花梗，紫红色，比新叶先开放，或与嫩叶同时开放，花序

柄长约 1 cm，被毛；苞片线形，长 3 mm；萼筒杯状，被星毛，萼齿卵形，长约 2 mm，花后脱落；花瓣 4 片，带状，长 1～2 cm，先端圆或钝；雄蕊 4 枚，花丝极短，药隔突出成角状；退化雄蕊 4 枚，鳞片状，与雄蕊互生；子房完全下位，被星毛；花柱极短，长约 1 mm；胚珠 1 枚，垂生于心皮内上角。蒴果卵圆形，长 7～8 mm，宽 6～7 mm，先端圆，被褐色星状茸毛，萼筒长为蒴果的 2/3。种子卵圆形，长 4～5 mm，黑色，发亮。花期 3—4 月。

【生境】 多以栽培为主。

【分布】 汉川市各乡镇均有分布。

三十三、蔷薇科 Rosaceae

草本、灌木或乔木，落叶或常绿，有刺或无刺。冬芽常具数枚鳞片，有时仅具 2 枚。叶互生，稀对生，单叶或羽状复叶，有明显托叶，有时早落。花两性，稀单性，通常整齐，周位花或上位花，基部常合生为花托，碟状、钟状、杯状或圆筒状，在花托边缘着生萼片、花瓣和雄蕊；萼片和花瓣同数，通常 5，覆瓦状排列，稀无花瓣，萼片有时具副萼；雄蕊 5 至多枚，常 5 枚为一轮，花丝离生，稀合生；子房上位或下位，心皮 1 至多数，离生或合生，有时与花托连合，每心皮有 1 至数枚直立的或悬垂的倒生胚珠；花柱与心皮同数，有时连合，顶生、侧生或基生。果实为蓇葖果、瘦果、梨果或核果；种子通常不含胚乳；子叶为肉质，背部隆起，稀对折或呈席卷状。

61. 东京樱花　*Cerasus yedoensis* (Matsum.) Yu et Li*

【别名】 樱花、日本樱花、吉野樱。

【形态】 乔木，树皮灰色。小枝淡紫褐色，无毛，嫩枝绿色，被疏柔毛。冬芽卵圆形，无毛。叶片

椭圆状卵形或倒卵形，长 5 ～ 12 cm，宽 2.5 ～ 7 cm，先端渐尖或骤尾尖，基部圆形，稀楔形，边有尖锐重锯齿，齿端渐尖，有小腺体，上面深绿色，无毛，下面淡绿色，沿脉被疏柔毛，有侧脉 7 ～ 10 对；叶柄长 1.3 ～ 1.5 cm，密被柔毛，顶端有 1 ～ 2 个腺体或无；托叶披针形，有羽裂腺齿，被柔毛，早落。花序伞形总状，总梗极短，有花 3 ～ 4 朵，先于叶开放，花直径 3 ～ 3.5 cm；总苞片褐色，椭圆状卵形，长 6 ～ 7 mm，宽 4 ～

5 mm，两面被疏柔毛；苞片褐色，匙状长圆形，长约 5 mm，宽 2 ～ 3 mm，边有腺体；花梗长 2 ～ 2.5 cm，被短柔毛；萼筒管状，长 7 ～ 8 mm，宽约 3 mm，被疏柔毛；萼片三角状长卵形，长约 5 mm，先端渐尖，边有腺齿；花瓣白色或粉红色，椭圆状卵形，先端下凹，全缘 2 裂；雄蕊约 32 枚，短于花瓣；花柱基部有疏柔毛。核果近球形，直径 0.7 ～ 1 cm，黑色，核表面略具棱纹。花期 4 月，果期 5 月。

【生境】 以栽培为主。

【分布】 汉川市各乡镇均有分布。

62. 蛇莓 *Duchesnea indica* (Andr.) Focke

【别名】 蛇泡草、三匹风。

【形态】 多年生草本。具长匍匐茎，长达 1 m 许，绿色或带紫红色，全体被白色柔毛。叶互生，三出掌状复叶，小叶近无柄，菱状卵形或倒卵形，长 1.5 ～ 3 cm，宽 1.2 ～ 2 cm，中间一片较大，两侧者较小而基部歪斜不对称；叶片先端钝，基部楔形，边缘有钝锯齿，两面散生柔毛，或上面近无毛；叶柄长 1 ～ 5 cm，有毛，基部带紫色；托叶卵状披针形，有时 3 裂，有柔毛。花单生于叶腋，直径 1 ～ 2 cm；花梗长 3 ～ 5.5 cm，有

柔毛；花托扁平，果期膨大成半球形，海绵质，红色，副萼片 5 片，先端 3 裂，稀 5 裂；萼裂片卵状披针形，比副萼片小，均有柔毛；花瓣 5 片，黄色，长圆形或倒卵形，先端微凹；雄蕊多数；心皮多数着生于大形肉质的花托上。聚合果球形，直径 1 ～ 1.5 cm；瘦果小，多数，暗红色。花期 4—6 月，果期 6—7 月。

【生境】 生于山谷、沟边、路旁、田坎、草丛中。

【分布】 汉川市均有分布。

【药用部位】　全草。

【采收加工】　夏、秋季采收，鲜用或晒干。

【药材性状】　全体被柔毛。根细，褐红色。茎纤细，直径约 1 mm，灰绿色至黄棕色。叶基生或茎生，叶互生，叶柄基部常可见黄棕色膜质的托叶，小叶 3 片，灰绿色或棕绿色，多卷折破碎。聚合果暗红色，卵状球形，有宿存花萼。

【性味】　味甘、微苦，性凉。

【功能主治】　清热解毒，止痛。主治蛇咬伤，腮腺炎，带状疱疹，疖疮，无名肿毒，狗咬伤。

63. 枇杷　*Eriobotrya japonica* (Thunb.) Lindl.

【别名】　卢橘。

【形态】　常绿小乔木，高 3 ～ 10 m。小枝黄褐色，密生锈色灰棕色茸毛。叶革质，长椭圆形至倒卵状披针形，长 10 ～ 30 cm，宽 3 ～ 10 cm，先端急尖或渐尖，基部楔形或渐窄成叶柄，边缘上部有疏锯齿，下部全缘，上面深绿色多皱，下面密生锈色茸毛，侧脉 11 ～ 21 对，直达锯齿的顶端，叶柄极短或无，托叶 2 片，大而硬，三角形，渐尖。圆锥花序顶生，总花序、花梗和萼筒外面均密被锈色茸毛，花萼 5 浅裂，萼管短；花瓣 5 片，白色，倒卵形，内面近基部有毛；雄蕊多数；花柱 5，分离。浆果状梨果球形或长圆形，黄色或橙黄色；核数粒，圆形或扁圆形。花期 9—11 月，果期翌年 4—5 月。

【生境】　多栽种于村边、平地和坡地。

【分布】　汉川市均有栽培。

【药用部位】　叶和果实。

【采收加工】　叶：全年均可采摘，晒至七八成干时，扎成小把，晒干，称为枇杷叶。果实：初夏采摘。

【药材性状】　干燥叶片长椭圆形。叶端渐尖，基部楔形，上部有锯齿，下部全缘。羽状网脉，中脉下面隆起，叶面黄棕色或红棕色，上面有光泽，下面有锈色茸毛，叶柄短。叶革质而脆。

【性味】　味苦，性平。

【功能主治】　化痰止咳，降气和胃。主治肺热咳嗽，胃热呕吐。

64. 石楠　*Photinia serratifolia* (Desf.) Kalkman

【别名】　凿木、红叶石楠、中华石楠。

【形态】　常绿灌木或小乔木，高 4 ～ 6 m，有时可达 12 m；枝褐灰色，无毛；冬芽卵形，鳞片褐色，

无毛。叶片革质，长椭圆形、长倒卵形
或倒卵状椭圆形，长9～22 cm，宽3～
6.5 cm，先端尾尖，基部圆形或宽楔形，
边缘疏生具腺细锯齿，近基部全缘，上
面有光泽，幼时中脉有茸毛，成熟后两
面皆无毛，中脉显著，侧脉25～30对；
叶柄粗壮，长2～4 cm，幼时有茸毛，
以后无毛。复伞房花序顶生，直径10～
16 cm；总花梗和花梗无毛，花梗长3～
5 mm；花密生，直径6～8 mm；萼
筒杯状，长约1 mm，无毛；萼片阔三

角形，长约1 mm，先端急尖，无毛；花瓣白色，近圆形，直径3～4 mm，内外两面皆无毛；雄蕊20枚，
外轮较花瓣长，内轮较花瓣短，花药带紫色；花柱2，有时为3，基部合生，柱头头状，子房顶端有柔毛。
果实球形，直径5～6 mm，红色，后变成褐紫色，有1粒种子；种子卵形，长2 mm，棕色，平滑。花
期4—5月，果期10月。

　　【生境】　以栽培为主。

　　【分布】　汉川市各乡镇均有分布。

　　【药用部位】　叶、根或根皮。

　　【采收加工】　叶：7—11月采收，晒干。除去杂质，洗净，稍润，切丝，干燥。以叶完整、色红棕
者为佳。

　　根：全年均可采挖，洗净，切碎晒干或鲜用。

　　【药材性状】　叶：叶上面暗绿色至棕紫色，较平滑，下面淡绿色至棕紫色，主脉突起，侧脉似羽状
排列，常带有叶柄；革质而脆。

　　【性味】　叶：味辛、苦，性平。根：味辛、苦，性平；有小毒。

　　【功能主治】　叶：祛风湿，通经络，益肾气。主治风湿痹病，头风头痛，风疹瘙痒。

　　根：祛风除湿，活血解毒。主治风痹，历节痛风，外感咳嗽，疮痈肿毒，跌打损伤。

65. 樱桃李　*Prunus cerasifera* Ehrh.

　　【别名】　樱李、红叶晚李、矮樱。

　　【形态】　灌木或小乔木，高可达8 m；多分枝，枝条细长，开展，暗灰色，有时有棘刺；小枝暗
红色，无毛；冬芽卵圆形，先端急尖，有数枚覆瓦状排列鳞片，紫红色，有时鳞片边缘有稀疏缘毛。
叶片椭圆形、卵形或倒卵形，极稀椭圆状披针形，长（2）3～6 cm，宽2～4（6）cm，先端急尖，
基部楔形或近圆形，边缘有圆钝锯齿，有时混有重锯齿，上面深绿色，无毛，中脉微下陷，下面颜色较淡，
除沿中脉有柔毛或脉腋有髯毛状毛外，其余部分无毛，中脉和侧脉均突起，侧脉5～8对；叶柄长6～
12 mm，通常无毛或幼时微被短柔毛，无腺；托叶膜质，披针形，先端渐尖，边缘有带腺细锯齿，早落。
花1朵，稀2朵；花梗长1～2.2 cm，无毛或微被短柔毛；花直径2～2.5 cm；萼筒钟状，萼片长卵形，

先端圆钝，边缘有疏浅锯齿，与萼片近等长，萼筒和萼片外面无毛，萼筒内面疏生短柔毛；花瓣白色，长圆形或匙形，边缘波状，基部楔形，着生于萼筒边缘；雄蕊 25 ～ 30 枚，花丝长短不等，紧密地排成不规则的 2 轮，比花瓣稍短；雌蕊 1 枚，心皮被长柔毛，柱头盘状，花柱比雄蕊稍长，基部被稀长柔毛。核果近球形或椭圆形，长、宽几相等，直径 2 ～ 3 cm，黄色、红色或黑色，微被蜡粉，具有浅侧沟，粘核；核椭圆形或卵

球形，先端急尖，浅褐色带白色，表面平滑、粗糙或有时呈蜂窝状，背缝具沟，腹缝有时扩大具 2 侧沟。花期 4 月，果期 8 月。

【生境】 以栽培为主。

【分布】 汉川市各乡镇均有分布。

66. 野蔷薇 *Rosa multiflora* Thunb.

【别名】 蔷薇、多花蔷薇、刺花。

【形态】 攀援灌木；小枝圆柱形，通常无毛，有短粗、稍弯曲皮束。小叶 5 ～ 9，近花序的小叶有时 3 片，连叶柄长 5 ～ 10 cm；小叶倒卵形、长圆形或卵形，长 1.5 ～ 5 cm，宽 8 ～ 28 mm，先端急尖或圆钝，基部近圆形或楔形，边缘有尖锐单锯齿，稀混有重锯齿，上面无毛，下面有柔毛；小叶柄和叶轴有柔毛或无，有散生腺毛；托叶篦齿状，大部贴生于叶柄，边缘有腺毛或无。花多朵，排列成圆锥状花序，花梗长 1.5 ～ 2.5 cm，有腺毛或无，有时基部有篦齿状小苞片；花直径 1.5 ～ 2 cm，萼片披针形，有时中部具 2 个线形裂片，外面无毛，内面有柔毛；花瓣白色，宽倒卵形，先端微凹，基部楔形；花柱结合成束，无毛，比雄蕊稍长。果近球形，直径 6 ～ 8 mm，红褐色或紫褐色，有光泽，无毛，萼片脱落。

【生境】 以栽培为主。生于溪畔、路旁及园边、地角等处，或用于花柱、花架、墙面、山石、阳台的绿化等。

【分布】 汉川市各乡镇均有分布。

【药用部位】 根、花的蒸馏液（蔷薇露）、叶、枝。

【采收加工】 根：秋季采挖，洗净，切片，晒干备用。

花的蒸馏液：取蔷薇花瓣，拣净，用蒸馏法蒸取蒸馏液，收集备用。

叶：夏、秋季采收，晒干。

枝：全年均可采收，剪枝，切段，晒干。

【性味】 根：味苦、涩，性凉。

花的蒸馏液：味甘，性微温。

叶：味甘，性凉。

枝：味甘，性凉。

【功能主治】 根：清热解毒，祛风除湿，活血调经，固精缩尿，消骨鲠。主治疮痈肿毒，烫伤，口疮，痔血，鼻衄，关节疼痛，月经不调，痛经，久痢不愈，遗尿，尿频，带下，子宫脱垂，骨鲠。

花的蒸馏液：温中行气。主治胃脘不舒，胸膈郁气，消渴。

叶：解毒消肿。主治疮痈肿毒。

枝：清热消肿，生发。主治疖疮，秃发。

67. 乌藨子　*Rubus parkeri* Hance

【别名】 乌泡子。

【形态】 攀援灌木；枝细长，密被灰色长柔毛，疏生紫红色腺毛和微弯皮刺。单叶，卵状披针形或卵状长圆形，长 7～16 cm，宽 3.5～6 cm，顶端渐尖，基部心形，两耳短而不相靠近，下面伏生长柔毛，沿叶脉较多，下面密被灰色茸毛，沿叶脉被长柔毛，侧脉 5～6 对，在下面突起，沿中脉疏生小皮刺，边缘有细锯齿和浅裂片；叶柄通常长 0.5～1 cm，极稀达 2 cm，密被长柔毛，疏生腺毛和小皮刺；托叶脱落，长达 1 cm，

常掌状条裂，裂片线形，被长柔毛。大型圆锥花序顶生，稀腋生，总花梗、花梗和花萼密被长柔毛和长短不等的紫红色腺毛，具稀疏小皮刺；花梗长约 1 cm；苞片与托叶相似，有长柔毛和腺毛；花直径约 8 mm；花萼带紫红色；萼片卵状披针形，长 5～10 mm，顶端短渐尖，全缘，里面有灰白色茸毛；花瓣白色，但常无花瓣；雄蕊多数，花丝线形；雌蕊少数，无毛。果实球形，直径 4～6 mm，紫黑色，无毛。花期 5—6 月，果期 7—8 月。

【生境】 生于山地疏、密林中阴湿处或溪旁。

【分布】 汉川市各乡镇均有分布。

【药用部位】 根。

【采收加工】 9—10月采挖，除去茎叶，洗净，晒干。

【性味】 味咸，性凉。

【功能主治】 行血，调经。主治月经不调，闭经，血崩。

三十四、豆科 Leguminosae

草本、灌木或乔木，直立或攀援，常有能固氮的根瘤。叶通常互生，常为一回或二回羽状复叶，少数为掌状复叶，或3小叶、单小叶或单叶，罕可变为叶状柄；托叶有或无，有时叶状或变为棘刺。花两性，辐射对称或两侧对称，通常排成总状花序、聚伞花序、穗状花序、头状花序或圆锥花序；花被2轮；萼片5片，分离或连合成管，有时二唇形，稀退化或消失；花瓣5片，常与萼片的数目相等，稀较少或无，分离或连合成具花冠裂片的管，大小有时可不等，有时构成蝶形花冠，近轴的1片称为旗瓣，侧生的2片称为翼瓣，远轴的2片常合生，称为龙骨瓣，遮盖住雄蕊和雌蕊；雄蕊通常10枚，有时5或多枚，分离或连合成管，单体或二体雄蕊，花药2室，纵裂或有时孔裂；雌蕊单一，稀较多且离生，子房上位，1室，基部常有柄或无，侧膜胎座，沿腹缝线着生，胚珠2至多枚，悬垂或上升，排成互生的2列；花柱和柱头单一，顶生。果实为荚果，成熟后沿缝线开裂或不裂，或断裂成含单粒种子的荚节；种子通常具革质或膜质的种皮，胚大，内胚乳无或极薄。

68. 合欢 *Albizia julibrissin Durazz.*

【别名】 马缨花、绒花树、夜合合。

【形态】 落叶乔木，高可达16 m。树皮灰褐色。叶互生，二回羽状复叶，羽片4～12对，每羽片有小叶10～30对，小叶长圆状条形，两侧极偏斜，长6～12 mm，宽1～4 mm，先端急尖，基部圆楔形，中脉偏向于上侧边缘，托叶条状披针形，早落。头状花序多数，呈伞房状排列，腋生或顶生；花淡红色，有短花梗；花萼与花冠有短柔毛；雄蕊多枚，花丝上部淡红色，柔细如丝，下部合生成筒状；雌蕊1枚，长与雄蕊近相等，荚果条形，扁平，长9～15 cm,宽1.2～2.5 cm,幼时有毛。种子扁椭圆形，表面平滑，褐色。花期

6—7月，果期9—10月。

【生境】 生于山坡灌丛中或路旁。

【分布】 汉川市均有分布。

【药用部位】 树皮、花。

【采收加工】 树皮：春至前后剥取，晒干。花：5—6月采摘，晒干。

【药材性状】 树皮：卷曲呈筒状或半筒状，长40～90 cm，皮厚1～3 mm。外面灰棕色至灰褐色，稍有纵皱纹，有的现浅裂纹，密生棕色或棕红色的椭圆形横向皮孔，习称珍珠疙瘩，偶见突起的横棱或较大的圆形枝痕，常附有地衣斑块。内面淡黄棕色或黄白色，平滑，有细密的纵纹。质硬而脆，易折断，断面淡黄棕色或黄白色，呈纤维片状。气微香，稍刺舌，随后喉头有不适感。

花：皱缩成团，花细长而弯曲，长0.8～1 cm，淡粉红色至淡黄棕色或淡黄褐色，有短花梗。花萼筒状，先端有5小齿。花冠筒长约为萼筒的2倍，先端5裂，裂片披针形。雄蕊多枚，花丝极细，黄棕色至黄褐色，易断，下部合生，上部分离，伸出花冠筒外。

【性味】 味甘，性平。

【功能主治】 树皮：活血，消痈，安神。主治心烦失眠，肺脓疡，痈肿，筋骨折伤。

花：解郁安眠。主治心神不安，忧郁失眠。

69. 决明 *Senna tora* (L.) Roxb.

【别名】 草决明。

【形态】 直立、粗壮，一年生亚灌木状草本，高1～2 m。叶长4～8 cm；叶柄上无腺体；叶轴上每对小叶间有棒状的腺体1枚；小叶3对，膜质，倒卵形或倒卵状长椭圆形，长2～6 cm，宽1.5～2.5 cm，顶端圆钝而有小尖头，基部渐狭，偏斜，上面被疏柔毛，下面被柔毛；小叶柄长1.5～2 mm；托叶线状，被柔毛，早落。花腋生，通常2朵聚生；总花梗长6～10 mm；花梗长1～1.5 cm，丝状；萼片稍不等大，
卵形或卵状长圆形，膜质，外面被柔毛，长约8 mm；花瓣黄色，下面2片略长，长12～15 mm，宽5～7 mm；能育雄蕊7枚，花药四方形，顶孔开裂，长约4 mm，花丝短于花药；子房无柄，被白色柔毛。荚果纤细，近四棱形，两端渐尖，长达15 cm，宽3～4 mm，膜质；种子约25粒，有光泽。花、果期8—11月。

【生境】 生于山坡、旷野及河滩沙地上。

【分布】 汉川市各乡镇均有分布。

【药用部位】 干燥成熟种子。

【采收加工】 9—10月果实成熟、荚果变黄褐色时采收，将全株割下晒干，打下种子即可。

【药材性状】 本品呈四棱状短圆柱形，一端钝圆，另一端倾斜并有尖头。表面棕绿色或暗棕色，平滑，有光泽，背腹面各有1条突起的棱线，棱线两侧各有1条从脐点向合点斜向的浅棕色线形凹纹。质坚硬。断面种皮薄；胚乳灰白色，半透明；胚黄色，两片子叶重叠呈"S"形曲折。完整种子气微，破碎后有微弱豆腥气。

【性味】 味甘、苦、咸，性微寒。

【功能主治】 清肝明目，润肠通便。主治目赤肿痛，羞明多泪，目暗不明，头痛，眩晕，肠燥便秘。

70. 紫荆 *Cercis chinensis* Bunge

【别名】 罗钱树。

【形态】 落叶小乔木或灌木，高可达15 m，经栽培通常为灌木。枝条上部略做"之"字形曲折，树皮幼时暗灰色而光滑，老时粗糙而开裂，幼枝被细柔毛。单叶互生，革质，近圆形，长6～14 cm，宽5～14 cm，顶端钝尖而具突尖，基部心形，全缘，上面深绿色，具光泽，下面灰绿色，叶脉被细柔毛，叶脉掌状三至五出，于叶下略隆起；叶柄长2.5～4 cm，无毛；托叶长椭圆形，早落。花先于叶开放，4～10朵簇生于

老枝上，紫色，长约1 cm；小苞片2片，宽卵形，长约2.5 mm；小苞2个，宽卵形，花梗细长；花萼钟状；花冠蝶形；雄蕊10枚，分离；子房光滑无毛，具柄，花柱上部弯曲。荚果条形至狭长方形，扁平，长5～14 cm，宽1～1.5 cm，两侧平滑有光泽，沿腹缝线有狭翅；种子2～8粒，扁平，近圆形，长约4 mm。花期4～5月，果期8—10月。

【生境】 生于山坡、溪沟旁、灌丛中。

【分布】 汉川市各乡镇均有分布。

【药用部位】 树皮。

【采收加工】 7—8月采收，晒干。

【药材性状】 干燥的树条呈长筒状或槽状块、片，均向内卷曲，长短不等，厚3～6 mm，外表灰棕色，内面紫红色，有细纵纹理。质坚实，不易折断，断面灰红色。对光照视，可见细小的亮星。

【性味】 味苦，性凉。

【功能主治】 活血通经，消肿解毒。主治闭经腹痛，疮痈肿毒，咽喉痛，牙痛，风湿性关节炎，跌打损伤，狂犬、蛇虫咬伤。

71. 黄檀　*Dalbergia hupeana* Hance

【别名】不知春、望水檀、檀木。

【形态】乔木，高 10 ～ 20 m；树皮暗灰色，呈薄片状剥落。幼枝淡绿色，无毛。羽状复叶长 15 ～ 25 cm；小叶 3 ～ 5 对，近革质，椭圆形至长圆状椭圆形，长 3.5 ～ 6 cm，宽 2.5 ～ 4 cm，先端钝或稍凹入，基部圆形或阔楔形，两面无毛，细脉隆起，上面有光泽。圆锥花序顶生或生于最上部的叶腋间，连总花梗长 15 ～ 20 cm，直径 10 ～ 20 cm，疏被锈色短柔毛；花密集，长 6 ～ 7 mm；花梗长约 5 mm，与花萼同

疏被锈色柔毛；基生和副萼状小苞片卵形，被柔毛，脱落；花萼钟状，长 2 ～ 3 mm，萼齿 5 枚，上方 2 枚阔圆形，近合生，侧方的卵形，最下 1 枚披针形，长为其余 4 枚之倍；花冠白色或淡紫色，长度倍于花萼，各瓣均具柄，旗瓣圆形，先端微缺，翼瓣倒卵形，龙骨瓣半月形，与翼瓣内侧均具耳；雄蕊 10 枚，成 5+5 的二体雄蕊；子房具短柄，除基部与子房柄外，无毛，胚珠 2 ～ 3 枚，花柱纤细，柱头小，头状。荚果长圆形或阔舌状，长 4 ～ 7 cm，宽 13 ～ 15 mm，顶端急尖，基部渐狭成果颈，果瓣薄革质，对种子部分有网纹，有 1 ～ 2（3）粒种子；种子肾形，长 7 ～ 14 mm，宽 5 ～ 9 mm。花期 5—7 月。

【生境】生于山地林中或灌丛中，山沟溪旁及有小树林的坡地常见。

【分布】汉川市各乡镇均有分布。

【药用部位】根皮。

【采收加工】夏、秋季采挖。

【性味】味辛、苦，性平；有小毒。

【功能主治】清热解毒，止血消肿。主治疮痈肿毒，毒蛇咬伤，细菌性痢疾，跌打损伤等。民间用于治疗急慢性肝炎，肝硬化腹水。

72. 野大豆　*Glycine soja* Sieb. et Zucc.

【别名】乌豆、野黄豆、白花宽叶蔓豆。

【形态】一年生缠绕草本，长 1 ～ 4 m。茎、小枝纤细，全体疏被褐色长硬毛。叶具 3 小叶，长可达 14 cm；托叶卵状披针形，急尖，被黄色柔毛。顶生小叶卵圆形或卵状披针形，长 3.5 ～ 6 cm，宽 1.5 ～ 2.5 cm，先端锐尖至钝圆，基部近圆形，全缘，两面均被绢状的糙伏毛，侧生小叶斜卵状披针形。总状花序通常短，稀长可达 13 cm；花小，长约 5 mm；花梗密生黄色长硬毛；苞片披针形；花萼钟状，密生长毛，裂片 5，三角状披针形，先端锐尖；花冠淡红紫色或白色，旗瓣近圆形，先端微凹，基部具短瓣柄，翼瓣斜倒卵形，有明显的耳，龙骨瓣比旗瓣及翼瓣短小，密被长毛；花柱短而向一侧

弯曲。荚果长圆形，稍弯，两侧稍扁，长17～
23 mm，宽4～5 mm，密被长硬毛，种子间稍
缢缩，干时易裂；种子2～3粒，椭圆形，稍扁，
长2.5～4 mm，宽1.8～2.5 mm，褐色至黑色。
花期7—8月，果期8—10月。

【生境】生于潮湿的田边、园边、沟旁、河岸、
湖边、沼泽、草甸、向阳的矮灌丛或芦苇丛中，
稀见于沿河岸疏林下。

【分布】 汉川市各乡镇均有分布。

【药用部位】 种子。

【采收加工】 秋季果实成熟时，割取全株，
晒干，打开果荚，收集种子再晒至足干。

【药材性状】 本品呈椭圆形而略扁，外表
黑褐色，有黄白色斑纹，微具光泽，质坚硬。内
有子叶2片，黄色。嚼之微有豆腥气。

【性味】 味甘，性凉。

【功能主治】 补益肝肾，祛风解毒。主治
肾虚腰痛，风痹，筋骨疼痛，阴虚盗汗，内热消渴，
目昏头晕，痈肿。

73. 鸡眼草 *Kummerowia striata* (Thunb.) Schindl.

【别名】 公母草、牛黄黄、掐不齐。

【形态】 一年生草本，披散或平卧，多分枝，高（5）10～45 cm，茎和枝上被倒生的白色细毛。
叶为三出羽状复叶；托叶大，膜质，卵状长圆形，比叶柄长，长3～4 mm，具条纹，有缘毛；叶柄极短；
小叶纸质，倒卵形、长倒卵形或长圆形，较小，长6～22 mm，宽3～8 mm，先端圆形，稀微缺，基部
近圆形或宽楔形，全缘；两面沿中脉及
边缘有白色粗毛，但上面毛较稀少，侧
脉多而密。花小，单生或2～3朵簇生
于叶腋；花梗下端具2片大小不等的苞
片，萼基部具4片小苞片，其中1片极小，
位于花梗关节处，小苞片常具5～7条
纵脉；花萼钟状，带紫色，5裂，裂片
宽卵形，具网状脉，外面及边缘具白毛；
花冠粉红色或紫色，长5～6 mm，较
花萼约长1倍，旗瓣椭圆形，下部渐狭
成瓣柄，具耳，龙骨瓣比旗瓣稍长或近

等长，翼瓣比龙骨瓣稍短。荚果圆形或倒卵形，稍侧扁，长 3.5～5 mm，较花萼稍长或长达 1 倍，先端短尖，被小柔毛。花期 7—9 月，果期 8—10 月。

【生境】 生于路旁、田边、溪旁、沙地或缓山坡草地，海拔 500 m 以下。

【分布】 汉川市各乡镇均有分布。

【药用部位】 全草。

【采收加工】 7—8 月采收，晒干或鲜用。

【药材性状】 茎枝圆柱形，多分枝，长 5～30 cm，被白色向下的细毛。三出复叶互生，叶多皱缩，完整小叶倒卵形、长圆形，长 5～15 mm；叶端钝圆，有小突刺，叶基楔形；沿中脉及叶缘疏生白色粗毛；托叶 2 片。花腋生，花萼钟状，深紫褐色；蝶形花冠较花萼长。荚果倒卵形，顶端稍急尖，长达 4 mm。种子 1 粒，黑色，具不规则褐色斑点。

【性味】 味甘、辛、微苦，性平。

【功能主治】 清热解毒，健脾利湿。主治感冒，暑湿吐泻，黄疸，痢疾，疳积，疮痈肿毒，血淋，咯血，衄血，赤白带下。

74. 扁豆 *Lablab purpureus* (L.) Sweet

【别名】 白花扁豆、鹊豆。

【形态】 缠绕草本藤本。茎常呈淡紫色或淡绿色，无毛。小叶 3 片，顶生小叶宽三角状卵形，长 5～10 cm，宽 6～10 cm，先端急尖，基部阔楔形或近圆形，侧生小叶较大，斜卵形，两面有疏毛，托叶小，线状披针形。总状花序腋生，长 15～25 cm，直立，花序轴粗壮；花 2 至数朵丛生于花序轴的节上；小苞片 2，脱落；花萼宽钟状，萼齿 5，上部 2 萼齿几完全合生，其余 3 萼齿近相等；花冠白色或紫红色，长约 2 cm，旗瓣宽椭圆

形，基部有 2 个附属体，并下延为两耳，二体雄蕊，子房有绢毛，基部有腺体，花柱近顶部有白色髯毛状毛。荚果倒卵状长圆形，微弯，扁平，长 5～8 cm，宽约 3 cm，先端稍宽，顶上具一弯曲的喙状物，边缘粗糙。种子 2～5 粒，扁椭圆形，白色。花期 7—9 月，果期 8—10 月。

【生境】 各地均有栽培。

【分布】 汉川市各乡镇均有分布。

【药用部位】 种子和花。

【采收加工】 种子：秋季成熟时摘下荚果，剥出种子，晒干。花：夏、秋季花不完全开放时采摘，晒干或阴干。

【药材性状】 种子：呈扁椭圆形或扁卵圆形，长 0.8～1.2 cm，宽 0.7～0.9 cm，种皮淡黄白色或

淡黄色，平滑，略有光泽，有时可见棕黑色斑点，一端有黑色隆起的眉状种阜，紧贴各阜处可见一圆点状小孔（珠孔）。质坚硬，内薄而脆，内有肥厚的黄白色子叶2片。嚼之有豆腥味。

花：多皱缩，展开后呈不规则三角形。花萼宽钟状，深黄色至深棕色，5齿裂，外被白色短毛；花瓣黄白色至深黄色，5片，其中2片合片，弯曲成虾状。雄蕊10枚，其中9枚基部连合；雌蕊1枚，黄绿色，弯曲，先端有白色茸毛，体轻。气微，味微甜。

【性味】　种子：味甘，性微温。花：味苦，性平。

【功能主治】　种子：健脾化湿，消暑解毒。主治脾胃虚弱，暑湿吐泻，带下，酒毒，河豚毒。

花：消暑化湿，健脾和胃。主治暑湿泄泻，痢疾，带下。

75. 铁马鞭　*Lespedeza pilosa* (Thunb.) Sieb. et Zucc.

【形态】　多年生草本。全株密被长柔毛，茎平卧，细长，长60～80（100）cm，少分枝，匍匐地面。托叶钻形，长约3 mm，先端渐尖；叶柄长6～15 mm；羽状复叶具3小叶；小叶宽倒卵形或倒卵圆形，长1.5～2 cm，宽1～1.5 cm，先端圆形、近截形或微凹，有小刺尖，基部圆形或近截形，两面密被长毛，顶生小叶较大。总状花序腋生，比叶短；苞片钻形，长5～8 mm，上部边缘具缘毛；

总花梗极短，密被长毛；小苞片2片，披针状钻形，长1.5 mm，背部中脉具长毛，边缘具缘毛；花萼密被长毛，5深裂，上方2裂片基部合生，上部分离，裂片狭披针形，长约3 mm，先端长渐尖，边缘具长缘毛；花冠黄白色或白色，旗瓣椭圆形，长7～8 mm，宽2.5～3 mm，先端微凹，具瓣柄，翼瓣比旗瓣和龙骨瓣短；闭锁花常1～3朵集生于茎上部叶腋，无梗或近无梗，结果。荚果广卵形，长3～4 mm，凸镜状，两面密被长毛，先端具尖的喙状物。花期7—9月，果期9—10月。

【生境】　生于荒山坡及草地。

【分布】　汉川市各乡镇均有分布。

【药用部位】　带根全草。

【采收加工】　夏、秋季采收，鲜用或晒干。

【药材性状】　茎枝细长，分枝少，被棕黄色长粗毛。三出复叶。完整小叶片宽倒卵圆形至倒卵圆形，先端圆形或截形，微凹，具短尖，叶基近圆形，全缘。总状花序腋生，总花轴及小花轴极短，蝶形花冠黄白色，旗瓣有紫斑。荚果广卵形，先端有喙状物，直径约3 mm，表面密被白色长粗毛。

【性味】　味苦、辛，性平。

【功能主治】　益气安神，活血止痛，利尿消肿，解毒散结。主治气虚发热，失眠，痧证，腹痛，风湿痹病，水肿，瘰疬，疮痈肿毒。

76. 天蓝苜蓿　*Medicago lupulina* L.

【别名】 天蓝。

【形态】 一年生、二年生或多年生草本，高 20～60 cm。茎多分枝，伏卧状或斜向上，有疏毛。3 小叶互生，小叶宽倒卵形至菱形，长、宽均 0.5～2 cm，顶端钝圆，微缺，基部楔形，上部边缘呈锯齿，两面均有白色柔毛；小叶柄长 0.3～0.7 cm，有毛；托叶斜卵形，长 0.5～1.2 cm，宽 0.2～0.7 cm，有柔毛。花 10～15 朵密集成头状总花序，生于叶腋；花梗长 1～3 cm，被细茸毛；花萼钟状，有柔毛，萼筒短，萼齿 5，线状披针形；花冠蝶形，黄色，稍长于花萼。荚果弯，肾形，长约 0.2 cm，成熟时黑色，具纵纹，无刺，有疏柔毛。种子 1 粒，肾圆形，黄褐色，甚小。花期 5—6 月，果期 7—8 月。

【生境】 生于山坡、路旁。

【分布】 汉川市各乡镇均有分布。

【药用部位】 全草。

【采收加工】 夏、秋季采收，洗净，晒干备用。

【性味】 味苦，性寒；有小毒。

【功能主治】 清热解毒，活血消肿。主治黄疸，痔疮出血，肠内下血，疖疮，蛇虫咬伤。

77. 南苜蓿　*Medicago polymorpha* L.

【别名】 金花菜、黄花草子。

【形态】 一年生、二年生草本，高 20～90 cm。茎平卧、上升或直立，近四棱形，基部分枝，无毛或微被毛。三出羽状复叶；托叶大，卵状长圆形，长 4～7 mm，先端渐尖，基部耳状，边缘具不整齐条裂，成丝状细条或深齿状缺刻，脉纹明显；叶柄柔软，细长，长 1～5 cm，上面具浅沟；小叶倒卵形或三角状倒卵形，几等大，长 7～20 mm，宽 5～15 mm，纸质，先端钝、近截平或凹缺，具细尖，基部阔楔形，边缘 1/3 以上具浅锯齿，上面无毛，下面被疏柔毛，无斑纹。花序头状伞形，具花（1）2～10 朵；总花梗腋生，纤细无毛，长 3～15 mm，通常比叶短，花序轴先端不呈芒状尖；苞片甚小，尾尖；花长 3～4 mm；花梗不到 1 mm；花萼钟状，长约 2 mm，萼齿披针形，与萼筒近等长，无毛或稀被毛；花冠黄色，旗瓣倒卵形，先端凹缺，基部阔楔形，比翼瓣和龙骨瓣长，翼瓣长圆形，基部具耳和稍阔的瓣柄，齿突甚发达，龙骨瓣比翼瓣稍短，基部具小耳，成钩状；子房长圆形，镰状上弯，微被毛。荚果螺旋形，暗绿褐色，顺时针方向紧旋 1.5～2.5（6）圈，直径（不包括刺长）4～6（10）mm，螺面平坦无毛，有多条辐射状脉纹，近边缘处环结，每圈具棘刺或瘤突 15 枚；种子每圈 1～2 粒。种子长肾形，长约 2.5 mm，宽 1.25 mm，棕褐色，平滑。花期 3—5 月，果期 5—6 月。

【生境】 生于山坡、路旁。

【分布】 汉川市各乡镇均有分布。

【药用部位】 全草或根。

【采收加工】 全草：夏季采收，晒干或鲜用。根：秋季采挖，洗净，晒干。

【药材性状】 全草缠绕成团。茎多分枝。三出复叶，多皱缩；完整小叶倒卵形，两侧小叶较小；先端钝或凹缺，基部阔楔形，上部边缘有锯齿；上面无毛，下面被疏柔毛；小叶柄有柔毛；托叶边缘有细锯齿。总状花序腋生；花 2～6 朵；花萼钟状；花冠皱缩，棕黄色，略伸出花萼外。荚果螺旋形，边缘具疏刺。种子 3～7 粒，长肾形，棕褐色。

【性味】 味苦、微涩，性平。

【功能主治】 清热凉血，利湿退黄，通淋排石，生津。主治热病烦渴，黄疸，痢疾泄泻，石淋，肠风下血，浮肿。

78. 白车轴草　*Trifolium repens* L.

【形态】 多年生草本。茎匍匐，无毛。小叶 3 片，倒卵形至近倒心形，长 1.2～2 cm，宽 1～1.5 cm，先端圆或凹，基部楔形，上面无毛，下面微有毛；小叶近无柄；花托椭圆形。花序呈头状，有长总梗；花萼筒状，较筒部短，有微毛；花冠白色或淡红色。荚果倒卵状长圆形，长 3 mm，膨大，藏于 1 cm 的花萼内；种子 2～4 粒，褐色，近圆形。花期 6 月。

【生境】 引种栽培。

【分布】 汉川市各乡镇均有分布。

【药用部位】 全草。

【采收加工】 秋季采收，鲜用或晒干。

【性味】 味微甘，性平。

【功能主治】 清热，凉血，宁心。主治癫痫，痔疮。

79. 救荒野豌豆 *Vicia sativa* L.

【别名】 苕子、马豆、野毛豆。

【形态】 一年生或二年生草本，高15～90（105）cm。茎斜升或攀援，单一或多分枝，具棱，被微柔毛。偶数羽状复叶长2～10 cm，叶轴顶端卷须有2～3分支；托叶戟形，通常2～4裂齿，长0.3～0.4 cm，宽0.15～0.35 cm；小叶2～7对，长椭圆形或近心形，长0.9～2.5 cm，宽0.3～1 cm，先端圆或平截，有凹缺，具短尖头，基部楔形，侧脉不甚明显，两面被贴伏黄柔毛。花1～2（4）朵，腋生，近无

梗；花萼钟状，外面被柔毛，萼齿披针形或锥形；花冠紫红色或红色，旗瓣长倒卵圆形，先端圆，微凹，中部缢缩，翼瓣短于旗瓣，长于龙骨瓣；子房线形，微被柔毛，胚珠4～8枚，子房具柄短，花柱上部被淡黄白色髯毛状毛。荚果线长圆形，长4～6 cm，宽0.5～0.8 cm，表皮土黄色种间缢缩，有毛，成熟时背腹开裂，果瓣扭曲。种子4～8粒，圆球形，棕色或黑褐色，种脐长相当于种子周径的1/5。花期4—7月，果期7—9月。

【生境】 生于荒山、田边草丛及林中。

【分布】 汉川市各乡镇均有分布。

【药用部位】 全草。

【采收加工】 夏季采收，晒干或鲜用。

【性味】 味甘、辛，性温。

【功能主治】 补肾调经，祛痰止咳。主治肾虚腰痛，遗精，月经不调，咳嗽痰多。

80. 豇豆 *Vigna unguiculata* (L.) Walp.

【别名】 豆角、长豆。

【形态】 一年生缠绕、草质藤本或近直立草本，有时顶端缠绕状。茎近无毛。羽状复叶具3小叶；托叶披针形，长约1 cm，着生处下延成一短距，有线纹；小叶卵状菱形，长5～15 cm，宽4～6 cm，先端急尖，边缘全缘或近全缘，有时淡紫色，无毛。总状花序腋生，具长梗；花2～6朵聚生于花序顶端，花梗间常有肉质蜜腺；花萼浅绿色，钟状，长6～10 mm，裂齿披针形；花冠黄白色而略带青紫，长约2 cm，各瓣均具瓣柄，旗瓣扁圆形，宽约2 cm，顶端微凹，基部稍有耳，翼瓣略呈三角形，龙骨瓣稍弯；子房线形，被毛。荚果下垂，直立或斜展，线形，宽6～10 mm，稍肉质而膨胀或坚实，有种子多粒；种子长椭圆形、圆柱形或稍肾形，长6～12 mm，黄白色、暗红色或其他颜色。花期5—8月。

【生境】　栽培。

【分布】　汉川市各乡镇均有栽培。

【药用部位】　种子。

【采收加工】　秋季果实成熟后采收，晒干，打下种子。

【性味】　味甘、咸，性平。

【功能主治】　健脾利湿，补肾涩精。主治脾胃虚弱，泄泻痢疾，吐逆，肾虚腰痛，遗精，消渴，带下，白浊，小便频数。

三十五、酢浆草科 Oxalidaceae

一年生或多年生草本，极少为灌木或乔木。根茎或鳞茎状块茎，通常肉质。掌状或羽状复叶，或小叶萎缩而成单叶，基生或茎生；小叶在芽时或晚间反折而下垂，通常全缘；无托叶或有而极小。花两性，辐射对称，形成单个的伞形聚伞花序或总状花序；萼片5，离生或基部合生，覆瓦状排列，少数为镊合状排列；花瓣5片，有时基部合生，旋转排列；雄蕊10枚，2轮，5长5短，外轮与花瓣对生，基部合生，有时5枚无花药，花药2室，纵裂；雌蕊由5枚合生心皮组成，子房上位，5室，每室有1至数枚胚珠，中轴胎座，花柱5个，离生，宿存，柱头通常头状，有时浅裂。蒴果室背开裂，少数为浆果；种子有直胚，胚乳肉质。

81. 酢浆草　*Oxalis corniculata* L.

【别名】　三叶酸草、酸味草、酸母草。

【形态】　草本，高15～22 cm，全草味酸。根茎细长或粗壮。茎细而柔软，下部斜卧地面呈匍匐状，多分枝，成丛生状，上部稍直立，绿色，微带紫色，被毛，节处生有不定根。三出复叶，具长柄，小叶3片，倒心形，长5～13 mm，宽6～15 mm，先端凹陷，基部楔形，全缘，背面沿叶脉及边缘有短毛；小叶无柄。伞形花序腋生，具花2～6朵，花序梗纤细，带紫色，有毛；萼片5片；花瓣5片；雄蕊10枚，5长5短，花丝基部合生成筒；子房上位，5室，柱头5裂。蒴果近圆柱形，有5纵棱，具毛，成熟时自行开裂，弹出种子。花期7—8月，果期8—9月。

【生境】　喜生于路旁、田园、宅旁或沟边。

【分布】　汉川市各乡镇均有分布。

【药用部位】全草。

【采收加工】夏、秋季采挖，除去泥土，晒干。

【药材性状】全草扭缠成团状，灰绿色或灰棕色，根细长。茎细，直径约 1 mm，表面有纵棱。叶互生，三出复叶，叶片皱缩，灰绿色，有长叶柄。种子细，卵形而扁，红棕色。

【性味】味酸，性凉。

【功能主治】清热利尿，散瘀消肿，凉血止痛。主治尿路感染，淋证，结石，黄疸，腹泻，肠炎，乳痈，丹毒，汤火伤，跌打损伤，疮痈肿毒，湿疹。

三十六、牻牛儿苗科 Geraniaceae

草本，稀为亚灌木或灌木。叶互生或对生，叶片通常掌状或羽状分裂，具托叶。聚伞花序腋生或顶生，稀花单生；花两性，整齐，辐射对称，稀两侧对称；花萼通常 5 片，稀 4 片，覆瓦状排列；花瓣 5 片，稀 4 片，覆瓦状排列；雄蕊 10 ～ 15 枚，2 轮，外轮与花瓣对生，花丝基部合生或分离，花药"丁"字形着生，纵裂；蜜腺通常 5，与花瓣互生；子房上位，心皮 3 ～ 5 室，每室具 1 ～ 2 枚倒生胚珠，花柱与心皮同数，通常下部合生，上部分离，柱头舌状，少数头状。果实为蒴果，通常由中轴延伸成喙状物，稀无喙状物，室间开裂，稀不开裂，每果瓣具 1 粒种子，开裂的果瓣常由基部向上反卷或成螺旋状卷曲。种子具微小胚乳或无胚乳，子叶折叠。

82. 野老鹳草　*Geranium carolinianum* L.

【形态】一年生草本，高 20 ～ 60 cm，根纤细，单一或分枝，茎直立或仰卧，单一或多数，具棱角，密被倒向短柔毛。基生叶早枯，茎生叶互生或最上部对生；托叶披针形或三角状披针形，长 5 ～ 7 mm，宽 1.5 ～ 2.5 mm，外被短柔毛；茎下部叶具长柄，柄长为叶片的 2 ～ 3 倍，被倒向短柔毛，上部叶柄渐短；叶片圆肾形，长 2 ～ 3 cm，宽 4 ～ 6 cm，基部心形，近基部掌状 5 ～ 7 裂，裂片楔状倒卵形或菱形，下部楔形、全缘，上部羽状深裂，小裂片条状矩圆形，先端急尖，表面被短伏毛，背面主要沿脉被短伏毛。花序腋生和顶生，长于叶，被倒生短柔毛和开展的长腺毛，每总花梗具 2 朵花，顶生总花梗常数个集生，花序呈伞状；花梗与总花梗相似，等于或稍短于花；苞片钻状，长 3 ～ 4 mm，被短柔毛；萼片长卵形或近椭圆形，长 5 ～ 7 mm，宽 3 ～ 4 mm，先端急尖，具长约 1 mm 尖头，外被短柔毛或沿脉被开展的糙柔毛和腺毛；花瓣淡紫红色，倒卵形，稍长于花萼，先端圆形，基部宽楔形，雄蕊稍短于花萼，中部以下被长糙柔毛；雌蕊稍长于雄蕊，密被糙柔毛。蒴果长约 2 cm，被短糙毛，果瓣由喙状物上部先裂向下卷曲。花期 4—7 月，果期 5—9 月。

【生境】 生于河畔或低山荒坡杂草丛中。

【分布】 汉川市各乡镇均有分布。

【药用部位】 干燥地上部分。

【采收加工】 夏、秋季果实近成熟时采割，干燥。

【药材性状】 叶片掌状 5 ～ 7 深裂，每裂片又 3 ～ 5 深裂。

【性味】 味辛、苦，性平。

【功能主治】 祛风湿，通经络，清热毒，止泻痢。主治风湿痹病，泄泻，痢疾，疮疡。

三十七、大戟科 Euphorbiaceae

草本、灌木或乔木；木质根，稀为肉质块根；通常无刺；常有乳状汁液。叶互生，少有对生或轮生，单叶，稀为复叶，或叶退化呈鳞片状，边缘全缘或有锯齿，稀为掌状深裂；具羽状脉或掌状脉；叶柄极短至长，基部或顶端有时具有 1 ～ 2 个腺体；托叶 2，着生于叶柄的基部两侧，早落或宿存，稀托叶鞘状，脱落后具环状托叶痕。花单性，雌雄同株或异株，单花或组成各式花序，通常为聚伞或总状花序，在大戟属中为特殊化的杯状花序；萼片分离或在基部合生，覆瓦状或镊合状排列，在特化的花序中有时萼片极度退化或无；花瓣有或无；花盘环状或分裂成为腺体状，稀无花盘；雄蕊 1 至多枚，花丝分离或合生成柱状，在花蕾时内弯或直立，花药 2 ～ 4 室，纵裂，稀顶孔开裂或横裂；雄花常有退化雌蕊；子房上位，3 室，稀 2 或 4 室，或更多、更少，每室有 1 ～ 2 枚胚珠着生于中轴胎座上，花柱与子房室同数，分离或基部连合，顶端常 2 至多裂，柱头形状多变，常呈头状、线状、流苏状、折扇形或羽状分裂。果实为蒴果、核果或浆果状，常从宿存的中央轴柱分离成分果爿；种子常有显著种阜，胚乳丰富、肉质或油质，胚大而直或弯曲，子叶通常扁而宽。

83. 铁苋菜 *Acalypha australis* L.

【别名】 蛤蜊花、海蚌含珠、蚌壳草。

【形态】 一年生草本，高 0.2～0.5 m，小枝细长，被贴柔毛，毛逐渐稀疏。叶膜质，长卵形、近菱状卵形或阔披针形，长 3～9 cm，宽 1～5 cm，顶端短渐尖，基部楔形，稀钝圆，边缘具圆锯齿，上面无毛，下面沿中脉具柔毛；基出脉 3 条，侧脉 3 对；叶柄长 2～6 cm，具短柔毛；托叶披针形，长 1.5～2 mm，具短柔毛。雌雄花同序，花序腋生，稀顶生，长 1.5～5 cm，花序梗长 0.5～3 cm，花序轴具短毛，雌花苞片 1～

2（4）片，卵状心形，花后增大，长 1.4～2.5 cm，宽 1～2 cm，边缘具三角形齿，外面沿掌状脉具疏柔毛，苞腋具雌花 1～3 朵；花梗无；雄花生于花序上部，排列呈穗状或头状，雄花苞片卵形，长约 0.5 mm，苞腋具雌花 5～7 朵，簇生；花梗长 0.5 mm；雄花：花蕾时近球形，无毛，花萼裂片 4 片，卵形，长约 0.5 mm；雄蕊 7～8 枚；雌花：萼片 3 片，长卵形，长 0.5～1 mm，具疏毛；子房具疏毛，花柱 3 个，长约 2 mm，撕裂 5～7 条。蒴果直径 4 mm，具 3 个分果爿，果皮具疏生毛和毛基变厚的小瘤体；种子近卵形，长 1.5～2 mm，种皮平滑，假种阜细长。花、果期 4—12 月。

【生境】 生于山坡较湿润耕地或空旷草地。

【分布】 汉川市各乡镇均有分布。

【药用部位】 全草。

【采收加工】 夏季采收，洗净晒干。

【药材性状】 根多分枝，淡黄棕色。茎呈类圆柱形，长约 30 cm，直径 0.3～0.5 cm，表面灰紫色或灰黄色，有浅纵沟纹。质坚，易折断，断面黄白色，中心有白色髓部或呈空洞状。叶互生，灰绿色，多皱缩卷曲，破碎不全。苞片绿褐色，内有短穗状花序，或为 1 个半圆形褐色的小蒴果，形似海蚌含珠。全体被灰白色柔毛。以叶多、色绿者为佳。

【性味】 味苦、涩，性平。

【功能主治】 清热解毒，止血，止泻，利水，杀虫。主治泄泻，咳嗽，吐血，便血。

84. 泽漆 *Euphorbia helioscopia* L.

【别名】 五凤草、五灯草、五朵云、猫儿眼草。

【形态】 一年生草本。根纤细，长 7～10 cm，直径 3～5 mm，下部分枝。茎直立，单一或自基部多分枝，分枝斜展向上，高 10～30（50）cm，直径 3～5（7）mm，光滑无毛。叶互生，倒卵形或匙形，长 1～3.5 cm，宽 5～15 mm，先端具齿，中部以下渐狭或呈楔形；总苞叶 5 片，倒卵状长圆形，长 3～4 cm，宽 8～14 mm，先端具齿，基部略渐狭，无柄；总伞幅 5 枚，长 2～4 cm；苞叶 2 片，卵圆形，先端具齿，基部呈圆形。花序单生，有柄或近无柄；总苞钟状，高约 2.5 mm，直径约 2 mm，光滑无毛，边缘 5 裂，裂片半圆形，边缘和内侧具柔毛；腺体 4 个，盘状，中部内凹，基部具短柄，淡褐色。

雄花数朵，明显伸出总苞外；雌花 1 朵，子房柄略伸出总苞边缘。蒴果三棱状阔圆形，光滑，无毛；具明显的三纵沟，长 2.5 ～ 3.0 mm，直径 3 ～ 4.5 mm；成熟时分裂为 3 个分果爿。种子卵形，长约 2 mm，直径约 1.5 mm，暗褐色，具明显的脊网；种阜扁平状，无柄。花、果期 4—10 月。

【生境】 生于山沟、路旁、荒野和山坡。

【分布】 汉川市各乡镇均有分布。

【药用部位】 全草。

【采收加工】 4—5 月开花时采收，除去根及泥沙，晒干。

【药材性状】 全草长约 30 cm，茎光滑无毛，多分枝，表面黄绿色，基部呈紫红色，具纵纹，质脆。叶互生，无柄，倒卵形或匙形，先端钝圆或微凹，基部广楔形或突然狭窄；茎顶部具 5 片轮生叶状苞，与下部叶相似。多歧聚伞花序顶生，有伞梗；杯状花序钟状，黄绿色。蒴果无毛。种子卵形，表面有突起网纹。气酸而特异，味淡。

【性味】 味辛、苦，性微寒；有毒。

【功能主治】 行水消肿，化痰止咳，解毒杀虫。主治水气肿满，痰饮喘咳，疟疾，菌痢，瘰疬，结核性瘘管，骨髓炎。

85. 通奶草 *Euphorbia hypericifolia* L.

【别名】 小飞扬草、南亚大戟。

【形态】 一年生草本，根纤细，长 10 ～ 15 cm，直径 2 ～ 3.5 mm，常不分枝，少数由末端分枝。茎直立，自基部分枝或不分枝，高 15 ～ 30 cm，直径 1 ～ 3 mm，无毛或被少许短柔毛。叶对生，狭长圆形或倒卵形，长 1 ～ 2.5 cm，宽 4 ～ 8 mm，先端钝或圆，基部圆形，通常偏斜，不对称，边缘全缘或基部以上具细锯齿，上面深绿色，下面淡绿色，有时略带紫红色，两面被疏柔毛，或上面的毛早脱落；叶柄极短，长 1 ～ 2 mm；托叶三角形，分离或合生。苞叶 2 片，与茎生叶同形。花序数个簇生于叶腋或枝顶，每个花序基部具纤细的柄，柄长 3 ～ 5 mm；总苞陀螺状，高与直径各约 1 mm 或稍长；边缘 5 裂，

裂片卵状三角形；腺体 4 个，边缘具白色或淡粉色附属物。雄花数枚，微伸出总苞外；雌花 1 朵，子房柄长于总苞；子房三棱状，无毛；花柱 3 个，分离；柱头 2 浅裂。蒴果三棱状，长约 1.5 mm，直径约 2 mm，无毛，成熟时分裂为 3 个分果爿。种子卵棱状，长约 1.2 mm，直径约 0.8 mm，每个棱面具数个皱纹，无种阜。花、果期 8—12 月。

【生境】　生于旷野荒地、路旁、灌丛及田间。

【分布】　汉川市各乡镇均有分布。

【药用部位】　全草。

【功能主治】　清热解毒，健脾通奶，利水，散瘀止血。主治乳汁不通，肠炎，水肿，痢疾，泄泻，湿疹，皮炎，脓疱疮，汤火伤。

86. 斑地锦 * *Euphorbia maculate* L.

【形态】　一年生草本。根纤细，长 4 ～ 7 cm，直径约 2 mm。茎匍匐，长 10 ～ 17 cm，直径约 1 mm，被白色疏柔毛。叶对生，长椭圆形至肾状长圆形，长 6 ～ 12 mm，宽 2 ～ 4 mm，先端钝，基部偏斜，不对称，略呈渐圆形，边缘中部以下全缘，中部以上常具细小疏锯齿；叶面绿色，中部常具有 1 个长圆形的紫色斑点，叶背淡绿色或灰绿色，新鲜时可见紫色斑，干时不清楚，两面无毛；叶柄极短，长约 1 mm；托叶钻

状，不分裂，边缘具睫毛状毛。花序单生于叶腋，基部具短柄，柄长 1 ～ 2 mm；总苞狭杯状，高 0.7 ～ 1.0 cm，直径约 0.5 mm，外部具白色疏柔毛，边缘 5 裂，裂片三角状圆形；腺体 4 个，黄绿色，横椭圆形，边缘具白色附属物。雄花 4 ～ 5 朵，微伸出总苞外；雌花 1 朵，子房柄伸出总苞外，且被柔毛；子房被疏柔毛；花柱短，近基部合生；柱头 2 裂。蒴果三角状卵形，长约 2 mm，直径约 2 mm，被疏柔毛，成熟时易分裂为 3 个分果爿。种子卵状四棱形，长约 1 mm，直径约 0.7 mm，灰色或灰棕色，每个棱面具 5 个横沟，无种阜。花、果期 4—9 月。

【生境】　生于平原或低山坡的路旁。

【分布】　汉川市各乡镇均有分布。

【药用部位】　全草。

【采收加工】　6—9 月采收，晒干。

【性味】　味苦、涩，性寒。

【功能主治】　止血，清湿热，通乳。主治黄疸，泄泻，疳积，血痢，尿血，血崩，外伤出血，乳汁不多，疮痈肿毒。

87. 白背叶　*Mallotus apelta* (Lour.) Muell. Arg.

【别名】白活叶、白桐树、野桐。

【形态】灌木或小乔木，高1～
3 m。小枝密被白色星状毛。叶互生，
圆卵形或三角状卵形，不分裂或3浅裂，
长5～15 cm，宽4～14 cm，先端渐尖，
基部截形，全缘，两面被星状毛及棕色
腺体，下面的毛更密厚，基出脉3条，
叶基与叶柄相接处具2腺体；叶柄长
1.5～8 cm。花单性，雌雄异株，无花
瓣；雄穗状花序顶生，长15～20 cm，
花萼3～6裂，外面密被茸毛；雄蕊多
数，花药2室；雌穗状花序顶生或侧生，

长约15 cm，花萼3～6裂，外面密被茸毛；子房3～4室，被软刺及密生星状毛，花柱短。蒴果近球形，
长约5 mm，直径约7 mm，密被软刺及星状毛；种子近球形，直径3 mm，黑色，有光泽。花期5—6月，
果期8月。

【生境】生于低山的灌丛中、山谷、路旁和村落附近。

【分布】汉川市马口镇梅子洞附近。

【药用部位】根和叶。

【采收加工】根：全年均可采挖，挖出后除去泥土，晒干。叶：夏季采收，鲜用。

【药材性状】根呈圆柱形，略弯曲，有分枝，长短不等。表面灰棕色，有细纵皱纹和点状皮孔。质
坚硬，断面皮部薄，棕红色，显纤维性，木部宽广，黄白色。气微，味淡。

【性味】味甘、淡，性平。

【功能主治】根：柔肝活血，健脾化湿，收敛固脱。主治慢性肝炎，肝、脾肿大，子宫脱垂，脱肛，
带下，妊娠水肿，扁桃体炎。

叶：消炎止血。主治中耳炎，疖肿，跌打损伤，外伤出血，鹅口疮。

88. 乌桕　*Sapium sebiferum* (L.) Roxb.[*]

【别名】木油子树、木子树、木梓树。

【形态】落叶乔木，高可达15 m。具乳汁，树皮灰色而有浅纵裂，皮孔细点状。单叶互生，纸
质；菱形至阔菱状卵形，长3～9 cm，宽3～7 cm，先端长渐尖，基部阔楔形至近圆形，全缘，两
面均绿色，无毛，秋天变成赭红色；叶柄长2.5～7 cm，上部接近叶片基部有2腺体。花单性，雌雄
同株；穗状花序顶生，花小，绿黄色，无花瓣及花盘；雄花7～8朵聚生于苞腋内，苞片菱状卵形，
宽约1 mm，先端渐尖，基部两侧各有肾形腺体1个，雄蕊2枚，少有3枚者；1～4朵雌花生于花序
的基部。子房3室，柱头3裂。蒴果梨状球形，直径1～1.5 cm，成熟时褐色，室背开裂为3瓣，每

瓣有种子 1 粒。种子近球形，黑色，外被白色蜡层。花期 5—6 月，果期 10—11 月。

【生境】 生于低山坡地、溪边及村旁湿地。

【分布】 汉川市各地均有分布。

【药用部位】 根皮、树皮、叶、种子。

【采收加工】 根皮和树皮：全年均可采收，晒干。叶：夏、秋季采收，鲜用。种子：冬季采收。

【药材性状】 根皮两侧内卷成长槽状或筒状，长短不等，厚约 1 mm，外面浅棕黄色，有细纵皱纹和圆形、横长皮孔，栓皮薄，易呈膜状脱落；内面黄白色至淡棕黄色，有细密纵直纹理。质硬坚韧，断面纤维性。

【性味】 根皮、树皮和叶：味苦，性微温；有小毒。种子：味甘，性凉；有毒。

【功能主治】 根皮和树皮：泻下，逐水，解毒，杀虫。主治肝硬化腹水，血吸虫病腹水，大小便不利，毒蛇咬伤，疔疮，鸡眼，乳腺炎，跌打损伤，湿疹，外伤出血。

叶：解毒，杀虫。主治疮痈肿毒，脚癣，湿疹，蛇咬伤，阴道炎，乳腺炎，血吸虫病，皮炎，鸡眼。

种子：杀虫，利尿，通便。主治疔疮，湿疹，水肿，便秘。

三十八、芸香科 Rutaceae

乔木或灌木，很少为草本，稀攀援性灌木，全体含芳香油。叶互生或对生，单叶或复叶；叶片通常有油点，有刺或无刺，无托叶。花两性或单性，稀杂性同株，辐射对称，很少两侧对称；聚伞花序，稀总状或穗状花序，更少单花，甚或叶上生花；萼片 4 或 5 片，离生或部分合生；花瓣 4 或 5 片，很少 2 ～ 3 片，离生，极少下部合生，覆瓦状排列，稀镊合状排列，极少无花瓣与萼片之分；花被片 5 ～ 8 片，且排列成 1 轮；雄蕊 4 或 5 枚，或为花瓣数的倍数，花丝分离或部分连生成多束或呈环状，花药纵裂，药隔顶端常有油点；雌蕊通常由 4 或 5 个、稀较少或更多心皮组成，心皮离生或合生，花盘明显，环状，有时变态成子房柄；子房上位，稀半下位，花柱分离或合生，柱头常增大，很少约与花柱同粗，中轴胎座，稀侧膜胎座，每心皮有上下叠置、稀两侧并列的胚珠 2 枚，稀 1 枚或较多，胚珠向上转，倒生或半倒生。果实为蓇葖、蒴果、翅果、核果，或具革质果皮，或具翼，或果皮稍近肉质的浆果；种子有胚乳或无，子叶平凸或皱褶，常富含油点，胚直立或弯曲，很少多胚。

89. 柑橘　*Citrus reticulate* Blanco

【别名】橘皮、陈皮。

【形态】常绿小乔木或灌木，高约
3 m，枝柔弱，通常有刺。叶互生，革质，
披针形或卵状披针形，长 5.5～8 cm，
宽 3～4 cm，顶端渐尖，基部楔形，
全缘或具细钝齿，叶柄细长，翅不明显。
花小，黄白色，单生或簇生于叶腋，萼
片 5 片；花瓣 5 片，雄蕊 18～24 枚，
花丝常 3～5 枚合生，子房 9～15 室。
柑果扁球形，直径 5～7 cm，橙黄色
或淡红黄色，果皮疏松，内瓤极易分离，
瓤瓣 10 瓣左右，肾形，中心柱虚空，

汁少，甜而带酸。种子 20～30 粒，扁卵圆形，外种皮灰白色，内种皮淡棕色。花期 3 月中旬，果熟
期 12 月下旬。

【生境】栽培。

【分布】汉川市各乡镇均有分布。

【药用部位】果皮、外层红色外果皮、果皮内层的筋络、种子、幼果和未成熟果实的青色种皮。果
皮称为陈皮或橘皮，外层红色外果皮称为橘红，果皮内层的筋络称为橘络，种子称为橘核，幼果和未成
熟的青色种皮称为个青皮和四花青皮。

【采收加工】橘皮：在秋季果实成熟后摘下，剥取果皮。

橘红：在冬季采摘成熟的果实，取新鲜橘皮，除去中果皮，干燥。

橘络：在冬季采摘成熟的果实，撕下果皮内层白色筋络，晒干。

橘核：在秋季果实成熟时，摘取果实，去瓤取出种子，晒干。

四花青皮和个青皮：7—8 月摘取未成熟的果实，用刀在顶端划"十"字形剖成 4 瓣至基部，除去瓤
瓣，晒干，即为四花青皮；5—6 月摘取未成熟的幼果或拾取自然落地幼果，除去杂质，洗净，晒干，即
为个青皮。

【药材性状】橘皮：常剥成数瓣，基部相连，有的破裂为不规则的碎裂片。皮厚 1～4 mm，外面
橙红色或红棕色，具细皱纹及凹下的圆形小油点。内面浅黄色，粗糙，附黄白色或黑棕色维管束，有小麻点。
质稍硬而脆。气香，味辛、苦。

橘红：呈不规则的薄片状，边缘皱缩卷曲，外面黄棕色或橙红色，有光泽，密布点状凸起的油点，
内面黄白色，油点亦明显。气香，味微苦、辛。

橘络：商品中因加工方法不同分为凤尾橘络（顺络）、金丝橘络（乱络）及铲络。凤尾橘络：呈长
条形的网络状，淡黄白色，长端与蒂相连，其下筋络交叉而顺直，每束长 6～10 cm，蒂呈圆形帽状，十
余束或更多束压紧为长方形块状。质轻而软，干后质脆易断。气香，味微苦。金丝橘络：呈不整齐的松
散团块，长短不一，与蒂相混。铲络：筋络多疏散碎断，并夹有少量橘白。

橘核：种子卵形或卵圆形，一端常成短嘴状突起，长 0.7～1.4 cm，横径 0.4～0.7 cm；外种皮淡黄褐色、淡黄色或灰白色，光滑；剥去外种皮后，可见淡棕色的膜质内种皮紧贴于外种皮之内面；子叶 2 片，肥厚，富油质，淡绿色，多胚或单胚。气微，有油味。

四花青皮：果皮多剖成 4 瓣，裂片长椭圆形，长 2.5～5 cm，宽 1.5～3 cm，外面灰绿色或黑绿色，密生多数油点，内面类白色或黄白色。气微香，味苦、辛。

个青皮：幼果呈类球形，部分横剖成 2 瓣，直径 0.5～2 cm，外面灰绿色或黑绿色，有细密的小凹点（油室），顶端有稍突起的花柱残基，基部有圆形的果柄痕，横剖面果皮黄白色，中央有瓤瓣 7～13 瓣。气清香，味苦、辛。

【性味】 橘皮：味苦、辛，性温。

橘红：味苦、辛，性温。

橘络：味甘、苦，性平。

橘核：味苦、辛，性温。

四花青皮和个青皮：味苦、辛，性温。

【功能主治】 橘皮：理气，健脾，燥湿，化痰。主治胸脘胀痛，嗳气呕吐，食欲不振，咳嗽痰多。

橘红：消痰，利气，宽中，散结。主治咳嗽，咯痰不爽，胸闷腹胀，纳差。

橘络：通络，理气，化痰。主治痰滞经络，咳嗽胸痛或痰中带血。

橘核：理气，散结，止痛。主治疝气，睾丸肿痛，乳痈，腰痛。

四花青皮和个青皮：疏肝破气，消积化滞，散结。主治胸胁，脘腹胀痛，食积不消，疝气，乳痈。

90. 竹叶花椒 *Zanthoxylum armatum DC.*

【别名】 蜀椒、野花椒、山花椒。

【形态】 常绿灌木或小乔木，高可达 4 m，枝直出而扩展，有弯曲而基部扁平的皮刺，老枝上的皮刺基部木栓化，单数羽状复叶，叶轴具翅，下面有皮刺，在上面小叶片的基部处有托叶状的小皮刺 1 对；小叶 3～9 片，对生，革质，披针形或椭圆状披针形，长 5～9 cm，宽 1～3 cm，顶端渐尖或急尖，边缘具细圆锯齿，齿缝有一透明腺点。聚伞圆锥花序腋生，长 2～6 cm，花小，单性，

黄绿色，花被片 6～8 枚，1 轮；雄花雄蕊 6～8 枚，花丝细长，药隔顶部有一色泽较深的腺点，退化子房顶端 2～3 裂，花盘圆环形，雌花子房上位，心皮 2～4 个，通常 1～2 个发育；蓇葖果红色，有粗大而突起的腺点。种子卵形，黑色。花期 3—5 月，果期 8—10 月。

【生境】 生于低山疏林下或灌丛中。

【分布】 汉川市各乡镇均有分布。

【药用部位】 果实。

【采收加工】 白露后，当果实呈红色、初开裂时摘取，晒干，簸去杂质。

【化学成分】 果实含挥发油。

【性味】 味辛，性温；有小毒。

【功能主治】 散寒，止痛，驱蛔。主治胃寒，蛔虫病，腹痛，牙痛，湿疮。

【附注】 竹叶椒的根、叶亦可供药用，其根具有祛风散寒、活血止痛的作用，主治头痛感冒，咳嗽，吐泻，牙痛。

三十九、楝科 Meliaceae

乔木或灌木，稀为亚灌木。叶互生，很少对生，通常羽状复叶，稀 3 小叶或单叶；小叶对生或互生，全缘，很少有锯齿，基部偏斜。花两性或杂性异株，辐射对称，通常组成圆锥花序，有时为总状或穗状花序；花萼小，常浅杯状或短管状，4～5 齿裂或由 4～5 萼片组成，芽时覆瓦状或镊合状排列；花瓣 4～5 片，稀为 3～7 片，芽时覆瓦状、镊合状或旋转排列，分离或下部与雄蕊管合生；雄蕊 4～10 枚，花丝合生成一短于花瓣的圆筒形、圆柱形、球形或陀螺形等不同形状的管或分离，花药无柄，直立，内向，着生于花丝管的内面或顶部，内藏或突出；花盘生于雄蕊管的内面或缺，如存在则成环状、管状或柄状；子房上位，2～5 室，少数 1 室，每室有胚珠 1～2 枚或更多；花柱单生或缺，柱头盘状或头状。果实为蒴果、浆果或核果，开裂或不开裂；果皮革质或木质，很少肉质；种子有翅或无，有胚乳或无。

91. 楝　*Melia azedarach* L.

【别名】 苦楝树。

【形态】 落叶乔木，高可达 15～20 m。树皮幼时淡褐色、光滑，老则棕褐色而浅纵裂，芽圆球形，芽鳞密生灰褐色茸毛。二至三回单数羽状复叶，互生，长 20～40 cm；小叶卵形、椭圆状卵形或卵状披针形，长 2～8 cm，宽 2～3 cm，顶端渐尖，基部楔形或圆形，边缘具粗钝锯齿，上面深绿色，下面淡绿色，初时有灰褐色星状毛，后渐脱落无毛。圆锥花序腋生，与叶等长，花紫色

或淡紫色，长约 1 cm；花萼 5 裂，裂片披针形；被短柔毛；花瓣 5 片，倒披针形，外面被短柔毛，雄蕊
10 枚，花丝合生成筒；子房上位，近球形，5～6 室；花柱细长，柱头头状。核果长圆形至近球形，淡黄色，
4～5 室，每室有种子 1 粒。花期 4—5 月，果期 10—11 月。

【生境】　生于山坡、路边及村旁。

【分布】　汉川市各地均有分布。

【药用部位】　根皮或树皮。

【采收加工】　春、夏季采收，将树砍倒，挖出树根，剥去根和干皮，除去泥土，晒干。

【药材性状】　根皮：常为不规则片状或槽状，长短、宽窄不一，厚约 2 mm。表面棕黄色，粗糙，
常破裂。内面淡黄色，具细纵，质坚韧，不易折断，断面呈纤维性，薄片状，可层层剥离，无臭。干皮：
不规则的长块状或槽状卷曲，长宽不等，外面紫褐色，有深而较大的纵裂纹及浅的横纹，皮孔极明显，
老枝呈横向延长，呈点状，红棕色，内面黄白色，有细致的纵纹。质坚硬，不易折断而纤维性。气微，
味苦。

【性味】　味苦，性寒；有小毒。

【功能主治】　清热燥湿，杀虫。主治蛔虫病，蛲虫病，绦虫病，阴道滴虫，疖疮。

四十、漆树科 Anacardiaceae

乔木或灌木，树皮中有树脂。叶互生，稀对生，单叶、掌状三小叶或奇数羽状复叶，无托叶或托叶
不明显。花小，辐射对称，两性，多为单性或杂性，排列成顶生或腋生的圆锥花序；花萼合生，3～5 裂，
有时呈佛焰苞状撕裂或呈帽状脱落，裂片在芽中覆瓦状或镊合状排列，花后宿存或脱落；花瓣 3～5 片，
分离或基部合生，通常下位，覆瓦状或镊合状排列，脱落或宿存，有时花后增大，雄蕊着生于花盘外面
基部或花盘边缘，与花盘同数或为其 2 倍，常更少，极稀更多，花丝线形或钻形，分离，花药卵形、长
圆形或箭形，2 室，内向或侧向纵裂；花盘环状或杯状，全缘、5～10 浅裂或呈柄状突起；子房上位，
少有半下位或下位，通常 1 室，少有 2～5 室，每室有胚珠 1 枚，倒生。果实多为核果，外果皮薄，中
果皮通常厚，具树脂，内果皮坚硬，骨质、硬壳质或革质；胚稍大，肉质，弯曲，子叶膜质扁平或稍肥厚，
无胚乳或有少量薄的胚乳。

92. 盐肤木 *　*Rhus chinensis* Mill.*

【别名】　盐树根、迟倍子树、五倍子树。

【形态】　落叶灌木或小乔木，高可达 8 m。树皮灰褐色，有无数皮孔和三角形的叶痕，小枝、叶
轴、花序、果序密被褐色柔毛。具小叶 7～13 片，总叶柄和叶轴有显著的翅，小叶无柄，卵形至卵状
椭圆形，长 8～12 cm，宽 4～6 cm，先端渐尖，基部圆形或近心形，边缘有粗而圆的锯齿，上面无毛，

下面具棕褐色柔毛。圆锥花序顶生，长 12～20 cm，花序密生棕褐色柔毛；花小，杂性，两性花，萼片 5，广卵形，先端钝；花瓣 5 片，乳白色，倒卵状长椭圆形，边缘内侧基部具柔毛；雄蕊 5 枚，花药黄色，"丁"字形着生，花丝黄色；雌蕊较雄蕊短，子房上位，花柱 3 个，柱头头状；核果近扁圆形，横径约 5 mm，红色，被短细柔毛。花期 6—7 月，果期 7—10 月。

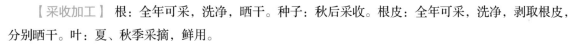

【生境】　生于山坡林中或沟边。

【分布】　汉川市马口镇梅子洞附近。

【药用部位】　根、种子、根皮、叶。

【采收加工】　根：全年可采，洗净，晒干。种子：秋后采收。根皮：全年可采，洗净，剥取根皮，分别晒干。叶：夏、秋季采摘，鲜用。

【性味】　根：味酸、咸，性凉。种子：味酸，性凉。根皮：味咸、涩，性凉。叶：味酸、咸，性寒。

【功能主治】　根：祛风，化湿，消肿，软坚。主治感冒发热，咳嗽，腹泻，水肿，风湿痹病，跌打损伤，乳痈，疔疮。

种子：生津润肺，降火化痰，敛汗，止痛。主治咳嗽，喉痹，黄疸，盗汗，痢疾，顽癣，痈毒。

根皮：祛风湿，散瘀血，清热解毒。主治咳嗽，风湿骨痛，水肿，黄疸，跌打损伤，疮痈肿毒，疔疮，蛇咬伤。

叶：化痰止咳，收敛，解毒。主治咳嗽，便血，血痢，疮疡。

【附注】　叶柄、叶上常生有不规则突起的虫瘿，即中药五倍子，按外形不同分为肚倍与角倍。五倍子含鞣酸 50%～70%，作为轻工业原料；药用能收敛止血、敛肺止咳、涩肠止泻、解毒，对铜绿假甲胞菌、痢疾杆菌、大肠杆菌、白喉杆菌、化脓性球菌有较好的抗菌作用，可治疗泻痢、虚汗、便血、脱肛、久咳、遗精等；还可以沉淀生物碱用来制解毒药。

四十一、槭树科 Aceraceae

乔木或灌木，落叶，稀常绿。冬芽具多数覆瓦状排列的鳞片，稀仅具 2 或 4 枚对生的鳞片或裸露。叶对生，具叶柄，无托叶，单叶，稀羽状或掌状复叶，不裂或掌状分裂。花序伞房状、穗状或聚伞状，由叶枝的几顶芽或侧芽生出；花序的下部常有叶，稀无叶，叶的生长在开花以前或与花同时，稀在开花以后生长；花小，绿色或黄绿色，稀紫色或红色，整齐，两性、杂性或单性，雄花与两性花同株或异株；萼片 5 或 4 片，覆瓦状排列；花瓣5或4片，稀不发育；花盘环状、褥状或出现裂纹，稀不发育，生于雄蕊的内侧或外侧；雄蕊4～12枚，通常8枚；子房上位，2室，花柱2裂，仅基部连合，稀大部分连合，柱头常反卷；子房每室具2枚胚珠，每室仅1枚发育，直立或倒生。果实系小坚果，常有翅，又称翅果；种子无胚乳，外种皮很薄，膜质，胚倒生，子叶扁平，折叠或卷折。

93. 鸡爪槭　*Acer palmatum* Thunb.

【别名】 七角枫。

【形态】 落叶小乔木。树皮深灰色。小枝细瘦；当年生枝紫色或淡紫绿色；多年生枝淡灰紫色或深紫色。叶纸质，外貌圆形，直径7～10 cm，基部心脏形或近心脏形，稀截形，5～9掌状分裂，通常7裂，裂片长圆卵形或披针形，先端锐尖或长锐尖，边缘具紧贴的尖锐锯齿；裂片间的凹缺钝尖或锐尖，深达叶片直径的1/3或1/2；上面深绿色，无毛；下面淡绿色，在叶脉的脉腋被有白色丛毛；主脉在上面微显著，在下面突起；叶柄长4～6 cm，细瘦，无毛。花紫色，杂性，雄花与两性花同株，生于无毛的伞房花序，总花梗长2～3 cm，叶发出以后才开花；萼片5片，卵状披针形，先端锐尖，长3 mm；花瓣5片，椭圆形或倒卵形，先端钝圆，长约2 mm；雄蕊8枚，无毛，较花瓣略短而藏于其内；花盘位于雄蕊的外侧，微裂；子房无毛，花柱长，2裂，柱头扁平，花梗长约1 cm，细瘦，无毛。翅果嫩时紫红色，成熟时淡棕黄色；小坚果球形，直径7 mm，脉纹显著；翅与小坚果共长2～2.5 cm，宽1 cm，张开成钝角。花期5月，果期9月。

【生境】 栽培。

【分布】 汉川市各乡镇均有分布。

【药用部位】 枝、叶。

【采收加工】 6—7月采收，晒干，切段。

【性味】 味辛、微苦，性平。

【功能主治】 行气止痛，解毒消痈。主治气滞腹痛，痈肿发背。

四十二、冬青科 Aquifoliaceae

乔木或灌木，常绿或落叶。单叶、互生，稀对生或假轮生，叶片通常革质或纸质，稀膜质，具锯齿、腺状锯齿或具刺齿，或全缘，具柄；托叶无或小，早落。花小，辐射对称，单性，稀两性或杂性，雌雄异株，排列成腋生的聚伞花序或簇生，稀单生；花萼4～6片，覆瓦状排列，宿存或早落；花瓣4～6片，分离或基部合生，通常圆形，或先端具一内折的小尖头，覆瓦状排列，稀镊合状排列；雄蕊与花瓣同数且与之互生，花丝短，花药2室，内向，纵裂；花盘缺；子房上位，心皮2～5个，合生，2至多室，每室具1～2枚悬垂、横生或弯生的胚珠，花柱短或无，柱头头状、盘状或浅裂（雄花中败育雌蕊存在，近球形或叶枕状）。果实通常为浆果状核果，具2至多数分核，通常4枚，稀1枚，每分核具1粒种子；种子含丰富的胚乳，胚小，直立，子叶扁平。

94. 枸骨 *Ilex cornuta* Lindl. et Paxt.

【别名】猫儿刺。

【形态】常绿灌木或小乔木。树皮灰白色，平滑。枝条开展而密生。单叶互生，叶厚，硬革质，四方状长圆形，少数为卵形，长5～6 cm，宽1.5～3 cm，先端较宽，具3枚粗硬刺，基部每侧具1～2枚硬刺，但老树的叶先端锐尖或短渐尖，基部圆形，叶上面深绿色，具光泽，下面淡绿色，光滑无毛，中肋在叶上面凹入，在下面凸起；叶柄长约2 mm；花黄绿色，4数，花序簇生于二年生小枝叶腋内，

雌雄异株，花萼杯状，4裂，裂片三角形，外面有短柔毛；花瓣4片，倒卵形，基部愈合；雄蕊4枚，着生于花冠裂片基部，与花瓣互生，花药纵裂；雌蕊1枚。核果椭圆形，直径8～10 mm，鲜红色，宿存柱头盘状，4裂，果梗长8～15 mm；分核4枚，具不规则的皱褶，坚硬，内果皮木质。花期4月，果熟期9月。

【生境】生于山坡、路旁、河边、村落附近或栽培于庭园中。

【分布】汉川市各乡镇均有分布。

【药用部位】叶、根、果实。

【采收加工】叶：在大暑后剪取叶片，拣去细枝，晒干。

根：全年可挖，洗净，晒干或鲜用。

果实：在大雪前后，当果实成熟、呈红色时摘取，晒干。

【药材性状】 干燥叶呈长椭圆状长方形，革质，卷曲，先端具 3 枚硬刺，基部有硬刺，有的叶左右侧各具刺，上面黄绿色，有光泽，有皱纹，主脉凹陷，下面灰黄色或暗灰色，沿边缘具有延续的脊线状突起，叶柄短，常不明显。气无，味微苦。

【性味】 叶：味微苦，性凉。根：味苦，性微寒。果实：味苦、涩，性微温。

【功能主治】 叶：养阴清热，补益肝肾，祛风湿。主治肺痨咳嗽，劳伤，腰膝痿弱，风湿痹病，跌打损伤，头昏耳鸣，肝肾阴虚，腰膝酸痛。

根：补肝肾，祛风。主治腰膝痿弱，关节疼痛，头风目赤，牙痛。

果实：补肝肾，止泻，补阴，益精，活络。主治阴虚身热，月经过多，带下，泄泻，淋浊，筋骨疼痛。

四十三、卫矛科 Celastraceae

常绿或落叶乔木、灌木或藤本灌木及匍匐小灌木。单叶对生或互生；托叶细小，早落或宿存。花两性或退化为功能性不育的单性花，杂性同株，较少异株；顶生或腋生聚伞花序 1 至多次分枝，具有较小的苞片和小苞片；花瓣 4～5 片，花部同数或心皮减数，花萼花冠分化明显，极少萼冠相似或花冠退化，花萼基部通常与花盘合生，花萼分为 4～5 片萼片，花冠具 4～5 片分离花瓣，少为基部贴合，常具明显肥厚花盘，极少花盘不明显或近无，雄蕊与花瓣同数，着生于花盘之上或花盘之下，花药 2 或 1 室，心皮 2～5 个，合生，子房下部常陷入花盘而与之合生或与之融合而无明显界线，或仅基部与花盘相连，大部游离，子房室与心皮同数或退化成不完全室或 1 室，倒生胚珠，通常每室 2～6，少为 1，轴生、室顶垂生，较少基生。果实为蒴果，亦有核果、翅果或浆果；种子常具假种皮，胚乳肉质丰富。

95. 扶芳藤 *Euonymus fortunei* (Turcz.) Hand.-Mazz.

【别名】 胶东卫矛、胶州卫矛、常春卫矛。

【形态】 常绿藤本灌木，小枝方棱不明显。叶薄革质，椭圆形、长方椭圆形或长倒卵形，宽窄变异较大，可窄至近披针形，长 3.5～8 cm，宽 1.5～4 cm，先端钝或急尖，基部楔形，边缘齿浅不明显，侧脉细微和小脉全不明显；叶柄长 3～6 mm。聚伞花序 3～4 次分枝；花序梗长 1.5～3 cm，第一次分枝长 5～10 mm，第二次分枝 5 mm 以下，最终小聚伞花密集，有花 4～7 朵，分枝中央有单花，小花梗长约 5 mm；花白绿色，4 数，直径 6 mm；花盘方形，直径约 2.5 mm；花丝细长，长 2～3 mm，花药圆心形；子房三角锥状，4 棱，粗壮明显，花柱长约 1 mm。蒴果粉红色，果皮光滑，近球状，直径

6～12 mm；果序梗长 2～3.5 cm；小果梗长 5～8 mm；种子长方状椭圆形，棕褐色，假种皮鲜红色，全包种子。花期 6 月，果期 10 月。

【生境】 生于山坡丛林中。

【分布】 汉川市马口镇梅子洞附近。

【药用部位】 带叶茎枝。

【采收加工】 茎、叶：2—11 月可采，切碎，晒干。

【药材性状】 茎枝呈圆柱形。表面灰绿色，多生细根，并具小瘤状突起。质脆易折，断面黄白色，中空。叶对生，椭圆形，先端尖或短锐尖，基部宽楔形，边缘有细锯齿，质较厚或稍带革质，上面叶脉稍突起。气微弱，味辛。

【性味】 味辛、苦，性微温。

【功能主治】 行气活血，止血散瘀，利湿止泻。主治腰膝酸痛，风湿痹病，咯血，吐血，血崩，月经不调，子宫脱垂，水肿，久泻，跌打损伤，创伤出血。

四十四、黄杨科 Buxaceae

常绿灌木、小乔木或草本。单叶，互生或对生，全缘或有齿，羽状脉或离基 3 出脉，无托叶。花小，整齐，无花瓣；单性，雌雄同株或异株；花序总状或密集的穗状，有苞片；雄花萼片 4 片，雌花萼片 6 片，均 2 轮，覆瓦状排列；雄蕊 4 枚，与萼片对生，分离，花药大，2 室，花丝扁阔；雌蕊通常由 3 个心皮（稀由 2 个心皮）组成，子房上位，3 室，稀 2 室，花柱 3 个，稀 2 个，常分离，宿存，具向下延伸的柱头；子房每室有 2 枚并生、下垂的倒生胚珠，脊向背缝线。果实为室背开裂的蒴果或肉质的核果状果。种子黑色，有光泽，胚乳肉质，胚直，有扁薄或肥厚的子叶。

96. 大叶黄杨 *Buxus megistophylla* H. Lév.

【形态】 灌木或小乔木，高 0.6～2 m，胸径 5 cm；小枝四棱形（或在末梢的小枝亚圆柱形，具钝棱和纵沟），光滑，无毛。叶革质或薄革质，卵形、椭圆状或长圆状披针形至披针形，长 4～

8 cm，宽 1.5～3 cm（稀披针形，长达 9 cm，或菱状卵形，宽达 4 cm），先端渐尖，顶钝或锐，基部楔形或急尖，边缘下曲，叶面有光泽，中脉在两面均突出，侧脉多条，与中脉成 40°～50° 角，通常两面均明显，仅叶面中脉基部及叶柄被微细毛，其余均无毛；叶柄长 2～3 mm。花序腋生，花序轴长 5～7 mm，有短柔毛或近无毛；苞片阔卵形，先端急尖，背面基部被毛，边缘狭干膜质；雄花：8～10 朵，花梗长约 0.8 mm，外萼片阔卵形，长约 2 mm，内萼片圆形，长 2～2.5 mm，背面均无毛，雄蕊连花药长约 6 mm，不育雌蕊高约 1 mm；雌花：萼片卵状椭圆形，长约 3 mm，无毛，子房长 2～2.5 mm，花柱直立，长约 2.5 mm，先端微弯曲，柱头倒心形，下延达花柱的 1/3 处。蒴果近球形，长 6～7 mm，宿存花柱长约 5 mm，斜向挺出。花期 3—4 月，果期 6—7 月。

【生境】 生于山地、河岸或山坡林下。

【分布】 汉川市各乡镇均有分布。

四十五、葡萄科 Vitaceae

攀援木质藤本，稀草质藤本，具卷须。叶互生，单叶、羽状或掌状复叶；托叶通常小而脱落，稀大而宿存。花小，两性或杂性同株或异株，排列成伞房状多歧聚伞花序、复二歧聚伞花序或圆锥状多歧聚伞花序，4～5 基数；花萼呈碟形或浅杯状，细小；花瓣与花萼同数，分离或凋谢时呈帽状黏合脱落；雄蕊 4～5 枚，与花瓣对生，花药分离或合生，2 室，纵裂；花盘常明显，呈环状或分裂；子房上位，1 至多室，每室 1 枚胚珠；果实为浆果，有种子 1 至数粒。胚小，胚乳形状各异，呈 "W" 形、"T" 形或嚼烂状。

97. 乌蔹莓 *Cayratia japonica* (Thunb.) Gagnep.*

【别名】 五爪龙。

【形态】 多年生草质藤本，幼时有短柔毛，老茎紫绿色，幼枝绿色，具纵棱，卷须二歧分叉，与叶对生。鸟足状复叶互生，小叶 5 片，膜质，椭圆形、椭圆状卵形至狭卵形，长 2.5～3 cm，宽 2～3.5 cm，

顶端急尖至短渐尖，有小尖头，基部楔
形至宽楔形，边缘具疏锯齿，两面脉上
有短柔毛或近无毛；花小，黄绿色；花
萼不明显；花瓣4片；雄蕊4枚，与花
瓣对生；子房陷于4裂的花盘内。浆果
卵圆形，直径6～8 mm，成熟时黑色。
花期5—6月，果期8—10月。

【生境】 生于山坡、路旁的灌丛
中或树林中。

【分布】 汉川市各乡镇均有分布。

【药用部位】 根或全草。

【采收加工】 夏、秋季采收，洗净，切段，晒干或鲜用。

【性味】 味苦、酸，性凉。

【功能主治】 清热利尿，活血止血，解毒消肿。主治肺痨咯血，咽喉肿痛，淋巴结炎，尿血，跌打
损伤，创伤感染，带状疱疹，疔疮。

98. 蘡薁 *Vitis bryoniifolia* Bunge

【形态】 木质藤本。小枝圆柱形，有棱纹，
嫩枝密被蛛丝状茸毛或柔毛，以后脱落变稀疏。
卷须2叉分枝，每隔2节间断与叶对生。叶长圆
状卵形，长2.5～8 cm，宽2～5 cm，叶片3～
5（7）深裂或浅裂，稀混生有不裂叶者，中裂
片顶端急尖至渐尖，基部常缢缩凹成圆形，边缘
每侧有9～16缺刻粗齿或成羽状分裂，基部心
形或深心形，基缺凹成圆形，下面密被蛛丝状茸
毛和柔毛，以后脱落变稀疏；基生脉5出，中脉
有侧脉4～6对，上面网脉不明显或微突出，下
面有时茸毛脱落后柔毛明显可见；叶柄长0.5～
4.5 cm，初时密被蛛丝状茸毛或茸毛和柔毛，
以后脱落变稀疏；托叶卵状长圆形或长圆状披
针形，膜质，褐色，长3.5～8 mm，宽2.5～
4 mm，顶端钝，边缘全缘，无毛或近无毛。花
杂性异株，圆锥花序与叶对生，基部分枝发达或
有时退化成一卷须，稀狭窄而基部分枝不发达；
花序梗长0.5～2.5 cm，初时被蛛状茸毛，以后
变稀疏；花梗长1.5～3 mm，无毛；花蕾倒卵

状椭圆形或近球形，高 1.5 ～ 2.2 mm，顶端圆形；花萼碟形，高约 0.2 mm，近全缘，无毛；花瓣 5，呈帽状黏合脱落；雄蕊 5 枚，花丝丝状，长 1.5 ～ 1.8 mm，花药黄色，椭圆形，长 0.4 ～ 0.5 mm，在雌花内雄蕊短而不发达，败育；花盘发达，5 裂；雌蕊 1 枚，子房椭圆状卵形，花柱细短，柱头扩大。果实球形，成熟时紫红色，直径 0.5 ～ 0.8 cm；种子倒卵形，顶端微凹，基部有短喙，种脐在种子背面中部呈圆形或椭圆形，腹面中棱脊突出，两侧洼穴狭窄，向上达种子的 3/4 处。花期 4—8 月，果期 6—10 月。

【生境】 生于灌丛、沟边或田埂。

【分布】 汉川市各乡镇均有分布。

【药用部位】 根、茎叶及果实。

【采收加工】 根：全年可采。

茎叶：夏、秋季采收，洗净，茎切片或段，鲜用或晒干。

果实：7—8 月果实成熟时采收，鲜用或晒干。

【性味】 根：味甘，性平。

茎叶：味甘、淡，性凉。

果实：味甘、酸，性平。

【功能主治】 根：清湿热，消肿毒。主治黄疸，湿痹，热淋，痢疾，肿毒，瘰疬，跌打损伤。

茎叶：清热，祛湿，止血，解毒消肿。主治淋病，痢疾，哕逆，风湿痹病，跌打损伤，瘰疬，湿疹，疮痈肿毒。

果实：生津止渴。主治暑月伤津口干。

四十六、锦葵科 Malvaceae

草本、灌木至乔木，通常具星状毛。叶互生，单叶或分裂，具掌状脉，有托叶。花腋生或顶生，单生或簇生，或排成聚伞花序至圆锥花序；花多为两性，辐射对称；萼片 3 ～ 5 片，分离或合生，镊合状排列；其下面附有总苞状的小苞片 3 至多数；花瓣 5 片，彼此分离，但与雄蕊管的基部合生；雄蕊多数，花丝连合成单体雄蕊，花药 1 室，花粉被刺；子房上位，2 至多室，由 2 至多个心皮环绕中轴组成，每室被胚珠 1 至多枚，花柱与心皮同数或为其 2 倍，上部分枝或为棒状。蒴果，常几个果爿分裂，很少为浆果状；种子肾形或倒卵形，被毛至光滑无毛，有胚乳。子叶扁平，折叠状或回旋状。

99. 苘麻 *Abutilon theophrasti* Medic.

【别名】 苘麻。

【形态】 一年生亚灌木状草本，高达 1 ～ 2 m，茎枝被柔毛。叶互生，圆心形，长 5 ～ 10 cm，先端长渐尖，基部心形，边缘具细圆锯齿，两面均密被星状柔毛；叶柄长 3～12 cm，被星状细柔毛；托叶早落。花单生于叶腋，花梗长 1～13 cm，被柔毛，近顶端具节；花萼杯状，密被短茸毛，裂片 5，卵形，长约 6 mm；花黄色，花瓣倒卵形，长约 1 cm；雄蕊柱平滑无毛，心皮 15～20，长 1～1.5 cm，顶端平截，具扩展、被毛的长芒 2，排列成轮状，密被软毛。蒴果半球形，直径约 2 cm，长约 1.2 cm；分果爿 15～20，被粗毛，顶端具长芒 2；种子肾形，褐色，被星状柔毛。花期 7—8 月。

【生境】 生于山坡、路旁。

【分布】 汉川市各乡镇均有分布。

【药用部位】 种子及根。

【采收加工】 种子：秋季采收果实，晒干，打下种子即得。根：夏、秋季采挖，洗净，鲜用或晒干。

【性味】 味甘，性平。

【功能主治】 利水通淋，通乳，退翳。主治小便不利，淋沥涩痛，水肿，乳汁不通，角膜云翳，痢疾。

100. 木槿　*Hibiscus syriacus* L.

【别名】 木槿花。

【形态】 落叶灌木，高 2～4 m，小枝密被星状茸毛。叶菱状卵圆形，长 3～7 cm，宽 2～4 cm，常 3 裂，先端钝，基部楔形，边缘具不整齐齿缺，下面沿叶脉微有毛或几无毛；叶柄长 5～25 mm，上面被星状柔毛；托叶线形，长约 6 mm，疏被柔毛。花单生于枝端叶腋间，花梗长 4～14 mm，被星状短柔毛；小苞片 6～7，条形，长 6～15 mm，宽 1～2 mm，密被星状疏柔毛；花萼钟状，长 14～20 mm，密被星状短茸毛，裂片 5，三角形；花冠钟形，淡紫色，直径 5～6 cm，花瓣倒卵形，长 3.5～4.5 cm，外面疏被纤毛和星状长柔毛；雄蕊多枚，花丝连合成圆筒包围着花柱；子房 5 室；花柱顶端 5 裂，柱头头状。蒴果卵圆形，直径 12 mm，密被金黄色星状茸毛；种子肾形，背部被黄白色长柔毛。花期 7—10 月，果期 9—11 月。

【生境】 常栽植于菜园、庭园周围作为绿篱，也有种植于溪边、路旁。

【分布】 汉川市各乡镇均有分布。

【药用部位】 花。

【采收加工】 分批摘取初开花朵，薄摊晒干。

【药材性状】 本品常卷缩成不规则形，长 2～4 cm，宽 1～2 cm；花萼钟状，灰绿色或黄色，先端 5 裂，裂片三角形。花萼常带花梗，长 5～

7 mm，萼筒外方有 6 ～ 7 片条形苞片。花梗、苞片、花萼表面均密被细毛及星状毛。花瓣黄白色或黄棕色，皱褶，单瓣的为 5 片，重瓣的 10 余片，基部与雄蕊合生，并密生白色柔毛。雄蕊多数，花丝下方连合成筒状包围着花柱。柱头 5 分裂，伸出于花丝筒外。质轻脆。

【性味】　味甘、苦，性凉。

【功能主治】　凉血，清热，除湿，止带。主治肠风便血，痢疾，带下。

四十七、梧桐科 Sterculiaceae

乔木或灌木，稀为草本或藤本，幼嫩部分常有星状毛，树皮常有黏液和富含纤维。叶互生，单叶，稀为掌状复叶，全缘、具齿或深裂，通常有托叶。花序腋生，稀顶生，排成圆锥花序、聚伞花序、总状花序或伞房花序，稀为单生花；花单性、两性或杂性；萼片 5 片，稀为 3 ～ 4 片，连合，稀完全分离，镊合状排列；花瓣 5 片或无，分离或基部与雌雄蕊柄合生，排成旋转的覆瓦状；通常有雌雄蕊柄；雄蕊的花丝常合生成管状，有 5 枚舌状或线状的退化雄蕊与萼片对生，或无退化雄蕊，花药 2 室，纵裂；雌蕊由 2 ～ 5（稀 10 ～ 12）个合生的心皮或单心皮所组成，子房上位，室数与心皮数相同，每室有胚珠 2 或多枚，花柱 1 枚或与心皮同数。果实通常为蒴果或蓇葖，开裂或不开裂，极少为浆果或核果。种子有胚乳或无。

101. 马松子　*Melochia corchorifolia* L.

【形态】　半灌木状草本，高不及 1 m；枝黄褐色，略被星状短柔毛。叶薄纸质，卵形、矩圆状卵形或披针形，稀有不明显的 3 浅裂，长 2.5 ～ 7 cm，宽 1 ～ 1.3 cm，顶端急尖或钝，基部圆形或心形，边缘有锯齿，上面近无毛，下面略被星状短柔毛，基生脉 5 条；叶柄长 5 ～ 25 mm；托叶条形，长 2 ～ 4 mm。花排成顶生或腋生的密聚伞花序或团伞花序；小苞片条形，混生在花序内；花萼钟状，5 浅裂，长约 2.5 mm，外面被长柔毛和刚毛，内面无毛，裂片三角形；花瓣 5 片，白色，后变为淡红色，矩圆形，长约 6 mm，基部收缩；雄蕊 5 枚，下部连合成筒，与花瓣对生；子房无柄，5 室，密被柔毛，花柱 5 枚，线状。蒴果圆球形，有 5 棱，直径 5 ～ 6 mm，被长柔毛，每室有种子 1 ～ 2 粒；

种子卵圆形，略呈三角状，褐黑色，长 2 ～ 3 mm。花期夏、秋季。

【生境】　生于田野间。

【分布】　汉川市各乡镇均有分布。

【药用部位】　茎、叶。

【采收加工】　夏、秋季采收，扎成把，晒干。

【性味】　味淡，性平。

【功能主治】　清热利湿，止痒。主治急性黄疸型肝炎，皮肤瘙痒。

四十八、堇菜科 Violaceae

多年生草本，稀为一年生草本。叶为单叶，通常互生，少数对生，全缘、有锯齿或分裂，有长叶柄；托叶小或叶状。花两性或单性，少有杂性，辐射对称或两侧对称，单生或组成腋生或顶生的穗状、总状或圆锥状花序，有 2 片小苞片，有时有闭花受精花；花萼 5 片，同形或异形，覆瓦状，宿存；花瓣 5 片，覆瓦状或旋转状，通常不等大，下面 1 片较大，基部囊状或有距；雄蕊 5 枚，通常下位，花药直立，分离或围绕子房成环状靠合，药隔延伸于药室顶端成膜质附属物，花丝很短或无，下方 2 枚雄蕊基部有距状蜜腺；子房上位，完全被雄蕊覆盖，1 室，由 3 ～ 5 心皮组成，具 3 ～ 5 侧膜胎座，花柱单一，稀分裂，柱头形状多样，胚珠 1 至多枚，倒生。果实为沿室背弹裂的蒴果或为浆果状；种子无柄或具极短的种柄，种皮坚硬，有光泽，常有油质体，有时具翅，胚乳丰富。

102. 长萼堇菜　*Viola inconspicua* Bl.

【别名】　湖南堇菜。

【形态】　多年生草本，无地上茎。根状茎垂直或斜生，较粗壮，长 1 ～ 2 cm，粗 2 ～ 8 mm，节密生，通常被残留的褐色托叶包被。叶均基生，呈莲座状；叶片三角形、三角状卵形或戟形，长 1.5 ～ 7 cm，宽 1 ～ 3.5 cm，最宽处在叶的基部，中部向上渐变狭，先端渐尖或尖，基部宽心形，弯缺呈宽半圆形，两侧垂片发达，通常平展，稍下延于叶柄成狭翅，边缘具圆锯齿，两面通常无毛，少有在下面的叶脉及近基部的叶缘

上有短毛，上面密生乳头状小白点，但在较老的叶上则变成暗绿色；叶柄无毛，长 2 ～ 7 cm；托叶 3/4 与叶柄合生，分离部分披针形，长 3 ～ 5 mm，先端渐尖，边缘疏生流苏状短齿，稀全缘，通常有褐色锈点。花淡紫色，有暗色条纹；花梗细弱，通常与叶片等长或稍高出于叶，无毛或上部被柔毛，中部稍上处有 2 片线形小苞片；萼片卵状披针形或披针形，长 4 ～ 7 mm，顶端渐尖，基部附属物伸长，长 2 ～ 3 mm，末端具缺刻状浅齿，具狭膜质缘，无毛或具纤毛；花瓣长圆状倒卵形，长 7 ～ 9 mm，侧方花瓣里面基部有须毛，下方花瓣连距长 10 ～ 12 mm；距管状，长 2.5 ～ 3 mm，直，末端钝；下方雄蕊背部的距角状，长约 2.5 mm，顶端尖，基部宽；子房球形，无毛，花柱棍棒状，长约 2 mm，基部稍膝曲，顶端平，两侧具较宽的缘边，前方具明显的短喙，喙端具向上开口的柱头孔。蒴果长圆形，长 8 ～ 10 mm，无毛。种子卵球形，长 1 ～ 1.5 mm，直径 0.8 mm，深绿色。花、果期 3—11 月。

【生境】　多生于林缘、山坡草地、田边及溪旁。

【分布】　汉川市各乡镇均有分布。

【药用部位】　全草。

【采收加工】　春、秋季采收，鲜用或晒干。

【性味】　味苦、微辛，性寒。

【功能主治】　清热解毒，拔毒消肿。主治急性结膜炎，咽喉炎，急性黄疸型肝炎，乳腺炎，疮痈肿毒，化脓性骨髓炎，毒蛇咬伤。

四十九、千屈菜科 Lythraceae

草本、灌木或乔木；枝通常四棱形，有时具棘状短枝。叶对生，稀轮生或互生，全缘，叶片下面有时具黑色腺点；托叶细小或无。花两性，通常辐射对称，稀左右对称，单生或簇生，或组成顶生或腋生的穗状花序、总状花序或圆锥花序；花萼筒状或钟状，平滑或有棱，有时有距，与子房分离而包围子房，3 ～ 6 裂，很少至 16 裂，镊合状排列，裂片间有附属体或无；花瓣与花萼裂片同数或无花瓣，花瓣如存在，则着生于萼筒边缘，在花芽时成皱褶状，雄蕊通常为花瓣的倍数，有时较多或较少，着生于萼筒上，但位于花瓣的下方，花丝长短不在芽时常内折，花药 2 室，纵裂；子房上位，通常无柄，2 ～ 16 室，每室具倒生胚珠数枚，极少减少至 2 或 3 枚，着生于中轴胎座上，其轴有时不到子房顶部，花柱单生，长短不一，柱头头状，稀 2 裂。蒴果革质或膜质，2 ～ 6 室，稀 1 室，横裂、瓣裂或不规则开裂，稀不裂；种子多数，形状不一，有翅或无，无胚乳；子叶平坦，稀折叠。

103. 紫薇　*Lagerstroemia indica* L.

【别名】　痒痒花、百日红、无皮树。

【形态】　落叶灌木或小乔木，高可达 7 m；树皮平滑，灰色或灰褐色；枝干多扭曲，小枝纤细，具

4棱，略成翅状。叶互生或有时对生，纸质，椭圆形、阔矩圆形或倒卵形，长2.5～7 cm，宽1.5～4 cm，顶端短尖或钝形，有时微凹，基部阔楔形或近圆形，下面沿中脉有微柔毛或无毛，侧脉3～7对，小脉不明显；叶柄很短或无柄。花淡红色或紫色、白色，直径3～4 cm，常组成7～20 cm的顶生圆锥花序；花梗长3～15 mm，中轴及花梗均被柔毛；花萼长7～10 mm，外面平滑无棱，但鲜时萼筒有微突起短棱，两面无毛，裂片6，三角形，直立，无附属体；花瓣6片，皱缩，长12～20 mm，具长爪状物；雄蕊36～42枚，外面6枚着生于花萼上，比其余的长得多；子房3～6室，无毛。蒴果椭圆状球形或阔椭圆形，长1～1.3 cm，幼时绿色至黄色，成熟时或干燥时呈紫黑色，室背开裂；种子有翅，长约8 mm。花期6—9月，果期9—12月。

【生境】半阴生，喜生于肥沃湿润的土壤，也能耐旱，不论钙质土或酸性土都生长良好。

【分布】我国广东、广西、湖南、福建、江西、浙江、江苏、湖北、河南、河北、山东、安徽、陕西、四川、云南、贵州及吉林等地都有生长或栽培；原产于亚洲，现广植于热带地区。

【药用部位】花、叶。

【采收加工】花：5—8月采花，晒干。叶：春、夏季采收，洗净，鲜用或晒干备用。

【药材性状】花淡红紫色，花萼绿色；先端6浅裂，宿存；花瓣6片，下部具细长的爪状物，瓣面近圆球而呈皱波状，边缘有不规则的缺刻；雄蕊多数，生于萼筒基部，外轮6枚，花丝较长。

【性味】花：味苦、微酸，性寒。叶：味微苦、涩，性寒。

【功能主治】树皮、叶及花为强泻剂。根和树皮煎剂可治咯血，吐血，便血。

五十、菱科 Trapaceae

一年生浮水或半挺水草本。根二型：着泥根细长，黑色，呈铁丝状，生于水底泥中；同化根由托叶边缘衍生而来，生于沉水叶叶痕两侧，对生或轮生状，呈羽状丝裂，淡绿褐色，不脱落，是具有同化和吸收作用的不定根。茎常细长柔软，分枝，出水后节间缩短。叶二型：沉水叶互生，仅见于幼苗或幼株上，叶片小，宽圆形，边缘有锯齿，叶柄半圆柱状、肉质、早落；浮水叶互生或轮生状，先后发出多数绿叶集聚于茎的顶部，呈旋叠莲座状镶嵌排列，形成菱盘，叶片菱状圆形，边缘中上部具凹圆形或不整齐的缺刻状锯齿，边缘中下部宽楔形或半圆形，全缘；叶柄上部膨大成海绵质气囊；托叶 2 片，生于沉水叶或浮水叶的叶腋，卵形或卵状披针形，膜质，早落，着生于水下的常衍生出羽状丝裂的同化根。花小，两性，单生于叶腋，由下向上顺序发生，水面开花，具短柄；花萼宿存或早落，与子房基部合生，裂片 4 片，排成 2 轮，其中 1 片、2 片、3 片或 4 片膨大形成刺角，或部分或全部退化；花瓣 4，排成 1 轮，在芽内呈覆瓦状排列，白色或带淡紫色，着生于上部花盘的边缘；花盘常呈鸡冠状分裂或全缘；雄蕊 4 枚，排成 2 轮，与花瓣交互对生；花丝纤细，花药背着，呈"丁"字形着生，内向；雌蕊，基部膨大为子房，花柱细，柱头头状，子房半下位或稍呈周位，2 室，每室胚珠 1 枚，生于室内之上部，下垂，仅 1 枚胚珠发育。果实为坚果状，革质或木质，在水中成熟，有刺状角 1 个、2 个、3 个或 4 个，稀无角，不开裂，果实的顶端具 1 果喙；胚芽、胚根和胚茎三者共形成一个锥状体，藏于果颈和果喙内的空腔中，胚根向上，位于胚芽的一侧而较胚芽小，萌发时由果喙伸出果外，果实表面有时由花萼、花瓣、雄蕊退化残存而形成各形结节物和形成刺角。种子 1 粒，子叶 2 片，通常 1 大 1 小，其间有一细小子叶柄相连接，较大一片萌发后仍保留在果实内，另一片极小，鳞片状，位于胚芽和胚根之间，随胚茎伸长而伸出果外，亦有 2 片子叶等大的，萌发后均留在果内；胚乳不存在。开花在水面之上，果实成熟后掉落水底；子叶肥大，充满果腔，内富含淀粉。

104. 菱 * *Trapa bispinosa* Roxb.

【别名】 大头菱、风菱、菱角。

【形态】 一年生浮水水生草本植物。根二型：着泥根细铁丝状，生于水底泥中；同化根，羽状细裂，裂片丝状，绿褐色。茎柔弱，分枝。叶二型：浮水叶互生，聚生于主茎和分枝茎的顶端，形成莲座状菱盘，叶片三角形状菱圆形，表面深亮绿色，背面绿色带紫，疏生淡棕色短毛，尤其主侧脉明显，脉间有棕色斑块，每边侧脉 4（5）条，叶边缘中上部具齿状缺刻或细锯齿，每齿先端再

2 浅裂，叶片长 2～3 cm，宽 2.5～4 cm，边缘中下部阔楔形，全缘，叶柄中上部膨大成海绵质气囊或不膨大，疏被淡褐色短毛；沉水叶小，早落。花小，单生于叶腋，两性，花梗长 2～2.5 cm，花梗有毛；萼管 4 裂，密被淡褐色短毛；花瓣 4，白色；雄蕊 4，花丝纤细，花药"丁"字形着生，背部着生，内向；子房半下位；花盘鸡冠状，包围子房。果实三角状菱形，具 4 刺角，2 肩角斜上伸，2 腰角向下伸，刺角扁锥状，果实高、宽约 2 cm，刺角长 1～1.5 cm；果喙圆锥状、无果冠。

【生境】 生于水塘和湖泊。

【分布】 汉川市汈汊湖和老观湖居多。

【药用部位】 果肉。

【采收加工】 8—9 月采收，鲜用或晒干。

【药材性状】 果实为稍扁的倒三角形，顶端中央稍突起，两侧有刺，两刺间距离 4 ～ 5 cm，刺角长约 1 cm，表面绿白色或紫红色，果壳坚硬，木化。除去果壳，果肉青灰色或类白色，富粉性。乌菱果实两角较弯曲，宽 7 ～ 8 cm。

【性味】 味甘，性凉。

【功能主治】 健脾益胃，除烦止渴，解毒。主治脾虚泄泻，暑热烦渴，消渴，饮酒过度，痢疾。

五十一、柳叶菜科 Onagraceae

一年生或多年生草本，有时为半灌木或灌木，稀为小乔木，有的为水生草本。叶互生或对生；托叶小或不存在。花两性，稀单性，辐射对称或两侧对称，单生于叶腋或排成顶生的穗状花序、总状花序或圆锥花序。花通常 4，稀 2 或 5；花管（由花萼、花冠，有时还有花丝的下部合生而成）存在或不存在；萼片（2 ～）4（5）；花瓣 0 ～ 5 片，在芽时常旋转或覆瓦状排列，脱落；雄蕊 2 ～ 4 枚，或 8 或 10 枚排成 2 轮；花药"丁"字形着生，稀基部着生；花粉单一或为四分体，花粉粒间以黏丝连接；子房下位，4 ～ 5（1 ～ 2）室，每室有少数或多数胚珠，中轴胎座；花柱 1，柱头头状、棍棒状或具裂片。果实为蒴果，室背开裂、室间开裂或不开裂，有时为浆果或坚果。种子为倒生胚珠，多数或少数，稀 1 粒，无胚乳。

105. 四翅月见草　*Oenothera tetraptera* Cav.

【别名】 椎果月见草。

【形态】 多年生或一年生草本，具主根。茎常丛生，直立或上升，高 10 ～ 30 cm，从基部有时还从上部分枝，被曲柔毛及疏生伸展具疱状基部的长毛。基生叶暗绿色，椭圆形至狭倒卵形，长 2.5 ～ 3 cm，宽 4 ～ 10 mm，先端锐尖或稍钝，基部楔形或渐狭下延为柄（长 0.5 ～ 1 cm），边缘疏生浅齿突，在基部常有羽状裂柄，上部全缘，侧脉 3 ～ 5 对，两面与边缘疏生曲柔毛，或近无

毛；茎生叶近无柄，狭椭圆形至披针形，长 1.5 ～ 7 cm，宽 0.6 ～ 2.5 cm，先端锐尖，基部狭楔形，边缘每边疏生 3 ～ 5 枚浅齿，下部的深羽裂状，两面疏生曲柔毛。花序总状，由少数花组成，生于茎枝顶部叶腋；苞片叶状，披针形，长 1 ～ 2.5 cm，宽 3 ～ 8 mm，长锐尖，基部楔形，边缘具数枚齿或裂片。花蕾锥状长圆形，长 1.5 ～ 2 cm，直径 3.5 ～ 4.5 mm，顶端渐尖，游离萼齿直立，长 2 ～ 3 mm，被曲柔毛；柄长 3 ～ 6 mm，连同子房密被曲柔毛与长毛。花傍晚开放；花管近漏斗状，长 0.8 ～ 1.5 cm，喉部直径 3 ～ 5 mm；萼片黄绿色，狭披针形，长 1.7 ～ 2.2 cm，宽 3 ～ 4 mm，开放时反折，再从中部上翻；花瓣白色，受粉后变紫红色，宽倒卵形，长 1.5 ～ 2.5 cm，宽 1.3 ～ 2.3 cm，先端钝圆或微凹；花丝白色，长 1.2 ～ 1.5 cm；花药黄色，长圆形，长 4 ～ 6 mm，花粉全部发育；柱头长 2 ～ 2.5 cm，伸出花管部分长 1.2 ～ 1.4 cm；柱头绿色，高出花药，裂片长 2.5 ～ 3.5 mm。蒴果倒卵状，稀棍棒状，长 1 ～ 1.5 cm，直径 6 ～ 12 mm，具 4 条纵翅，翅间有白色棱，顶端骤缩成喙，密被伸展长毛；果梗长 1.2 ～ 2 cm，种子倒卵状，不具棱角，长 0.8 ～ 1 mm，直径 0.5 ～ 0.6 mm，淡褐色，表面有整齐洼点。花期 5—8 月，果期 7—10 月。

【生境】 生于山坡路边、田埂开旷处或阴生草地。

【分布】 汉川市各乡镇均有分布。

五十二、小二仙草科 Haloragidaceae

水生或陆生草本。叶互生、对生或轮生，生于水中的常为篦齿状分裂；托叶缺。花小，两性或单性，腋生、单生或簇生，或成顶生的穗状花序、圆锥花序、伞房花序；萼筒与子房合生，花萼 2 ～ 4 或缺；花瓣 2 ～ 4 片，早落或缺；雄蕊 2 ～ 8 枚，排成 2 轮，外轮对花萼分离，花药基部着生；子房下位，2 ～ 4 室；柱头 2 ～ 4 裂，具短柄或无；胚珠与花柱同数，倒垂于其顶端。果实为坚果或核果状，小型，有时有翅，不开裂或很少瓣裂。

106. 狐尾藻 *Myriophyllum verticillatum* L.

【别名】 轮叶狐尾藻。

【形态】 多年生粗壮沉水草本。根状茎发达，在水底泥中蔓延，节部生根。茎圆柱形，长 20 ～ 40 cm，多分枝。叶通常 4 片轮生，或 3 ～ 5 片轮生，水中叶较长，长 4 ～ 5 cm，丝状全裂，无叶柄；裂片 8 ～ 13 对，互生，长 0.7 ～ 1.5 cm；水上叶互生，披针形，较强壮，鲜绿色，长约 1.5 cm，裂片较宽。秋季于叶腋中

生出棍棒状冬芽而越冬。苞片羽状，篦齿状分裂。花单性，雌雄同株，或杂性、单生于水上叶腋内，每轮具4朵花，花无柄，比叶片短。雌花：生于水上茎下部叶腋中，萼片与子房合生，顶端4裂，裂片较小，长不到1 mm，卵状三角形；雌蕊1枚，子房广卵形，4室，柱头4裂，裂片三角形。雄花：雄蕊8枚，花药椭圆形，长2 mm，淡黄色，花丝丝状，开花后伸出花冠外。果实广卵形，长3 mm，具4条浅槽，顶端具残存的萼片及花柱。

【生境】 生于池塘、河沟。

【分布】 汉川市各乡镇均有分布。

五十三、伞形科 Apiaceae

一年生至多年生草本，很少是矮小的灌木（在热带与亚热带地区）。根通常真生，肉质而粗，有时为圆锥形或有分枝自根茎斜出，很少根呈束、圆柱形或棒形。茎直立或匍匐上升，通常圆形，稍有棱和槽，或有钝棱，空心或有髓。叶互生，叶片通常分裂或多裂，一回掌状分裂或一至四回羽状分裂、一至二回三出式羽状分裂的复叶，很少为单叶；叶柄的基部有叶鞘，通常无托叶，稀为膜质。花小，两性或杂性，成顶生或腋生的复伞形花序或单伞形花序，很少为头状花序；伞形花序的基部有总苞片，全缘、齿裂、很少羽状分裂；小伞形花序的基部有小总苞片，全缘或很少羽状分裂；花萼与子房贴生，萼齿5或无；花瓣5片，在花蕾时呈覆瓦状或镊合状排列，基部窄狭，有时成爪状物或内卷成小囊，顶端钝圆或有内折的小舌片，或顶端延长如丝线；雄蕊5枚，与花瓣互生。子房下位，2室，每室有1枚倒悬的胚珠，顶部有盘状或短圆锥状的花柱基；花柱2，直立或外曲，柱头头状。在大多数情况下果实是干果，通常裂成2个分生果，很少不裂，呈卵形、圆心形、长圆形至椭圆形。果实由2个背面或侧面扁压的心皮合成，成熟时2心皮从合生面分离，每个心皮由1纤细的心皮柄和果柄相连而倒悬其上，因此2个分生果又称双悬果，心皮柄顶端分裂或裂至基部，心皮的外面有5条主棱（1条背棱、2条中棱、2条侧棱），外果皮表面平滑、有毛、皮刺或瘤状突起，棱和棱之间有沟槽，有时沟槽处发展为次棱而主棱不发育，很少全部主棱和次棱（共9条）同样发育；中果皮层的棱槽内和合生面通常有纵走的油管1至多数。胚乳软骨质，胚乳的腹面平直、凸出或凹入，胚小。

107. 旱芹 *Apium graveolens* L.

【别名】 芹菜、香芹、野芹、药芹。

【形态】 二年生草本，高50～150 cm，秃净，有强烈香气。根圆锥形，分枝多。茎直立，圆锥形，上部分枝，有节，具纵棱。茎生叶具长柄，柄长36～45 cm，叶片长圆形至倒卵形，长7～18 cm，宽3.5～8 cm，1～2回单数羽状复叶，小叶2～3对，基部小叶最长，向上渐短，小叶长、宽均约5 cm，3浅裂或深裂，裂片三角状圆形或五角状圆形，先端有时再3裂，边缘有粗齿；茎生叶为全裂的3小叶，楔形。

复伞形花序侧生或顶生；总花梗缺或极短，无总苞及小总苞片；伞幅 7 ~ 16；花小，两性；萼齿不明显；花瓣 5 片，白色，卵圆形，先端内曲；雄蕊 5 枚，花药小，卵形；雌蕊 1 枚，子房下位，2 室，花柱 2，浅裂。双悬果近圆形至椭圆形，长约 1.2 mm，具 5 条明显的肋线，肋槽内含 1 个油槽，二分果连合面近平坦，也有含 2 个油槽的，分果有种子 1 粒。花期 4 月，果期 6 月。

【生境】 栽培。

【分布】 汉川市各乡镇均有分布。

【药用部位】 全草。

【采收加工】 春、夏、秋季均可采集，洗净，鲜用。

【性味】 味甘、苦，性凉。

【功能主治】 降压利尿，凉血止血。主治高血压，面红目赤，小便热涩不利，尿血，崩中带下，丝虫病，疖疮。

108. 野胡萝卜　*Daucus carota* L.

【形态】 二年生草本，高 15 ~ 120 cm。茎单生，全体被白色粗硬毛。基生叶薄膜质，长圆形，二至三回羽状全裂，末回裂片线形或披针形，长 2 ~ 15 mm，宽 0.5 ~ 4 mm，顶端锐尖，有小尖头，光滑或有糙硬毛；叶柄长 3 ~ 12 cm；茎生叶近无柄，有叶鞘，末回裂片小或细长。复伞形花序，花序梗长 10 ~ 55 cm，有糙硬毛；总苞有多数苞片，呈叶状，羽状分裂，少有不裂的，裂片线形，长 3 ~

30 mm；伞辐多数，长 2 ~ 7.5 cm，结果时外缘的伞辐向内弯曲；小总苞片 5 ~ 7，线形，不分裂或 2 ~ 3 裂，边缘膜质，具纤毛；花通常白色，有时带淡红色；花柄不等长，长 3 ~ 10 mm。果实卵圆形，长 3 ~ 4 mm，宽 2 mm，棱上有白色刺毛。花期 5—7 月。

【生境】 生于山坡路旁、旷野或田间。

【分布】 汉川市各乡镇均有分布。

【药用部位】 根。

【采收加工】　春季未开花前采挖，除去茎叶，洗净，鲜用或晒干。

【药材性状】　本品呈圆柱形或圆锥形，长7～11 cm，直径0.6～0.9 cm，表面淡黄棕色或淡灰棕色，粗糙，常有栓皮剥落，具横长的皮孔样突起及支根痕。根头部常残留叶鞘和茎基。质硬脆，断面黄白色，具放射状纹理，皮部散有棕色油点。气微香，味甘、微辛。

【性味】　味甘、微辛，性凉。

【功能主治】　健脾化滞，凉肝止血，清热解毒。主治脾虚食少，腹泻，惊风，逆血，血淋，咽喉肿痛。

109. 窃衣　*Torilis scabra* (Thunb.) DC.

【形态】　一年生或多年生草本，高10～70 cm。全株有贴生短硬毛。茎单生，有分枝，有细直纹和刺毛。叶卵形，一至二回羽状分裂，小叶片披针状卵形，羽状深裂，末回裂片披针形至长圆形，长2～10 mm，宽2～5 mm，边缘有条裂状粗齿至缺刻或分裂。复伞形花序顶生和腋生，花序梗长2～8 cm；总苞片通常无，很少1，钻形或线形；伞辐2～4，长1～5 cm，粗壮，有纵棱及向上紧贴的硬毛；小总苞片5～8，钻形或线形；

小伞形花序有花4～12；萼齿细小，三角状披针形；花瓣白色，倒卵圆形，先端内折；花柱基圆锥状，花柱向外反曲。果实长圆形，长4～7 mm，宽2～3 mm，有内弯或呈钩状的皮刺，粗糙，每棱槽下方有油管1。花、果期4—10月。

【生境】　生于山坡、林下、路旁、河边及空旷草地上。

【分布】　汉川市各乡镇均有分布。

【药用部位】　果实或全草。

【采收加工】　夏末秋初采收，鲜用或晒干。

【性味】　味苦、辛，性平。

【功能主治】　杀虫止泻，收湿止痒。主治虫积腹痛，泻痢，疮疡溃烂，阴痒带下，风湿疹。

五十四、紫金牛科 Myrsinaceae

灌木、乔木或攀援灌木，稀藤本或近草本。单叶互生，稀对生或近轮生，通常具腺点或脉状腺条纹，稀无，全缘或具各式齿，齿间有时具边缘腺点；无托叶。由总状花序、伞房花序、伞形花序、聚伞花序及上述各式花序组成圆锥花序或花簇生、腋生、侧生、顶生或生于侧生特殊花枝顶端，或生于具覆瓦状排列的苞片的小短枝顶端；具苞片，有的具小苞片；花通常两性或杂性，稀单性，有时雌雄异株或杂性异株，辐射对称、覆瓦状、镊合状或螺旋状排列，4或5，稀6；花萼基部连合或近分离，或与子房合生，通常具腺点，宿存；花冠通常仅基部连合或成管，稀近分离，裂片各式，通常具腺点或脉状腺条纹；雄蕊与花冠裂片同数，对生，着生于花冠上，分离或仅基部合生，稀呈聚药（我国不产）；花丝长、短或几无；花药2室，纵裂，稀孔裂或室内具横隔（蜡烛果属），在雌花中常退化；雌蕊1枚，子房上位，稀半下位或下位（杜茎山属），1室，中轴胎座或特立中央胎座（有时为基生胎座）；胚珠多数，1或多轮，通常埋藏于多分枝的胎座中，倒生或半弯生，常仅1枚发育，稀多枚发育；花柱1，长或短；柱头点尖或分裂，扁平、腊肠形或流苏状。浆果核果状，外果皮肉质、微肉质或坚脆，内果皮坚脆，有种子1或多粒；种子具丰富的肉质或角质胚乳；胚圆柱形，通常横生。

110. 紫金牛　*Ardisia japonica* (Thunb.) Bl.

【别名】　小青、矮茶、短脚三郎。

【形态】　小灌木或亚灌木，近蔓生，具匍匐生根的根茎；直立茎长达30 cm，稀达40 cm，不分枝，幼时被细微柔毛，以后无毛。叶对生或近轮生，叶片坚纸质或近革质，椭圆形至椭圆状倒卵形，顶端急尖，基部楔形，长4～7 cm，宽1.5～4 cm，边缘具细锯齿，具腺点，两面无毛或有时背面仅中脉被细微柔毛，侧脉5～8对，细脉网状；叶柄长6～10 mm，被微柔毛。亚伞形花序，腋生或生于近茎顶端的叶腋，总梗长约5 mm，有花3～5朵，花梗长7～10 mm，常下弯，二者均被微柔毛；花长4～5 mm，有时6数，花萼基部连合，萼片卵形，顶端急尖或钝，长约1.5 mm或略短，两面无毛，具缘毛，有时具腺点；花瓣粉红色或白色，广卵形，长4～5 mm，无毛，具蜜腺点；雄蕊较花瓣略短，花药披针状卵形或卵形，背部具腺点；雌蕊与花瓣等长，子房卵珠形，无毛；胚珠15枚，3轮。果实球形，直径5～6 mm，鲜红色转黑色，具腺点。花期5—6月，果期11—12月，有时5—6月仍有果实。

【生境】　习见于山间林下或竹林下及阴湿的地方。

【分布】　汉川市各乡镇有零星分布。

【药用部位】　全株和根。

【功能主治】 止咳化痰，祛风解毒，活血止痛。主治支气管炎，大叶性肺炎，小儿肺炎，肺结核，肝炎，痢疾，急性肾炎，尿路感染，痛经，跌打损伤，风湿筋骨痛；外用治皮肤瘙痒，漆疮。

五十五、报春花科 Primulaceae

多年生或一年生草本，稀为亚灌木。茎直立或匍匐，具互生、对生或轮生之叶，或无地上茎而叶全部基生，并常形成稠密的莲座丛。花单生或组成总状、伞形或穗状花序，两性，辐射对称；花萼通常 5 裂，稀 4 或 6～9 裂，宿存；花冠下部合生成短筒或长筒，上部通常 5 裂，稀 4 或 6～9 裂，仅 1 单种属（海乳草属）无花冠；雄蕊贴生于花冠上，与花冠裂片同数而对生，极少具 1 轮鳞片状退化雄蕊，花丝分离或下部连合成筒；子房上位，仅 1 属（水茴草属）半下位，1 室；花柱单一；胚珠通常多数，生于特立中央胎座上。蒴果通常 5 齿裂或瓣裂，稀盖裂；种子小，有棱角，常为盾状，种脐位于腹面的中心；胚小而直，藏于丰富的胚乳中。

111. 过路黄　*Lysimachia christinae* Hance

【别名】 金钱草、铺地莲。

【形态】 多年生草本，全株被短柔毛或近无毛。茎匍匐地面，软弱，长 20～60 cm，节上生不定根。叶对生，卵形或心形，长 2～5 cm，宽 1.5～4.5 cm，顶端锐尖或钝，基部圆形或浅心形，全缘，可见透明的腺条；叶柄长 1～3 cm。花单生于叶腋，花梗常长于叶；花萼 5 深裂，裂片狭披针形或匙状条形，外具黑色腺条；花冠黄色，约比花冠长 1 倍，5 深裂，裂片舌形，顶端尖，压干后也有明显的黑腺条；雄蕊 5 枚，不等长，花丝基部合生成短筒；子房上位，卵圆形，1 室，花柱单一，圆柱状，柱头圆形。蒴果球形，具黑色短条状腺点。花期 5—7 月，果期 9—10 月。

【生境】 多生于山坡、路旁和沟边。

【分布】 汉川市各乡镇均有分布。

【药用部位】 全草。

【采收加工】 夏、秋季采收，晒干。

【药材性状】 茎细而扭曲，表面棕色或暗棕红色，有的节上生黄棕色须根。叶对生，多皱缩破碎，叶片上面暗绿色，下面灰绿色，叶柄细长，叶片浸水后对光透视可见黑色或棕色条纹。有

的叶腋有长梗的花或果实。气微，味淡。

【性味】 味甘、咸，性凉。

【功能主治】 利尿通淋，清热解毒。主治胆结石，泌尿系统结石，小便淋沥，湿热黄疸，痢疾，疮痈肿毒，蛇虫咬伤，蕈中毒。

112. 腺药珍珠菜 *Lysimachia stenosepala* Hemsl.

【形态】 多年生草本，全体光滑无毛。茎直立，高 30～65 cm，下部近圆柱形，上部明显四棱形，通常有分枝。叶对生，在茎上部常互生，叶片披针形至长圆状披针形或长椭圆形，长 4～10 cm，宽 0.8～4 cm，先端锐尖或渐尖，基部渐狭，边缘微呈皱波状，上面绿色，下面粉绿色，两面近边缘散生暗紫色或黑色粒状腺点或短腺条，无柄或具长 0.5～10 mm 的短柄。总状花序顶生，疏花；苞片线状披针形，长 3～5 mm；花梗长 2～7 mm，结果时稍伸长；花萼长约 5 mm，分裂近达基部，裂片线状披针形，先端渐尖成钻形，边缘膜质；花冠白色，钟状，长 6～8 mm，基部合生部分长约 2 mm，裂片倒卵状长圆形或匙形，宽 1.5～2 mm，先端圆钝；雄蕊约与花冠等长，花丝贴生于花冠裂片的中下部，分离部分长约 2.5 mm；花药线形，长约 1.5 mm，药隔顶端有红色腺体；花粉粒具 3 孔沟，长球形，表面近平滑；子房无毛，花柱细长，长达 5 mm。蒴果球形，直径约 3 mm。花期 5—6 月，果期 7—9 月。

【生境】 生于河边和山坡草地湿润处。

【分布】 汉川市各乡镇均有分布。

【药用部位】 全草。

【性味】 味辛、涩，性平。

【功能主治】 活血，调经。主治月经不调，白带过多，跌打损伤。

五十六、柿科 Ebenaceae

乔木或直立灌木，不具乳汁，少数有枝刺。叶为单叶，互生，很少对生，排成 2 列，全缘，无托叶，具羽状叶脉。花多半单生，通常雌雄异株，或为杂性，雌花腋生，单生，雄花常生于小聚伞花序上或簇生，或为单生，整齐；花萼3～7裂，深裂，在雌花或两性花中宿存，常在结果时增大，裂片在花蕾中呈镊合状或覆瓦状排列，花冠3～7裂，早落，裂片旋转排列，很少呈覆瓦状排列或镊合状排列；雄蕊离生或着生于花冠管的基部，常为花冠裂片数的2～4倍，很少和花冠裂片同数而与之互生，花丝分离或2枚连生成对，花药基着，2室，内向，纵裂，雌花常具退化雄蕊或无雄蕊；子房上位，2～16室，每室具1～2枚悬垂的胚珠；花柱2～8，分离或基部合生；柱头小，全缘或2裂；在雄花中，雌蕊退化或缺。浆果多肉质；种子有胚乳，胚乳有时为嚼烂状，胚小，子叶大，叶状；种脐小。

113. 柿　*Diospyros kaki* Thunb.

【别名】　柿子。

【形态】　落叶乔木，高达15 m。树皮灰黑色，鳞片状开裂，小枝深棕色，有褐色柔毛。单叶互生，叶柄长1～1.5 cm，有毛，叶片革质，椭圆状卵形或倒卵形，长6～18 cm，宽3～9 cm，先端短尖，基部阔楔形或近圆形，全缘，上面深绿色，有光泽，下面淡绿色，有短柔毛，沿叶脉密生淡褐色茸毛。花杂性，雌雄异株或同株，雄花成短聚伞花序，雌花单生于叶脉；花萼4深裂，有毛，果熟时增大，花冠钟形，黄白色，

4裂，有毛；雄花有雄蕊16枚；雌蕊有退化雌蕊8枚，子房上位，8室，花柱自基部分离。浆果卵圆形或扁球形，直径4～8 cm，橙红色或深黄色，具宿存的木质花萼。花期5月，果期9—10月。

【生境】　汉川市各乡镇均有栽培。

【分布】　汉川市各乡镇均有分布。

【药用部位】　宿存花萼（柿蒂）、叶以及果实加工而成的饼状物（柿饼）。

【采收加工】　秋季采摘成熟果实，收集柿蒂，也可利用加工柿饼、柿霜时所剩下的柿蒂，去柄，晒干。柿饼的加工：取成熟的柿子，削去外皮，日晒夜露，约经过1个月，置于卷席内，再经1个月左右，即成柿饼，其上生有白色粉霜，即柿霜。

【药材性状】　柿蒂：宿萼盘形，花萼筒部呈喇叭状，裂片呈宽三角形，平展或向外反卷，直径1.5～2.5 cm，底部有果柄或圆形果柄痕。外面红棕色，内面黄棕色。花萼筒部有褐色短柔毛，放射状排列，有光泽，萼筒中心有暗棕色、圆形隆起的果实脱落后的疤痕。萼筒质轻，木质，边缘裂片脆，易碎。

【性味】　柿蒂：味苦、涩，性平。柿饼：味甘、涩，性寒。叶：味苦，性寒。

【功能主治】　柿蒂：降气止呕。主治呕吐，呃逆。

柿饼：润肺，涩肠止血。主治吐血，咯血，血淋，痔漏，痢疾。

叶：主治咳喘，肺气胀，内出血。

五十七、木犀科 Oleaceae

乔木，直立或藤状灌木。叶对生，稀互生或轮生，单叶、三出复叶或羽状复叶，稀羽状分裂，全缘或具齿；具叶柄，无托叶。花辐射对称，两性，稀单性或杂性，雌雄同株、异株或杂性异株，通常聚伞花序排列成圆锥花序，或为总状、伞状、头状花序，顶生或腋生，或聚伞花序簇生于叶腋，稀单生；花萼4裂，有时多达12裂，稀无花萼；花冠4裂，有时多达12裂，浅裂、深裂至近离生，或有时在基部成对合生，稀无花冠，花蕾时呈覆瓦状或镊合状排列；雄蕊2枚，稀4枚，着生于花冠管上或花冠裂片基部，花药纵裂，花粉通常具3沟；子房上位，由2心皮组成2室，每室具胚珠2枚，有时1或多枚，胚珠下垂，稀向上，花柱单一或无花柱，柱头2裂或头状。果实为翅果、蒴果、核果、浆果或浆果状核果；种子具1枚伸直的胚；具胚乳或无；子叶扁平；胚根向下或向上。

114. 女贞　*Ligustrum lucidum* Ait.

【别名】白蜡树。

【形态】常绿灌木或乔木，高可达13 m。茎干灰色，小枝灰绿色，皮孔黄褐色。叶对生，革质，卵形至卵状披针形，长6～14 cm，宽4～6 cm，先端急尖和渐尖，基部宽楔形或近圆形，全缘，上面深绿色，有光泽，下面淡绿色，密布细小透明的腺点；叶柄长1～2 cm。圆锥花序顶生，长5～10 cm，直径8～17 cm；苞片叶状，着生于花序下部的侧生花序之基部，线状披针形，花芳香，几无梗；花萼及花冠钟状，均4裂，花冠白色；雄蕊2枚，着生于花冠管筒部；花丝伸出花冠外；子房上位，2室。浆果状核果长圆形，长约1 cm，成熟时蓝黑色，表面被白粉，种子1～2粒。花期6—7月。

【生境】多生于温暖潮湿地区或山坡向阳处。常栽培于庭园或田埂旁。

【分布】汉川市各乡镇均有分布。

【药用部位】果实、叶、根。

【采收加工】　果实：秋、冬季摘取成熟果实，拣净杂质，洗净后晒干或蒸后晒干。

叶：全年可采。

根：9—10月采挖，洗净，切片，晒干。

【药材性状】　多数果实呈椭圆形或肾形，长6～10 mm，表面蓝黑色或棕黑色，皱缩不平，基部有果梗痕或其宿萼及短梗。外果皮薄，中果皮稍厚而松软，内果实肉质，显黄棕色，表面有数个纵棱，横切面子房2室，每室有种子1粒。种子椭圆形，一侧扁平或稍弯曲。少数果实呈宽椭圆形，表面皱缩较少，种子呈椭圆形，2粒种子结合而略平。

【性味】　果实：味苦、甘，性平。叶：味微苦，性平。根：味苦，性平。

【功能主治】　果实：滋补肝肾，强腰膝，明耳目。主治阴虚发热，头昏眼花，耳鸣，肝肾阴虚，腰膝酸软，须发早白，脂溢性脱发，习惯性便秘，慢性苯中毒。

叶：祛风，明目，清热解毒，止咳祛痰，消肿止痛。主治头目昏痛，风热眼赤，疮肿溃烂，烫伤，口炎。

根：散气血，止气痛。主治咳嗽，带下。

115. 野桂花　*Osmanthus yunnanensis* (Franch.) P. S. Green

【形态】　常绿乔木或灌木，高3～6 m，最高可达10 m；树皮灰色。小枝光滑，淡棕黄色或灰白色，具稀疏皮孔，幼时被柔毛。叶片革质，卵状披针形或椭圆形，长8～14 cm，宽2.5～4 cm，先端渐尖，基部宽楔形或近圆形，全缘，或具20～25对尖齿状锯齿，腺点在两面均呈针尖状突起，稀呈黑色小点，中脉在两面突起，侧脉10～12对，与小脉连接成网状，在上面不明显，下面明显突起或在全缘叶上不明显突起，干时常呈黄色；叶柄长0.6～1（1.5）cm，无毛或稀被毛。花序簇生于叶腋，每腋内有花5～12朵；苞片形大，长2～4 mm，无毛，边缘具明显睫毛状毛，干时常呈黄色；花梗长约1 cm，无毛；花芳香；花萼长约1 mm，裂片极短，先端啮蚀状或全缘；花冠黄白色，长约5 mm，花冠管极短，裂片深裂几达基部，椭圆形或宽卵形；雄蕊着生于花冠裂片基部，花丝长约1.5 mm，花药长约2.5 mm，药隔在花药先端延伸成极小突起；雌花中雌蕊长约3.5 mm，花柱长1～1.5 mm。果实长卵形，长1～1.5 cm，呈紫黑色。花期4—5月，果期7—8月。

【生境】　生于山坡、沟边密林或混交林中。

【分布】　汉川市各乡镇均有分布。

五十八、夹竹桃科 Apocynaceae

乔木、直立灌木或木质藤木，也有多年生草本；具乳汁或水液；无刺，稀有刺。单叶对生、轮生，稀互生，全缘，稀有细齿；羽状脉；通常无托叶或退化成腺体，稀有假托叶。花两性，辐射对称，单生或多杂组成聚伞花序，顶生或腋生；花萼裂片5枚，稀4枚，基部合生成筒状或钟状，裂片通常为双盖覆瓦状排列，基部内面通常有腺体；花冠合瓣，高脚碟状、漏斗状、坛状、钟状、盆状稀辐状，裂片5枚，稀4枚，覆瓦状排列，其基部边缘向左或向右覆盖，稀镊合状排列，花冠喉部通常有副花冠或鳞片，或膜质或毛状附属体；雄蕊5枚，着生于花冠筒上或花冠喉部，内藏或伸出，花丝分离，花药长圆形或箭头状，2室，分离或互相粘合并贴生在柱头上；花粉颗粒状；花盘环状、杯状或成舌状，稀无花盘；子房上位，稀半下位，1～2室，或由2个离生或合生心皮所组成；花柱1个，基部合生或裂开；柱头通常环状、头状或棍棒状，顶端通常2裂；胚珠1至多枚，着生于腹面的侧膜胎座上。果实为浆果、核果、蒴果或蓇葖；种子通常一端被毛，稀两端被毛、仅有膜翅或毛翅均缺，通常有胚乳及直胚。

116. 夹竹桃　*Nerium indicum* Mill.*

【别名】 洋桃、叫出冬。

【形态】 常绿灌木，高达5 m，全体无毛。茎上部呈圆柱形，上部稍有棱，叶革质，常3～4片轮生，在枝条下部为对生，叶片条状披针形或长披针形，长5～25 cm，宽1～4 cm，顶端渐尖，基部楔形，全缘，中部于背面隆起，侧脉多数，平行；叶柄短。聚伞花序顶生；花萼5裂，紫色，外面密被柔毛，内面基部有腺体；花冠红色，重瓣，芳香，副花冠鳞片状，顶端撕裂；雄蕊5枚，贴生于管口。蓇葖果长柱状，长10～

20 cm，直径15～2 cm，种子顶端具黄褐色种毛。花期6—8月，果期8—10月。

【生境】 栽培。

【分布】 汉川市各乡镇均有分布。

【药用部位】 叶。

【采收加工】 全年可采，晒干或鲜用。

【性味】 味苦、辛，性温。

【功能主治】 强心利尿，祛痰定喘，镇痛，祛瘀，祛风止痉，杀蝇蛆，灭孑孓。主治心力衰竭，心性水肿，癫痫，蚊虫叮咬，喘息咳嗽，跌打损伤肿痛，闭经。

117. 络石 *Trachelospermum jasminoides* (Lindl.) Lem.

【别名】 络石藤、万字茉莉、风车藤。

【形态】 常绿木质藤本，长可达 10 m，具乳汁；茎赤褐色，圆柱形，有皮孔；小枝被黄色柔毛，老时渐无毛。叶革质或近革质，椭圆形至卵状椭圆形或宽倒卵形，长 2～10 cm，宽 1～4.5 cm，顶端锐尖至渐尖或钝，有时微凹或有小凸尖，基部渐狭至钝，叶面无毛，叶背被疏短柔毛，老渐无毛；叶面中脉微凹，侧脉扁平，叶背中脉突起，侧脉每边 6～12 条，扁平或稍突起；叶柄短，被短柔毛，老渐无毛；叶柄内和叶腋外腺体钻形，长约 1 mm。二歧聚伞花序腋生或顶生，花多朵组成圆锥状，与叶等长或较长；花白色，芳香；总花梗长 2～5 cm，被柔毛，老时渐无毛；苞片及小苞片狭披针形，长 1～2 mm；花萼 5 深裂，裂片线状披针形，顶部反卷，长 2～5 mm，外面被长柔毛及缘毛，内面无毛，基部具 10 个鳞片状腺体；花蕾顶端钝，花冠筒圆筒形，中部膨大，外面无毛，内面在喉部及雄蕊着生处被短柔毛，长 5～10 mm，花冠裂片长 5～10 mm，无毛；雄蕊着生于花冠筒中部，腹部粘生在柱头上，花药箭头

状，基部具耳，隐藏在花喉内；花盘环状 5 裂与子房等长；子房由 2 个离生心皮组成，无毛，花柱圆柱状，柱头卵圆形，顶端全缘；每心皮有胚珠多枚，着生于 2 个并生的侧膜胎座上。蓇葖双生，叉开，无毛，线状披针形，向先端渐尖，长 10～20 cm，宽 3～10 mm；种子多粒，褐色，线形，长 1.5～2 cm，直径约 2 mm，顶端具白色绢质种毛；种毛长 1.5～3 cm。花期 3—7 月，果期 7—12 月。

【生境】 生于山野、溪边、路旁、林缘或杂木林中，常缠绕于树上或攀援于墙壁上、岩石上，亦有移栽于园圃，供观赏。

【分布】 汉川市各乡镇均有分布。

【药用部位】 干燥带叶藤茎。

【采收加工】 冬季至次春采割，除去杂质，晒干，切段，生用。

【药材性状】 藤茎圆柱形，多分枝，直径 0.2～1 cm；表面红棕色，具点状皮孔和不定根；质较硬，折断面纤维状，黄白色，有时中空。叶对生，具短柄，完整叶片椭圆形或卵状椭圆形，长 2～10 cm，宽 0.8～3.5 cm，先端渐尖或钝，有时微凹，叶缘略反卷，上面黄绿色，下面较浅，叶脉羽状，稍突起；革质，

折断时可见白色绵毛状丝。气微，味苦。以叶多、色绿者为佳。

【性味】　味苦，性微寒。

【功能主治】　祛风通络，凉血消肿。主治风湿热痹，喉痹，痈肿，跌打损伤。

五十九、萝藦科 Asclepiadaceae

具有乳汁的多年生草本、藤本、直立或攀援灌木；根部木质或肉质成块状。叶对生或轮生，具柄，全缘，羽状脉；叶柄顶端通常具丛生的腺体，稀无叶；通常无托叶。聚伞花序通常伞形，有时成伞房状或总状，腋生或顶生；花两性，整齐，5朵；花萼筒短，裂片5，双盖覆瓦状或镊合状排列，内面基部通常有腺体；花冠合瓣，辐状、坛状，稀高脚碟状，顶端5裂，裂片旋转，覆瓦状或镊合状排列；副花冠通常存在，由5枚离生或基部合生的裂片或鳞片所组成，有时2轮，生于花冠筒上、雄蕊背部或合蕊冠上，稀退化成2纵列毛或瘤状突起；雄蕊5枚，与雌蕊粘生成中心柱，称为合蕊柱；花药连生成一环，而腹部贴生于柱头基部的膨大处；花丝合生成1个有蜜腺的筒，称为合蕊冠，或花丝离生，药隔顶端通常具有阔卵形而内弯的膜片；花粉粒连合包在1层软韧的薄膜内而成块状，称为花粉块，通常通过花粉块柄而系结于着粉腺上，每花药有花粉块2或4个；或花粉器为匙形，直立，其上部为载粉器，内藏四合花粉，载粉器下面有1载粉器柄，基部有1粘盘，粘于柱头上，与花药互生，稀有4个载粉器粘生成短柱状，基部有1共同的载粉器柄和粘盘；无花盘；雌蕊1枚，子房上位，由2个离生心皮所组成，花柱2，合生，柱头基部具5棱，顶端各式；胚珠多枚，数排，着生于腹面的侧膜胎座上。蓇葖双生，或因1个不发育而成单生；种子多粒，其顶端具有丛生的白（黄）色绢质的种毛；胚直立，子叶扁平。

118. 萝藦　*Metaplexis japonica* (Thunb.) Makino*

【别名】　老鸹瓢。

【形态】　多年生草质藤本，长可达8 m，具乳汁；茎圆柱状，下部木质化，上部较柔韧，表面淡绿色，有纵条纹，幼时密被短柔毛，老时被毛逐渐脱落。叶膜质，卵状心形，长5～12 cm，宽4～7 cm，顶端短渐尖，基部心形；叶耳圆，长1～2 cm，两叶耳展开或紧接；叶面绿色，叶背粉绿色，两面无毛，或幼时被微毛，老时被毛脱落；侧脉每边10～12条，在叶背略明显；叶柄长3～

6 cm，顶端具丛生腺体。总状式聚伞花序腋生或腋外生，具长总花梗；总花梗长 6～12 cm，被短柔毛；花梗长 8 mm，被短柔毛，着花通常 13～15 朵；小苞片膜质，披针形，长 3 mm，顶端渐尖；花蕾圆锥状，顶端尖；花萼裂片披针形，长 5～7 mm，宽 2 mm，外面被微毛；花冠白色，有淡紫红色斑纹，近辐射状，花冠筒短，花冠裂片披针形，张开，顶端反折，基部向左覆盖，内面被柔毛；副花冠环状，着生于合蕊冠上，短 5 裂，裂片兜状；雄蕊连生成圆锥状，并将雌蕊包围在其中，花药顶端具白色膜片；花粉块卵圆形，下垂；子房无毛，柱头延伸成 1 长喙，顶端 2 裂。蓇葖叉生，纺锤形，平滑无毛，长 8～9 cm，直径 2 cm，顶端急尖，基部膨大；种子扁平，卵圆形，长 5 mm，宽 3 mm，有膜质边缘，褐色，顶端具白色绢质种毛；种毛长 1.5 cm。花期 7—8 月，果期 9—12 月。

【生境】 生于林边荒地、山脚、河边、路旁灌丛中。

【分布】 汉川市各乡镇均有分布。

【药用部位】 全草或块根。

【采收加工】 全草：7—8 月采收，鲜用或晒干。块根：夏、秋季采挖，洗净，晒干。

【药材性状】 草质藤本。卷曲成团。根细长，直径 2～3 mm，浅黄棕色。茎圆柱形，扭曲，直径 1～3 mm，表面黄白色至黄棕色，具纵纹，节膨大；折断面髓部常中空，木部发达，可见数个小孔。叶皱缩，完整叶湿润后展平呈卵状心形，长 5～12 cm，宽 4～7 cm，背面叶脉明显，侧脉 5～6 对。气微，味甘、辛。

【性味】 味甘、辛，性平。

【功能主治】 补精益气，通乳，解毒。主治虚损劳伤，阳痿，遗精带下，乳汁不足，丹毒，瘰疬，疔疮，蛇虫咬伤。

六十、茜草科 Rubiaceae

乔木、灌木或草本，有时为藤本，少数为具肥大块茎的适蚁植物；植物体中常累积铝；含多种生物碱，以吲哚类生物碱较常见；草酸钙结晶存在于叶表皮细胞和薄壁组织中，类型多样，以针晶为多；茎有时不规则次生生长，但无内生韧皮部，节为单叶隙，较少为 3 叶隙。叶对生或轮生，有时具不等叶性，通常全缘，极少有齿缺；托叶通常生于叶柄间，较少生于叶柄内，分离或程度不等地合生，宿存或脱落，极少退化至仅存 1 条连接对生叶叶柄间的横线纹，里面常有黏液毛。花序各式，均由聚伞花序复合而成，很少单花或少花的聚伞花序；花两性、单性或杂性，通常花柱异长，动物（主要是昆虫）传粉；花萼通常 4～5 裂，很少更多裂，极少 2 裂，裂片通常小或几乎消失，有时其中 1 个或几个裂片明显增大呈叶状，其色白或艳丽；花冠合瓣，管状、漏斗状、高脚碟状或辐状，通常 4～5 裂，很少 3 裂或 8～10 裂，裂片镊合状、覆瓦状或旋转状排列，整齐，很少不整齐，偶有二唇形；雄蕊与花冠裂片同数而互生，偶有 2 枚，着生于花冠管的内壁上，花药 2 室，纵裂或少有顶孔开裂；雌蕊通常由 2 心皮、极少 3 或更多心皮组成，合生，子房下位，极罕上位或半下位，子房室数与心皮数相同，有时隔膜消失而为 1 室，或由于假隔膜的形成而为多室，通常为中轴胎座，或有时为侧膜胎座，花柱顶生，具头状或分裂的柱头，很少花柱分离；每子房室有胚珠 1 至多枚，倒生、横生或曲生。浆果、蒴果或核果，或干燥而不开裂，或为分果，有时为双果爿；种子裸露或嵌于果肉或肉质胎座中，种皮膜质或革质，较少脆壳质，极少骨质，表面平滑、蜂巢状或有小瘤状突起，有时有翅或附属物，胚乳核型、肉质或角质，有时退化为一薄层或无胚乳，坚实或嚼烂状；胚直或弯，轴位于背面或顶部，有时棒状而内弯，子叶扁平或半柱状，靠近种脐或远离，位于上方或下方。

119. 拉拉藤　*Galium spurium* L.

【别名】　猪殃殃。

【形态】　一年生或二年生蔓生草本。根系橙红色。茎纤细，四棱形，分枝有侧生小刺，茎下部的节处生有须根。叶 6 ～ 8 片轮生，无柄，叶片膜质，条状倒披针形或倒卵状矩圆形，长 1.5 ～ 2.5 cm，宽 2 ～ 6 mm，先端钝或短锐尖，中部以下渐尖，边缘及叶背中脉有倒生小刺，叶面疏生白色小刺毛。聚伞花序腋生或顶生，花小，白色或黄绿色，有花 3 ～ 10 朵；花萼截头状，有钩毛，萼筒全部与子房愈合；花冠 4 裂；雄蕊

4 枚；子房下位，有细小密刺。果实常为 2 个孪生的半球状的果瓣，长 2 ～ 3 mm，直径约 3.5 mm，表面密生钩状刺。花期 4—5 月，果期 5—6 月。

【生境】　常生于荒地路边或田边。

【分布】　汉川市各乡镇均有分布。

【药用部位】　全草。

【采收加工】　夏季拔起全草，除去泥沙，晒干。

【药材性状】　茎纤细，常分枝，四棱形，直径约 1 mm。灰绿色或绿褐色，棱上微生小刺，触之粗糙；茎基部或节处有须根，质脆，易折断，中空。叶 6 ～ 8 片轮生，无柄，多卷缩破碎，边缘和叶背中脉有倒生小刺。聚伞花序腋生，花小，花冠多脱落。果实先端微凹，呈 2 半球状，褐黑色，密生白色钩状刺。无臭。

【性味】　味甘、微苦，性寒。

【功能主治】　清热解毒，利尿消肿，通淋，止血。主治急性阑尾炎，尿路感染，热证出血，感冒，淋证，崩漏带下，跌打损伤，疮痈肿毒，毒蛇咬伤，白血病，乳腺炎。

120. 鸡矢藤 * *Paederia scandens* (Lour.) Merr.*

【别名】鸡屎藤。

【形态】多年生缠绕草本，全株揉碎有特殊臭气。茎基部木质，多分枝，全株均被灰色柔毛。叶对生，卵形或狭卵形，长 5～15 cm，宽 3～9 cm，先端稍渐尖，基部圆形至心形，全缘，嫩时表面散生粗糙毛；具长柄；托叶生于叶柄内，三角形，早落。圆锥花序顶生或腋生，花多数；花萼筒倒圆锥形，4～5 齿裂，三角形，宿存；花冠筒钟形，外面灰白色，具细茸毛，内面紫色，长约 1 cm，5 裂，裂片在花蕾中内向镊合

状排列；花药 5，近无梗，着生于花冠筒内；子房下位，2 室，每室胚珠 1，直立，花柱 2，丝状，基部愈合。核果球形，成熟时淡黄色，直径约 6 mm，外果皮质薄而脆，内具 2 小核。花期 7—9 月，果期 9—11 月。

【生境】多生于山坡路边、林边、沟边。

【分布】汉川市各乡镇均有分布。

【药用部位】全草、根、果实。

【采收加工】全草：夏、秋季采收，鲜用或晒干。

根：全年可采，洗净，鲜用或晒干。

果实：秋季果实成熟时采收，鲜用或晒干。

【药材性状】全草常弯曲成团。茎扁圆形，直径约 3 mm，老茎淡棕色，有细纵纹及横裂纹，嫩茎黑褐色，疏被毛或密被茸毛；质脆，易折断，断面纤维性，黄绿色或灰黄色。叶对生，绿褐色或灰黑色，叶片多卷缩破碎，无毛或仅下面有毛，叶柄细长。

【性味】全草：味辛、苦，性平。果实：味苦，性平。

【功能主治】全草：祛风活血，解毒止痛，燥湿杀虫，消食导滞。主治风湿痹病，外伤疼痛，胆、肾绞痛，皮炎，湿疹瘙痒，骨髓炎，脘腹疼痛，气虚浮肿，肝、脾肿大，无名肿毒，跌打损伤。果实汁液：主治毒虫咬伤。

121. 白马骨 *Serissa serissoides* (DC.) Druce

【别名】路边姜、路边荆。

【形态】小灌木，通常高达 1 m；枝粗壮，灰色，被短毛，后脱落变无毛，嫩枝被微柔毛。叶通常丛生，薄纸质，倒卵形或倒披针形，长 1.5～4 cm，宽 0.7～1.3 cm，顶端短尖或近短尖，基部收狭成一短柄，除下面被疏毛外，其余无毛；侧脉每边 2～3 条，上举，在叶片两面均突起，小脉疏散不明显；托叶具锥形裂片，长 2 mm，基部阔，膜质，被疏毛。花无梗，生于小枝顶部，有苞片；苞片膜质，

斜方状椭圆形，长渐尖，长约 6 mm，具疏散小缘毛；花托无毛；萼檐裂片 5，坚挺延伸，呈披针状锥形，极尖锐，长 4 mm，具缘毛；花冠管长 4 mm，外面无毛，喉部被毛，裂片 5，长圆状披针形，长 2.5 mm；花药内藏，长 1.3 mm；花柱柔弱，长约 7 mm，2 裂，裂片长 1.5 mm。花期 4—6 月。

【生境】 生于荒地或草坪。

【分布】 汉川市各乡镇均有分布。

【药用部位】 全草。

【采收加工】 4—6 月采收茎叶，9—10 月挖根，切段，鲜用或晒干。

【药材性状】 根细长圆柱形，有分枝，长短不一，直径 3～8 mm，表面深灰色、灰白色或黄褐色，有纵裂隙，栓皮易剥落。粗枝深灰色，表面有纵裂纹，栓皮易剥落；嫩枝浅灰色，微被毛；断面纤维性，木质，坚硬。叶对生或簇生，薄革质，黄绿色，卷缩或脱落，完整者展平后呈卵形或长圆状卵形，先端短尖或钝，基部渐狭成短柄，全缘，两面羽状网脉突出。枝端叶间有时可见黄白色花，花萼裂片几与冠筒等长；偶见近球形的核果。气微，味淡。

【性味】 味淡、苦、微辛，性凉。

【功能主治】 祛风利湿，清热解毒。主治感冒头痛，咽喉肿痛，目赤，牙痛，湿热黄疸，水肿，泄泻，腰腿疼痛，咯血，吐血，尿血，带下，小儿疳积，惊风，疮痈肿毒，跌打损伤。

六十一、旋花科 Convolvulaceae

草本、亚灌木或灌木，偶为乔木，在干旱地区有些种类变成多刺的矮灌丛，或为寄生植物；被各式单毛或分叉的毛；植物体常有乳汁；具双韧维管束；有些种类地下具肉质的块根。茎缠绕或攀援，有时平卧或匍匐，偶有直立。叶互生，螺旋排列，寄生种类无叶或退化成小鳞片，通常为单叶、全缘，或不同深度的掌状或羽状分裂，甚至全裂，叶基常心形或戟形；无托叶，有时有假托叶（缩短的腋枝的叶）；通常有叶柄。花通常美丽，单生于叶腋，或少花至多花组成腋生聚伞花序，有时总状、圆锥状、伞形或头状，极少为二歧蝎尾状聚伞花序。苞片成对，通常很小，有时叶状，有时总苞状（盾苞藤属苞片在果期极增大托于果下）。花整齐，两性，5 数；花萼分离或仅基部连合，外萼片常比内萼片大，宿存，有些种类在果期增大。花冠合瓣，漏斗状、钟状、高脚碟状或坛状；冠檐近全缘或 5 裂，极少每裂片又具 2 小裂片，花蕾期旋转折扇状或镊合状至内向镊合状；花冠外常有 5 条明显的被毛或无毛的瓣中带。雄蕊与花冠裂片等数互生，着生于花冠管基部或中部稍下，花丝丝状，有时基部稍扩大，等长或不等长；花药 2 室，内向开裂或侧向纵长开裂；花粉粒有刺或无刺；在菟丝子属中，花冠管内雄蕊之下有流苏状的鳞片。花盘环状或杯状。子房上位，由2（稀3～5）心皮组成，1～2室，或因有发育的假隔膜而为4室，稀3室，心皮合生，极少深2裂；中轴胎座，每室有2枚倒生无柄胚珠，子房4室时每室1枚胚珠；花柱1～2，丝状，顶生或少有着生于心皮基底间，不裂或上部2尖裂，或几无花柱；柱头各式。通常为蒴果，室背开裂、周裂、盖裂或不规则破裂，或为不开裂的肉质浆果，或果皮干燥坚硬呈坚果状。种子和胚珠同数，或由于不育而减少，通常呈三棱形，种皮光滑或有各式毛；胚乳小，肉质至软骨质；胚大，具宽的、皱褶或折扇状的、全缘、凹头或2裂的子叶，菟丝子属的胚线形螺旋，无子叶或退化为细小的鳞片状。

122. 打碗花　*Calystegia hederacea* Wall.

【别名】　狗儿秧、小旋花、喇叭花。

【形态】　一年生草本，全株不被毛，植株通常矮小，高8～30（40）cm，常自基部分枝，具细长白色的根。茎细，平卧，有细棱。基部叶片长圆形，长2～3（5.5）cm，宽1～2.5 cm，顶端圆，基部戟形，上部叶片3裂，中裂片长圆形或长圆状披针形，侧裂片近三角形，全缘或2～3裂，叶片基部心形或戟形；叶柄长1～5 cm。花腋生，1朵，花梗长于叶柄，有细棱；苞片宽卵形，长0.8～1.6 cm，

顶端钝或锐尖至渐尖；萼片长圆形，长0.6～1 cm，顶端钝，具小短尖头，内萼片稍短；花冠淡紫色或淡红色，钟状，长2～4 cm，冠檐近截形或微裂；雄蕊近等长，花丝基部扩大，贴生于花冠管基部，被小鳞毛；子房无毛，柱头2裂，裂片长圆形，扁平。蒴果卵球形，长约1 cm，宿存萼片与之近等长或稍短。种子黑褐色，长4～5 mm，表面有小疣。

【生境】　生于农田、荒地、路旁。

【分布】　汉川市各乡镇均有分布。

【药用部位】　根状茎及花。

【采收加工】　根状茎：秋季采挖，洗净晒干或鲜用。花：夏、秋季采收，鲜用。

【性味】　味甘、淡，性平。

【功能主治】　根状茎：健脾益气，利尿，调经，止带。主治脾虚消化不良，月经不调，带下，乳汁稀少。花：止痛。主治牙痛。

123. 旋花　*Calystegia sepium* (L.) R. Br.

【别名】　打破碗花、狗儿弯藤、打碗花、篱天剑。

【形态】　多年生草本，全体不被毛。茎缠绕，伸长，有细棱。叶形多变，三角状卵形或宽卵形，长

4～10（15）cm 或更长，宽 2～6（10）
cm 或更宽，顶端渐尖或锐尖，基部戟形
或心形，全缘或基部稍伸展为具 2～3
个大齿缺的裂片；叶柄常短于叶片或两
者近等长。花腋生，1 朵；花梗通常稍
长于叶柄，长达 10 cm，有细棱或有时
具狭翅；苞片宽卵形，长 1.5～2.3 cm，
顶端锐尖；萼片卵形，长 1.2～1.6 cm，
顶端渐尖或有时锐尖；花冠通常白色，
或有时淡红色或紫色，漏斗状，长 5～
6（7）cm，冠檐微裂；雄蕊花丝基部扩

大，被小鳞毛；子房无毛，柱头 2 裂，裂片卵形，扁平。蒴果卵形，长约 1 cm，为增大宿存的苞片和萼
片所包被。种子黑褐色，长 4 mm，表面有小疣。

　　【生境】　生于路旁、溪边草丛、农田边或山坡林缘。

　　【分布】　汉川市各乡镇均有分布。

　　【药用部位】　花、根。

　　【采收加工】　花：6—7 月开花时采收，晾干。根：3—9 月采挖，洗净，鲜用或晒干。

　　【性味】　花：味甘，性温。根：味甘、微苦，性温。

　　【功能主治】　花：益气，养颜，涩精。主治面𤵸，遗精，遗尿。

　　根：益气补虚，续筋接骨，解毒，杀虫。主治劳损，金疮，丹毒，蛔虫病。

124. 篱栏网　*Merremia hederacea* (Burm. f.) Hall. f.

　　【别名】　鱼黄草、金花茉栾藤、小花山猪菜、茉栾藤。

　　【形态】　缠绕或匍匐草本，匍匐时下部茎上生须根。茎细长，有细棱，无毛或疏生长硬毛，有时
仅于节上有毛，有时散生小疣状突起。叶心状卵形，长 1.5～7.5 cm，宽 1～5 cm，顶端钝、渐尖或
长渐尖，具小短尖头，基部心形或深凹，
全缘或通常具不规则的粗齿或锐裂齿，
有时为深或浅 3 裂，两面近无毛或疏
生微柔毛；叶柄细长，长 1～5 cm，
无毛或被短柔毛，具小疣状突起。聚伞
花序腋生，有 3～5 朵花，有时更多或
偶为单生，花序梗比叶柄粗，长 0.8～
5 cm，第一次分枝为二歧聚伞式，以
后为单歧式；花梗长 2～5 mm，连同
花序梗均具小疣状突起；小苞片早落；
萼片宽倒卵状匙形，或近长方形，外侧

2 片长 3.5 mm，内侧 3 片长 5 mm，无毛，顶端截形，明显具外倾的突尖；花冠黄色，钟状，长 0.8 cm，外面无毛，内面近基部具长柔毛；雄蕊与花冠近等长，花丝下部扩大，疏生长柔毛；子房球形，花柱与花冠近等长，柱头球形。蒴果扁球形或宽圆锥形，4 瓣裂，果瓣有褶皱，内含种子 4 粒，三棱状球形，长 3.5 mm，表面被锈色短柔毛，种脐处毛簇生。

【生境】 生于灌丛或路旁草丛。

【分布】 主要分布于汉川市汈汊湖周边。

【药用部位】 全草或种子。

【采收加工】 全草：全年或夏、秋季采收，洗净，切碎，鲜用或晒干。种子：秋、冬季果实成熟时采收，除去果壳，晒干。

【药材性状】 全草长 100 ～ 300 cm。茎圆柱形，稍扭曲，直径 1 ～ 3 mm；表面浅棕色至棕褐色，有细棱，具疣状小突起和不定根，节处常具毛；质韧，断面灰白色，中空。叶皱缩破碎，完整叶展平后呈卵形，长 2 ～ 5 cm，全缘或 3 裂，灰绿色或橘红色；叶柄细长。花少见，聚伞花序腋生，花小，黄色。蒴果扁球形或宽圆锥形，黄棕色，常开裂成 4 瓣。种子卵状三棱形，种脐处具簇毛。气微，味淡。

【性味】 味甘、淡，性凉。

【功能主治】 清热，利咽，凉血。主治风热感冒，咽喉肿痛，乳蛾，尿血，急性眼结膜炎，疖疮。

125. 牵牛　*Pharbitis nil* (L.) Choisy*

【别名】 勤娘子、喇叭花、二牛子、二丑。

【形态】 一年生缠绕草本，茎上被倒向的短柔毛及杂有倒向或开展的长硬毛。叶宽卵形或近圆形，深或浅的 3 裂，偶 5 裂，长 4 ～ 15 cm，宽 4.5 ～ 14 cm，基部圆，心形，中裂片长圆形或卵圆形，渐尖或骤尖，侧裂片较短，三角形，裂口锐或圆，叶面或疏或密被微硬的柔毛；叶柄长 2 ～ 15 cm，毛被同茎。花腋生，单一或通常 2 朵着生于花序梗顶，花序梗长短不一，通常短于叶柄，有时较长，毛被同茎；苞片线形

或叶状，被开展的微硬毛；花梗长 2 ～ 7 mm；小苞片线形；萼片近等长，长 2 ～ 2.5 cm，披针状线形，内面 2 片稍狭，外面被开展的刚毛，基部更密，有时也杂有短柔毛；花冠漏斗状，长 5 ～ 8（10）cm，蓝紫色或紫红色，花冠管色淡；雄蕊及花柱内藏；雄蕊不等长；花丝基部被柔毛；子房无毛，柱头头状。蒴果近球形，直径 0.8 ～ 1.3 cm，3 瓣裂。种子卵状三棱形，长约 6 mm，黑褐色或米黄色，被褐色短茸毛。

【生境】 生于山坡灌丛、路边、园边宅旁、山地路边，或为栽培。

【分布】 汉川市各乡镇均有分布。

【药用部位】 干燥成熟种子。

【采收加工】 8—10 月果实成熟未开裂时将藤割下，晒干，收集自然脱落的种子。

【药材性状】 种子似橘瓣状，略具 3 棱，长 5～7 mm，宽 3～5 mm。表面灰黑色（黑丑），或淡黄白色（白丑），背面弓状隆起，两侧面稍平坦，略具皱纹，背面正中有 1 条浅纵沟，腹面棱线下端为类圆形浅色种脐，微凹。质坚硬，断面可见淡黄色或黄绿色皱缩折叠的子叶 2 片。气微，有麻舌感。以颗粒饱满、无果皮等杂质者为佳。

【性味】 味苦，性寒。

【功能主治】 泻下逐水，去积杀虫。主治水肿，痰饮喘咳，虫积腹痛。

六十二、马鞭草科 Verbenaceae

灌木或乔木，有时为藤本，极少数为草本。叶对生，很少轮生或互生，单叶或掌状复叶，很少羽状复叶；无托叶。花序顶生或腋生，多数为聚伞、总状、穗状、伞房状聚伞或圆锥花序；花两性，极少退化为杂性，左右对称，很少辐射对称；花萼宿存，杯状、钟状或管状，稀漏斗状，顶端有 4～5 齿或截头状，很少有 6～8 齿，通常在果实成熟后增大或不增大，或有颜色；花冠管圆柱形，管口裂为二唇形或略不相等的 4～5 裂，很少多裂，裂片通常向外开展，全缘或下唇中间 1 裂片的边缘呈流苏状；雄蕊 4 枚，极少 2 或 5～6 枚，着生于花冠管上，花丝分离，花药通常 2 室，基部或背部着生于花丝上，内向纵裂或顶端先开裂而成孔裂；花盘通常不显著；子房上位，通常由 2 心皮组成，少为 4 或 5，全缘、微凹或 4 浅裂，极稀深裂，通常 2～4 室，有时为假隔膜分为 4～10 室，每室有 2 胚珠，或因假隔膜而每室有 1 胚珠；胚珠倒生而基生、半倒生而侧生、直立或顶生而悬垂，珠孔向下；花柱顶生，极少数下陷于子房裂片中；柱头明显分裂或不裂。果实为核果、蒴果或浆果状核果，外果皮薄，中果皮干或肉质，内果皮质硬成核，核单一或可分为 2 或 4 个，稀 8～10 个分核。种子通常无胚乳，胚直立，有扁平、厚或褶皱的子叶，胚根短，通常下位。

126. 马鞭草 *Verbena officinalis* L.

【别名】 铁马鞭。

【形态】 多年生草本，高超过 1 m。茎直立，基部木质化，上部有分枝，四棱形，棱上及节处有白色透明的硬毛。叶对生，基生叶近无柄；叶片倒卵形或长椭圆形，长 3～5 cm，宽 2～3 cm，先端尖，基部楔形，羽状深裂，裂片上疏生粗锯齿，两面均有硬毛，下面网脉上尤密。穗状花序顶生或腋生，多为单生，有时分枝呈圆锥状花序；花轴四方形，毛疏生，花细小，紫蓝色；花萼管状，长约 2 mm，先端 5 浅裂，外面及顶端具硬毛；花冠唇形，下唇较上唇大，上唇 2 裂，下唇 3 裂，喉部有白色长毛；雄蕊 4 枚，着生于花冠筒内，不外露；雌蕊 1 枚，子房上位，4 室，花柱顶生，柱头 2 裂。蒴果长方形，成熟时分裂为 4 个小坚果。花期 6—8 月，果期 7—10 月。

【生境】 生于山坡、沟边及路旁较阴湿而肥沃的地方。

【分布】 汉川市各乡镇均有分布。

【药用部位】 全草。

【采收加工】 7—10 月开花时采收，晒干。

【药材性状】 根呈圆柱形，长 1～2 cm，表面黄色，周围着生多数的根及须根。茎四棱形，灰绿色或黄绿色，有纵沟，棱上及节处有硬毛；质硬，易折断，断面纤维状，中央有白色的髓或成空洞。叶片灰绿色或棕黄色，质脆，多皱缩破碎，具毛，顶端或叶腋有花穗，可见黄棕色的花瓣；有时可见果穗，果实宿存灰绿色的花萼。4 个灰黄色小坚果。气微。

【性味】 味苦，性寒。

【功能主治】 清热解毒，利尿消肿，通经散瘀，抗疟杀虫。主治牙痛，咽喉肿痛，乳腺炎，痢疾，痛经，闭经，小儿口疮，肝炎，阴囊湿疹，晚期血吸虫病，间日疟。

127. 牡荆 *Vitex negundo* var. *cannabifolia* (Sieb. et Zucc.) Hand. -Mazz.

【形态】 落叶灌木或小乔木；小枝四棱形。叶对生，掌状复叶，小叶 5 片，少有 3 片；小叶片披针形或椭圆状披针形，顶端渐尖，基部楔形，边缘有粗锯齿，表面绿色，背面淡绿色，通常被柔毛。圆锥花序顶生，长 10～20 cm；花冠淡紫色。果实近球形，黑色。花期 6—7 月，果期 8—11 月。

【生境】 生于山坡路边灌丛中。

【分布】 汉川市各乡镇均有分布。

【药用部位】 根、茎、茎用火烤灼而流出的液汁、叶经水蒸气蒸馏提取的挥发油、果实。

【采收加工】 根：秋后采收，洗净，切片，晒干。

茎：夏、秋季采收，切段，晒干。

沥：夏、秋季采新鲜、直径 0.3 m 左右的粗茎，两端架于砖上，其下以火烧之，则茎汁从两端沥出，以器取之。

挥发油：生长季节均可采收叶，鲜用或晒干，经水蒸气蒸馏提取。

果实：秋季果实成熟时采收，用手搓下，扬净，晒干。

【药材性状】 牡荆子：果实圆锥形或卵形，上端略大而平圆，有花柱脱落的凹痕，下端稍尖。长约

3 mm，直径 2 ～ 3 mm。宿萼灰褐色，密被灰白色细茸毛，包被整个果实的 2/3 或更多，萼筒先端 5 齿裂，外面有 5 ～ 10 条脉纹。果实表面棕褐色，坚硬，不易破碎。断面果皮较厚，棕黄色，4 室，每室有黄白色种子 1 粒或不育。气香。以颗粒饱满、气香者为佳。

【性味】　根：味辛、微甘，性温。茎：味辛、微苦，性平。沥：味甘，性凉。挥发油：味微苦、辛，性平。果实：味苦、辛，性温。

【功能主治】　根：祛风解表，除湿止痛。主治感冒头痛，牙痛，疟疾，风湿痹病。

茎：祛风解表，消肿止痛。主治感冒，喉痹，牙痛，疮肿，烧伤。

沥：除风热，化痰涎，通经络，行气血。主治中风口噤，痰热惊痫，头晕目眩，喉痹，热痢，火眼。

挥发油：祛痰，止咳，平喘。主治慢性支气管炎。

果实：化湿祛痰，止咳平喘，理气止痛。主治咳嗽气喘，胃痛，疝气疼痛，泄泻，痢疾，带下，白浊，脚气肿胀。

六十三、唇形科 Lamiaceae

一年生至多年生草本，半灌木或灌木，极稀乔木或藤木，常具含芳香油的表皮、有柄或无柄的腺体及各种各样的单毛、具节毛，甚至星状毛和树枝状毛，常具有四棱及沟槽的茎和对生或轮生的枝条。根纤维状，稀增厚成纺锤形，极稀具小块根。偶有新枝形成具退化叶的气生走茎或地下匍匐茎，后者往往具肥短节间及无色叶片。叶为单叶，全缘至具有各种锯齿，浅裂至深裂，稀为复叶，对生（常交互对生），稀 3 ～ 8 片轮生，极稀部分互生。花很少单生。花序聚伞式，通常由 2 个小的 3 至多花的二歧聚伞花序在节上形成明显轮状的轮伞花序（假轮），或多分枝而过渡成 1 对单歧聚伞花序，稀仅为 1 ～ 3 花的小聚伞花序，后者形成每节双花的现象。由于主轴完全退化而形成密集的无柄花序，或主轴及侧枝均或多或少发达，苞叶退化成苞片状，而由数个至许多轮伞花序聚合成顶生或腋生的总状、穗状、圆锥状、稀头状的复合花序，稀由于花向主轴一面聚集而成背腹状（开向一面），极稀每苞叶承托一花，由于花亦互生而形成真正的总状花序。苞叶常在茎上向上逐渐过渡成苞片，每花下常又有 1 对纤小的小苞片（在单歧花序中则仅 1 片发达）；很少不具苞片及小苞片，或苞片及小苞片趋于发达而有色，具针刺，叶状或特殊形状。花两侧对称，稀辐射对称，两性，或经过退化而成雌花，两性花异株，稀杂性，极稀花为两型而其中闭花受精的花，较稀有大小花或大中小花不同株的现象。花图式为 $S_5P_5A_4G_{(2)}$。花萼下位，宿存（稀 2 片盾形，其中至少 1 片脱落），在果时常不同程度地增大、加厚，甚至肉质，钟状、管状或杯状，稀壶状或球形直至弯，合萼，5（稀 4）基数，芽时开放，有分离相等或近相等的齿或裂片，极稀分裂至近底部，如连合则常形成各式各样的二唇形（3/2 或 1/4 式，极稀 5/0 式），主脉 5 条，其间简单、交叉或重复，分枝的第二次脉在较大或小的范围内发育，因之形成 8、11、13、15 至 19 脉，贯入萼齿内的侧脉有时缘边或网结，齿间极稀有侧脉联结形成的胼胝体，脉尖偶形成附属物或附齿，如此，则齿有 10 枚（有时 5 长 5 短），萼口部平或斜，喉内面有时被毛，或在萼筒内中部形成毛环（果盖），萼外有时被各种茸毛及腺体。花冠合瓣，通常有色，大小不一，具相当发育的、通常伸出萼外（稀内藏）的、管状或向上宽展、直或弯（极稀倒扭）的花冠筒，筒内有时有各式的茸毛或毛环（蜜腺盖），基部极稀具囊或距，内有蜜腺；冠檐 5（稀 4）裂，通常经过不同形式和程度的连合而成二唇形（2/3 式，较少 4/1 式），稀成假单唇形或单唇形（0/5 式），稀 5（4）裂片近相等，卷叠式覆瓦状，通常在芽内开放，或双盖覆瓦状，后裂片在芽时在最外，如为二唇形，则上唇常外突或盔状，较稀扁平，下唇中裂片常最发达，多半平展，侧裂片有时不发达，稀形成盾片或小齿，颚上有时有褶襞或加厚部分，但在 4/1 式中则下唇有时呈舟状、囊状或各种形状。雄蕊在花冠上着生，与花冠裂片互生，通常 4 枚，二强，有时退化为 2 枚，稀具第 5 枚（后）退化雄蕊，分离或药室贴近两两成对，极稀在基部连合或呈鞘状（如鞘蕊花属），通常前对较长，稀后对较长（荆芥属），通常不同程度地伸出花冠筒外，稀内藏，通常两两平行，上升而靠于花冠的盔状上唇内，或平展而直伸向前，稀下倾，平卧于花冠下唇上或包于其内（罗勒属），稀两对不互相平行（则后对雄蕊下倾或上升）；花丝有毛或无，通常直伸，稀在芽时内卷，有时较长，稀在花后伸出很长，后对花丝基部有时有各式附属物；药隔伸出或否；花药通常长圆形、卵圆形至线形，稀球形，2 室，内向，有时平行，但通常不同程度地叉开、平叉开，甚至平展开，每室纵裂，稀在花后贯通为 1 室，有时前对或后对药室退化为 1 室形成半药，有时平展开（则花药球形），稀被发达的药隔分开，后者变成丝状并着生于花丝处，具关节（鼠尾草属），无毛或被各式毛。下位花盘通常肉质，显著，全缘至通常 2～4 浅裂，至具与子房裂片对生或互生的裂片，前（或偶有后）裂片有时呈指状增大，稀不具而花托中央有一突起（保亭花属）。雌蕊由 2 中向心皮形成，早期即因收缩而分裂为 4 片具胚珠的裂片，极稀浅裂或不裂（筋骨草亚科部分、保亭花亚科）；子房上位，无柄，稀具柄（黄芩属）；胚珠单被，倒生、直立、基生或着生于中轴胎座上，珠脊向轴，珠孔向下，极稀侧生而半倒生、直立，稀弯生；花柱一般着生于子房基部，稀着生点高于子房基部，顶端具 2 等长，稀不等长的裂片，稀不裂，例外为 4 裂。果通常裂成 4 个果皮干燥的小坚果，稀核果状而具坚硬的内果皮及肉质或多汁的外果皮，倒卵圆形或四棱形，光滑，具毛或有皱纹、雕纹，稀具边或顶生或周生的翅（有时背腹压扁，稀背腹分化），具小的基生果脐，稀由于侧腹面相接而形成大而显著、高度有时超过果轴一半的果脐，极稀近背面相接（具基部一背部的合生面，如薰衣草属），稀花托的小部分与小坚果分离而形成一油质体（如筋骨草属、野芝麻属及迷迭香属）；种子每坚果单生，直立，极稀横生而皱曲，具薄而以后常全部被吸收的种皮，基生，稀侧生。胚乳在果时无，或如存在则极不发育。胚扁平，稀突出或有褶，微肉质，子叶与果轴平行或横生；幼根短，在下面，稀弯曲而位于一片子叶上（即背依子叶，如黄芩属）。

128. 匍匐风轮菜 *Clinopodium repens* (D. Don) Wall.

【形态】 多年生柔弱草本。茎匍匐生根，上部上升，弯曲，高约 35 cm，四棱形，被疏柔毛，棱上及上部尤密。叶卵圆形，长 1～3.5 cm，宽 1～2.5 cm，先端锐尖或钝，基部阔楔形至近圆形，边缘在基部以上具向内弯的细锯齿，上面橄榄绿色，下面略淡，两面均被疏短硬毛，侧脉 5～7 对，与中肋在上面近平坦或微凹陷，下面隆起；叶柄长 0.5～1.4 cm，向上渐短，近扁平，密被短硬毛。轮伞花序小，近球状，花时直径 1.2～1.5 cm，果时直径 1.5～1.8 cm，彼此远隔；苞叶与叶极相似，具短柄，均超

过轮伞花序，苞片针状，绿色，长 3 ～
5 mm，被白色缘毛及腺微柔毛。花萼管
状，长约 6 mm，绿色，具 13 脉，外面
被白色缘毛及腺微柔毛，内面无毛，上
唇 3 齿，齿三角形，具尾尖，下唇 2 齿，
先端芒尖。花冠粉红色，长约 7 mm，
略超出花萼，外面被微柔毛，冠檐二唇
形，上唇直伸，先端微缺，下唇 3 裂。
雄蕊及雌蕊均内藏。小坚果近球形，直
径约 0.8 mm，褐色。花期 6—9 月，果
期 10—12 月。

【生境】　生于山坡、草地、林下、路边、沟边。

【分布】　汉川市各乡镇均有分布。

129. 宝盖草　*Lamium amplexicaule* L.

【别名】　莲台夏枯草、接骨草、珍珠莲。

【形态】　一年生或二年生植物。
茎高 10 ～ 30 cm，基部多分枝，上升，
四棱形，具浅槽，常为深蓝色，几无毛，
中空。茎下部叶具长柄，柄与叶片等长
或超过之，上部叶无柄，叶片均圆形或
肾形，长 1 ～ 2 cm，宽 0.7 ～ 1.5 cm，
先端圆，基部截形或截状阔楔形，半抱
茎，边缘具极深的圆齿，顶部的齿通常
较其余的大，上面暗橄榄绿色，下面稍
淡，两面均疏生小糙伏毛。轮伞花序 6 ～
10 花，其中常有闭花受精的花；苞片

披针状钻形，长约 4 mm，宽约 0.3 mm，具缘毛。花萼管状钟形，长 4 ～ 5 mm，宽 1.7 ～ 2 mm，外面
密被白色直伸的长柔毛，内面除花萼上被白色直伸长柔毛外，余部无毛，萼齿 5，披针状锥形，长 1.5 ～
2 mm，边缘具缘毛。花冠紫红色或粉红色，长 1.7 cm，外面除上唇被有较密带紫红色的短柔毛外，余部
均被微柔毛，内面无毛环，冠筒细长，长约 1.3 cm，直径约 1 mm，筒口宽约 3 mm，冠檐二唇形，上唇直伸，
长圆形，长约 4 mm，先端微弯，下唇稍长，3 裂，中裂片倒心形，先端深凹，基部收缩，侧裂片浅圆裂片状。
雄蕊花丝无毛，花药被长硬毛。花柱丝状，先端不相等 2 浅裂。花盘杯状，具圆齿。子房无毛。小坚果
倒卵圆形，具 3 棱，先端近截状，基部收缩，长约 2 mm，宽约 1 mm，淡灰黄色，表面有白色大疣状突起。
花期 3—5 月，果期 7—8 月。

【生境】　生于路旁、林缘、沼泽草地及宅旁，或为田间杂草。

【分布】 汉川市各乡镇均有分布。

【药用部位】 全草。

【采收加工】 6—8 月采收，晒干或鲜用。

【药材性状】 茎呈方柱形，表面略带紫色，被稀疏茸毛。叶多皱缩或破碎，完整者展平后呈肾形或圆形，边缘具圆齿或小裂，两面被毛；茎生叶无柄，根出叶具柄。轮伞花序。小坚果倒卵圆形，具 3 棱，先端截形，表面有白色疣状突起。质脆。

【性味】 味辛、苦，性微温。

【功能主治】 清热利湿，活血祛风，消肿解毒。主治黄疸型肝炎，淋巴结结核，高血压，面神经麻痹，半身不遂；外用治跌打损伤，骨折，黄水疮。

130. 薄荷　*Mentha haplocalyx* Briq.*

【别名】 野薄荷。

【形态】 多年生草本，高 30 ～ 80 cm。根状茎细长，白色、白红色或白绿色。茎直立，四棱形，上部具倒向的微柔毛。叶对生，有浓厚香气，矩圆状披针形或披针状椭圆形，长 3 ～ 7 cm，宽 1 ～ 2.5 cm，先端急尖，基部楔形或钝，边缘具锯齿，叶面沿脉密生柔毛，其余部分密生微柔毛，背面有透明腺点，具柄。轮伞花序腋生，球形，具梗或无梗，花萼筒状钟形，长约 2.5 mm，5 齿，10 脉，外被细毛或腺点；花冠淡紫红色，

外被细毛，檐部 4 裂，上裂片较大，顶端微凹，其余 3 裂片较小，全缘；雄蕊 4 枚，二强，前对较长，均伸出花冠外；花柱顶端 2 裂。小坚果长圆状卵形，平滑。花期 10 月，果期 11 月。

【生境】 多生于溪边、坡地、村前屋后较阴湿处。

【分布】 汉川市各乡镇均有分布。

【药用部位】 地上部分。

【采收加工】 夏季当茎叶生长茂盛时割取，晾干，扎把，趁鲜切 3 cm 长的小段置通风处晾干。

【药材性状】 茎呈方柱形，有白色茸毛，质脆，易折断，断面类白色，中空。叶对生，有柄，多皱缩卷曲或破碎，上面暗绿色，下面灰绿色，有白色茸毛及腺鳞（于放大镜下观察呈凹点状）。茎上部有腋生聚伞花序，黄棕色；花萼钟状，有 5 齿，花冠易脱落。揉搓后有特殊清凉香气，有凉感。

【性味】 味辛，性凉。

【功能主治】 疏散风热，清利头目，透疹利咽。主治外感风热，头痛，目赤，咽喉肿痛，皮肤瘾疹，麻疹，痘疹不透，牙痛。

131. 石荠苎　*Mosla scabra* (Thunb.) C. Y. Wu et H. W. Li

【别名】　斑点荠苎、水荇菜、月斑草、野棉花。

【形态】　一年生草本。茎高 20 ～
100 cm，多分枝，分枝纤细，茎、枝均
四棱形，具细条纹，密被短柔毛。叶卵
形或卵状披针形，长 1.5 ～ 3.5 cm，宽
0.9 ～ 1.7 cm，先端急尖或钝，基部圆
形或宽楔形，边缘近基部全缘，自基部
以上为锯齿状，纸质，上面橄榄绿色，
被灰色微柔毛，下面灰白色，密布凹陷
腺点，近无毛或被极疏短柔毛；叶柄长
3 ～ 16（20）mm，被短柔毛。总状花序
生于主茎及侧枝上，长 2.5 ～ 15 cm；

苞片卵形，长 2.7 ～ 3.5 mm，先端尾状渐尖，花时及果时均超过花梗；花梗开花时长约 1 mm，结果时长
至 3 mm，与序轴密被灰白色小疏柔毛。花萼钟形，长约 2.5 mm，宽约 2 mm，外面被疏柔毛，二唇形，
上唇 3 齿呈卵状披针形，先端渐尖，中齿略小；下唇 2 齿，线形，先端锐尖，果时花萼长至 4 mm，宽至
3 mm，脉纹显著。花冠粉红色，长 4 ～ 5 mm，外面被微柔毛，内面基部具毛环，冠筒向上渐扩大，冠
檐二唇形，上唇直立，扁平，先端微凹；下唇 3 裂，中裂片较大，边缘具齿。雄蕊 4 枚，后对能育，药
室 2，叉开，前对退化，药室不明显。花柱先端相等 2 浅裂。花盘前方呈指状膨大。小坚果黄褐色，球形，
直径约 1 mm，具深雕纹。花期 5—11 月，果期 9—11 月。

【生境】　生于山坡、路旁或灌丛下。

【分布】　汉川市各乡镇均有分布。

【药用部位】　全草。

【采收加工】　7—8 月采收，鲜用或晒干。

【药材性状】　茎呈四棱形，多分枝，表面有下曲的柔毛。叶多皱缩，展开后呈卵形，边缘有浅锯齿，
叶面近无毛面具黄褐色腺点。可见轮伞花序组成的顶生假总状花序，花多脱落，花萼宿存。小坚果球形，
表皮黄褐色，有网状突起的皱褶。气清香浓郁，味辛、苦。

【性味】　味辛、苦，性凉。

【功能主治】　疏风解表，清暑降温，解毒止痒。主治感冒头痛，咳嗽，中暑，风疹，痢疾，痔血，
血崩，热痱，湿疹，肢癣，蛇虫咬伤。

132. 紫苏　*Perilla frutescens* (L.) Britt.

【别名】　红苏。

【形态】　一年生直立草本。茎高 0.3 ～ 2 m，绿色或紫色，钝四棱形，具 4 槽，密被长柔毛。叶阔
卵形或圆形，长 7 ～ 13 cm，宽 4.5 ～ 10 cm，先端短尖或突尖，基部圆形或阔楔形，边缘在基部以上

有粗锯齿，膜质或草质，两面绿色或紫色，或仅下面紫色，上面被疏柔毛，下面被贴生柔毛，侧脉 7 ～ 8 对，位于下部者稍靠近，斜上升，与中脉在上面微突起、下面明显突起，色稍淡；叶柄长 3 ～ 5 cm，背腹扁平，密被长柔毛。轮伞花序 2 花，组成长 1.5 ～ 15 cm、密被长柔毛、偏向一侧的顶生及腋生总状花序；苞片宽卵圆形或近圆形，长、宽约 4 mm，先端具短尖，外被红褐色腺点，无毛，边缘膜质；花梗长 1.5 mm，

密被柔毛。花萼钟形，10 脉，长约 3 mm，直伸，下部被长柔毛，夹有黄色腺点，内面喉部有疏柔毛环，结果时增大，长至 1.1 cm，平伸或下垂，基部一边肿胀，萼檐二唇形，上唇宽大，3 齿，中齿较小，下唇比上唇稍长，2 齿，齿披针形。花冠白色至紫红色，长 3 ～ 4 mm，外面略被微柔毛，内面在下唇片基部略被微柔毛；冠筒短，长 2 ～ 2.5 mm，喉部斜钟形，冠檐近二唇形，上唇微缺，下唇 3 裂，中裂片较大，侧裂片与上唇相近似。雄蕊 4 枚，几不伸出，前对稍长，离生，插生于喉部；花丝扁平，花药 2 室，室平行，其后略叉开或显著叉开。花柱先端相等 2 浅裂。花盘前方呈指状膨大。小坚果近球形，灰褐色，直径约 1.5 mm，具网纹。花期 8—11 月，果期 8—12 月。

【生境】　多为栽培。也有生于山坡或房前屋后。

【分布】　汉川市各乡镇均有分布。

【药用部位】　带枝的嫩叶、果实、主茎。带枝的嫩叶称为紫苏，果实称为苏子，主茎称为苏梗。

【采收加工】　嫩叶：夏季枝叶茂盛时，采割嫩枝叶，趁鲜切段晒干，或直接晒干，以趁鲜切段为宜。

果实：秋季果实成熟时割取全株或果穗，打下果实，除去杂质，晒干。

主茎：秋季果实成熟后，将全株拔起，晒干，打出果实，切去根兜，剔净丫枝和果穗，将净梗扎成把；或在夏末采收时切下粗梗晒干，前者称为老苏梗，后者称为嫩苏梗。

【药材性状】　嫩叶：多皱缩卷曲，常破碎，完整的叶片呈卵形或圆形，先端短尖，边缘有圆锯齿或狭而深的锯齿，基部圆形或阔楔形而有柄，两面均呈棕紫色，或上面灰绿色，下面棕紫色，有灰白色疏毛，于放大镜下观察可见多数呈凹点状的腺鳞。叶片薄纸质，质脆易碎，杂有紫绿色四棱形细茎。断面中央有白色疏松的髓。气清香，味微辛。

果实：小坚果卵圆形或类球形，直径 0.6 ～ 2 mm。表面灰棕色或灰褐色，有微隆起的暗棕色网状花纹，基部稍尖，有白色点状果柄痕。果皮薄而脆，易压碎，种子膜质，子叶富油质。气微香，味有油腻感。

主茎：方柱形，有槽，中部直径 0.7 ～ 1.3 cm，表面紫棕色或淡棕色，具纵沟及顺纹，上有疏柔毛。分枝对生或已除去，上部分枝常残留花萼或果实。质硬体轻，断面黄白色，中心有白色疏松的髓或中空，嫩苏梗色淡或青绿色，质松，髓部较大。

【性味】　味辛，性温。

【功能主治】　嫩叶：发散风寒，行气宽中，解毒。主治外感风寒，气滞胸闷，胃气不和，呕吐，解蟹中毒。

果实：降气平喘，止咳祛痰。主治痰壅喘急，上气咳逆，胸膈满闷。

主茎：行气宽中，顺气安胎，止痛。主治气郁，食滞，胸膈痞闷，脘腹疼痛，胎动不安。

133. 夏枯草　*Prunella vulgaris* L.

【别名】夏枯头。

【形态】多年生草本，高 10 ～ 40 cm。有匍匐茎，茎方形，直立，基部稍斜上，通常带紫红色，全体被白色柔毛。叶对生，卵形至长椭圆状披针形，长 1.5 ～ 5 cm，先端钝，基部楔形，略不对称，边缘有疏微波状锯齿，叶面淡绿色，背面白绿色，两面有稀疏的糙伏毛，背面有腺点；基部叶有长柄，上部叶渐无柄。轮伞花序密集，排列成顶生的假穗状花序，长 2 ～ 4 cm；苞片心形，有骤尖头；花萼钟状，二唇形，上唇扁

平，顶端几平截，有 3 个不明显的短齿，下唇 2 裂，裂片披针形，果时花萼由于下唇 2 齿斜伸而闭合；花冠唇形，紫色、蓝紫色或红紫色，长约 10 mm，上唇盔状，下唇中裂片宽大；雄蕊 4 枚，插生于花冠管，伸出管外；子房 4 裂；小坚果长椭圆形，平滑。花期 5—6 月，果期 7—8 月。

【生境】多生于荒坡、疏林下、田埂和路旁。

【分布】汉川市各乡镇均有分布。

【药用部位】全草或果穗。

【采收加工】全草：5—6 月开花时将全株拔起，抖净泥沙，晒干，称为夏枯草。果穗：夏季果穗成熟时采摘，晒干，称为夏枯球。

【药材性状】全草：干燥的全株长 20 ～ 30 cm，多皱缩破碎，根头部有多数细小而短的须根。茎方形，直径约 2 mm，外面紫红色或黄绿色，有纵向沟纹，节间较稀。叶片多已皱缩卷曲或部分破碎，呈绿褐色或枯黄色，茎叶均被白色茸毛。花朵已全凋落，仅有黄绿色的萼片，内有 4 个黄褐色的小坚果；萼片外面边缘和下端有白色密生的腺毛。

果穗：棒状，略扁，长 1.5 ～ 6 cm，直径 9 ～ 15 mm，淡棕色至深棕色，基部常带有短茎，由 4 ～ 13 轮宿萼和苞片组成。每轮有苞片 2 片，对生。苞片扇形，膜质，先端尖尾状，有明显的深褐色的纵脉纹。外面有白色粗毛，每一苞片内有花 3 朵。花冠多已脱落，花萼唇形，内有小坚果 4 个，果实卵圆形，棕色，尖端有白色突起，质轻。气微，味淡。

【性味】味淡，性寒。

【功能主治】消瘀散结，清肝明目。主治瘰疬，瘿瘤，乳痈，肺结核，目赤肿痛，肝火头痛，高血压。

134. 丹参 *Salvia miltiorrhiza* Bunge

【别名】 大叶活血丹、紫丹参、活血根、阴行草。

【形态】 多年生直立草本；根肥厚，肉质，外面朱红色，内面白色，长5～15 cm，直径4～14 mm，疏生支根。茎直立，高40～80 cm，四棱形，具槽，密被长柔毛，多分枝。叶常为奇数羽状复叶，叶柄长1.3～7.5 cm，密被向下长柔毛，小叶3～5(7)，长1.5～8 cm，宽1～4 cm，卵圆形、椭圆状卵圆形或宽披针形，先端锐尖或渐尖，基部圆形或偏斜，边缘具圆齿，草质，两面被疏柔毛，下面较密，小叶柄长2～

14 mm，与叶轴密被长柔毛。轮伞花序6花或多花，下部者疏离，上部者密集，组成长4.5～17 cm具长梗的顶生或腋生总状花序；苞片披针形，先端渐尖，基部楔形，全缘，上面无毛，下面略被疏柔毛，花梗长3～4 mm，比花梗长或短；花序轴密被长柔毛或具腺长柔毛。花萼钟形，带紫色，长约1.1 cm，花后稍增大，外面被疏长柔毛及具腺长柔毛、缘毛，内面中部密被白色长硬毛，具11脉，二唇形，上唇全缘，三角形，长约4 mm，宽约8 mm，先端具3个小尖头，侧脉外缘具狭翅，下唇与上唇近等长，深裂成2齿，齿三角形，先端渐尖。花冠紫蓝色，长2～2.7 cm，外被具腺短柔毛，尤以上唇为密，内面离冠筒基部2～3 mm斜生不完全小疏柔毛毛环，冠筒外伸，比冠檐短，基部宽2 mm，向上渐宽，至喉部宽达8 mm，冠檐二唇形，上唇长12～15 mm，镰刀状，向上竖立，先端微缺，下唇短于上唇，3裂，中裂片长5 mm，宽达10 mm，先端2裂，裂片顶端具不整齐的尖齿，侧裂片短，顶端圆形，宽约3 mm。能育雄蕊2枚，伸至上唇片，花丝长3.5～4 mm，药隔长17～20 mm，中部关节处略被小疏柔毛，上臂十分伸长，长14～17 mm，下臂短而增粗，药室不育，顶端连合。退化雄蕊线形，长约4 mm。花柱远外伸，长达40 mm，先端不相等2裂，后裂片极短，前裂片线形。花盘前方稍膨大。小坚果黑色，椭圆形，长约3.2 cm，直径1.5 mm。花期4—8月，花后见果。

【生境】 生于山坡、林下草丛。

【分布】 汉川市马口镇有分布。

【药用部位】 干燥根和根茎。

【采收加工】 春、秋季采挖，除去茎叶，洗净，润透，切成厚片，晒干。

【药材性状】 根茎粗大，顶端有时残留红紫色或灰褐色茎基。根1条至数条，砖红色或红棕色，长圆柱形，直或弯曲，有时有分枝和根须，长10～20 cm，直径0.2～1 cm，表面具纵皱纹及须根痕；老根栓皮灰褐色或棕褐色，常呈鳞片状脱落，露出红棕色新栓皮，有时皮部裂开，露出白色的木部。质坚硬，易折断，断面不平坦，角质样或纤维性，形成明显层环，木部黄白色，导管放射状排列。气微香。

【性味】 味苦，性微寒。

【功能主治】　活血调经，祛瘀止痛，凉血消痈，除烦安神。主治月经不调，闭经痛经，产后瘀滞腹痛，血瘀心痛，脘腹疼痛，癥瘕积聚，跌打损伤，风湿痹病，疮痈肿毒，热病神昏，心悸失眠。

135. 荔枝草　*Salvia plebeia* R. Br.

【别名】　蛤蟆皮、土荆芥、野薄荷。

【形态】　一年生或二年生草本；主根肥厚，向下直伸，有多数须根。茎直立，高 15～90 cm，粗壮，多分枝，被向下的灰白色疏柔毛。叶椭圆状卵圆形或椭圆状披针形，长 2～6 cm，宽 0.8～2.5 cm，先端钝或急尖，基部圆形或楔形，边缘具圆齿或尖锯齿，草质，上面被稀疏的微硬毛，下面被短疏柔毛，余部散布黄褐色腺点；叶柄长 4～15 mm，腹凹背凸，密被疏柔毛。轮伞花序 6 花，多数，在茎、枝顶端密集组成总状或总状圆锥花序，花序长 10～25 cm，结果时延长；苞片披针形，长于或短于花萼；先端渐尖，基部渐狭，全缘，两面被疏柔毛，下面较密，边缘具缘毛；花梗长约 1 mm，与花序轴密被疏柔毛。花萼钟形，长约 2.7 mm，外面被疏柔毛，散布黄褐色腺点，内面喉部有微柔毛，二唇形，唇裂约至花萼长的 1/3，上唇全缘，先端具 3 个小尖头，下唇深裂成 2 齿，齿三角形，锐尖。花冠淡红色、淡紫色、紫色、蓝紫色至蓝色，稀白色，长 4.5 mm，冠筒外面无毛，内面中部有毛环，冠檐二唇形，上唇长圆形，长约

1.8 mm，宽 1 mm，先端微凹，外面密被微柔毛，两侧折合，下唇长约 1.7 mm，宽 3 mm，外面被微柔毛，3 裂，中裂片最大，阔倒心形，顶端微凹或呈浅波状，侧裂片近半圆形。能育雄蕊 2 枚，着生于下唇基部，略伸出花冠外，花丝长 1.5 mm，药隔长约 1.5 mm，弯成弧形，上臂和下臂等长，上臂具药室，2 下臂不育，膨大，互相连合。花柱和花冠等长，先端不相等 2 裂，前裂片较长。花盘前方微隆起。小坚果倒卵圆形，直径 0.4 mm，成熟时干燥，光滑。花期 4—5 月，果期 6—7 月。

【生境】　生于山坡、路旁、沟边、田野潮湿的土壤上。

【分布】　汉川市各乡镇均有分布。

【药用部位】　全草。

【采收加工】　6—7 月割取地上部分，除去泥土，扎成小把，晒干或鲜用。

【性味】　味苦、辛，性凉。

【功能主治】　清热解毒，凉血散瘀，利水消肿。主治感冒发热，咽喉肿痛，肺热咳嗽，咯血，吐血，尿血，崩漏，痔疮出血，肾炎性水肿，白浊，疮痈肿毒，湿疹瘙痒，跌打损伤，蛇虫咬伤。

136. 韩信草　*Scutellaria indica* L.

【别名】　三合香、红叶犁头尖、大力草、耳挖草。

【形态】　多年生草本；根茎短，向下生出多数簇生的纤维状根，向上生出 1 至多数茎。茎高 12 ～ 28 cm，上升直立，四棱形，粗 1 ～ 1.2 mm，通常带暗紫色，被微柔毛，尤以茎上部及沿棱角密集，不分枝或多分枝。叶草质至近坚纸质，心状卵圆形或圆状卵圆形至椭圆形，长 1.5 ～ 2.6（3）cm，宽 1.2 ～ 2.3 cm，先端钝或圆，基部圆形、浅心形至心形，边缘密生整齐圆齿，两面被微柔毛或糙伏毛，尤以下面为甚；叶柄

长 0.4 ～ 1.4（2.8）cm，腹平背凸，密被微柔毛。花对生，在茎或分枝顶上排列成长 4 ～ 8（12）cm 的总状花序；花梗长 2.5 ～ 3 mm，与序轴均被微柔毛；最下 1 对苞片叶状，卵圆形，长达 1.7 cm，边缘具圆齿，其余苞片均细小，卵圆形至椭圆形，长 3 ～ 6 mm，宽 1 ～ 2.5 mm，全缘，无柄，被微柔毛。花萼开花时长约 2.5 mm，被硬毛及微柔毛，果时十分增大，盾片花时高约 1.5 mm，果时竖起，增大 1 倍。花冠蓝紫色，长 1.4 ～ 1.8 cm，外疏被微柔毛，内面仅唇片被短柔毛；冠筒前方基部弯曲，其后直伸，向上逐渐增大，至喉部宽约 4.5 mm；冠檐二唇形，上唇盔状，内凹，先端微缺，下唇中裂片圆状卵圆形，两侧中部微内缢，先端微缺，具深紫色斑点，两侧裂片卵圆形。雄蕊 4 枚，二强；花丝扁平，中部以下具小纤毛。花盘肥厚，前方隆起；子房柄短。花柱细长。子房光滑，4 裂。成熟小坚果栗色或暗褐色，卵形，长约 1 mm，直径不到 1 mm，具瘤，腹面近基部具一果脐。花、果期 2—6 月。

【生境】　生于疏林下、路旁空地及草地上。

【分布】　汉川市各乡镇均有分布。

【药用部位】　全草。

【采收加工】　春、夏季采收，洗净，鲜用或晒干。

【药材性状】　全体被毛，叶上尤多。根纤细。茎四棱形，有分枝。叶对生，叶片灰绿色或绿褐色，多皱缩，展平后呈卵圆形，长 1.5 ～ 3 cm，宽 1 ～ 2.5 cm，先端圆钝，基部浅心形或圆形，边缘有钝齿；叶柄长 0.5 ～ 2.5 cm。总状花序顶生，花偏向一侧，花冠蓝紫色，二唇形，多已脱落，长约 1.5 cm。宿萼钟形，萼筒背部有一囊状盾鳞，呈"耳挖"状。小坚果圆形，淡棕色，气微，味微苦。以茎枝细匀、叶多、色绿褐、带"耳挖"状果枝者为佳。

【性味】　味辛、苦，性寒。

【功能主治】　清热解毒，活血止痛，止血消肿。主治疮痈肿毒，肺痈，肠痈，瘰疬，毒蛇咬伤，肺热咳喘，牙痛，喉痹，咽痛，筋骨疼痛，吐血，咯血，便血，跌打损伤，创伤出血。

137. 针筒菜 *Stachys oblongifolia* Benth.

【别名】长圆叶水苏、千密灌、水茴香、野油麻。

【形态】多年生草本，高 30～60 cm，有在节上生须根的横走根茎。茎直立或上升，或基部匍匐，锐四棱形，具 4 槽，基部微粗糙，在棱及节上被长柔毛，余部被微柔毛，不分枝或少分枝。茎生叶长圆状披针形，通常长 3～7 cm，宽 1～2 cm，先端微急尖，基部浅心形，边缘为圆齿状锯齿，上面绿色，疏被微柔毛及长柔毛，下面灰绿色，密被灰白色柔毛状茸毛，沿脉上被长柔毛，叶柄长约 2 mm 或近无柄，密被长柔毛；苞叶向上渐变小，披针形，无柄，通常比花萼长，近全缘，毛被与茎叶相同。轮伞花序通常 6 花，下部者远离，上部者密集组成长 5～8 cm 的顶生穗状花序；小苞片线状刺形，微小，长约 1 mm，被微柔毛；花梗短，长约 1 mm，被微柔毛。花萼钟形，连齿长约 7 mm，外面被具腺柔毛状茸毛，沿肋上疏生长柔毛，内面无毛，10 脉，肋间次脉不明显，齿 5，三角状披针形，近等大，长约 2.5 mm，或下 2 齿略长，先端具刺尖头。花冠粉红色或粉紫红色，长 1.3 cm，外面疏被微柔毛，但在冠檐上被较多

疏柔毛，内面在喉部被微柔毛，毛环不明显或缺如，冠筒长 7 mm，冠檐二唇形，上唇长圆形，下唇开张，3 裂，中裂片最大，肾形，侧裂片卵圆形。雄蕊 4 枚，前对较长，均延伸至上唇片以下，花丝丝状，被微柔毛，花药卵圆形，2 室，室极叉开。花柱丝状，稍超出雄蕊，先端相等 2 浅裂，裂片钻形。花盘平顶，波状。子房黑褐色，无毛。小坚果卵珠状，直径约 1 mm，褐色，光滑。

【生境】生于林下、河岸、竹丛、灌丛、苇丛、草丛及湿地中。

【分布】汉川市各乡镇均有分布。

六十四、茄科 Solanaceae

一年生至多年生草本、半灌木、灌木或小乔木；直立、匍匐、扶升或攀援；有时具皮刺，稀具棘刺。单叶全缘，不分裂或分裂，有时为羽状复叶，互生或在开花枝段上大小不等的二叶双生；无托叶。花单生、簇生或为蝎尾式、伞房式、伞状式、总状式、圆锥式聚伞花序，稀为总状花序；顶生、枝腋生、

叶腋生或腋外生；两性，稀杂性，辐射对称或微两侧对称，通常5基数，稀4基数。花萼通常具5齿、5中裂或5深裂，稀具2、3、4至10齿或裂片，极稀截形而无裂片，裂片在花蕾中镊合状、外向镊合状、内向镊合状或覆瓦状排列，或者不闭合，花后几乎不增大或极度增大，果时宿存，稀自近基部周裂而仅基部宿存；花冠具短筒或长筒，辐状、漏斗状、高脚碟状、钟状或坛状，檐部5（稀4～7或10）浅裂、中裂或深裂，裂片大小相等或不相等，在花蕾中呈覆瓦状、镊合状、内向镊合状排列或折合而旋转；雄蕊与花冠裂片同数而互生，伸出或不伸出花冠，同形或异形（即花丝不等长或花药大小或形状相异），有时其中1枚较短而不育或退化，插生于花冠筒上，花丝丝状或在基部扩展，花药基底着生或背面着生，直立或向内弯曲，有时靠合或合生成管状而围绕花柱，药室2，纵缝开裂或顶孔开裂；子房通常由2枚心皮合生而成，2室，有时1室，或由不完全的假隔膜将下部分隔成4室，稀3～5（6）室，2心皮不位于正中线上而偏斜，花柱细瘦，具头状或2浅裂的柱头；中轴胎座；胚珠多数，稀1枚至少数，倒生、弯生或横生。果实为多汁浆果、干浆果或蒴果。种子圆盘形或肾脏形；胚乳丰富、肉质；胚弯曲成钩状、环状或螺旋状，位于周边而埋藏于胚乳中，或直而位于中轴位上。

138. 枸杞　*Lycium chinense* Mill.

【别名】狗奶子、甜菜子。

【形态】多分枝灌木，高0.5～1 m，栽培时可超过2 m；枝条细弱，弓状弯曲或俯垂，淡灰色，有纵条纹，棘刺长0.5～2 cm，生叶和花的棘刺较长，小枝顶端锐尖成棘刺状。叶纸质或栽培者质稍厚，单叶互生或2～4片簇生，卵形、卵状菱形、长椭圆形、卵状披针形，顶端急尖，基部楔形，长1.5～5 cm，宽0.5～2.5 cm，栽培者较大，可长达10 cm以上，宽达4 cm；叶柄长0.4～1 cm。花单生于长枝或双生于

叶腋，在短枝上则同叶簇生；花梗长1～2 cm，向顶端渐增粗。花萼长3～4 mm，通常3中裂或4～5齿裂，裂片有缘毛；花冠漏斗状，长9～12 mm，淡紫色，筒部向上骤然扩大，稍短于或近等于檐部裂片，5深裂，裂片卵形，顶端圆钝，平展或稍向外反曲，边缘有缘毛，基部耳显著；雄蕊较花冠稍短，或因花冠裂片外展而伸出花冠，花丝在近基部处密生1圈茸毛并交织成椭圆状的毛丛，与毛丛等高处的花冠筒内壁亦密生1圈茸毛；花柱稍伸出雄蕊，上端弯曲，柱头绿色。浆果红色，卵形，栽培者可呈长矩圆形或长椭圆形，顶端尖或钝，长7～15 mm，栽培者长可达2.2 cm，直径5～8 mm。种子扁肾脏形，长2.5～3 mm，黄色。花、果期6—11月。

【生境】多生于山坡、荒地、路边、沟边或灌丛中。

【分布】 汉川市各乡镇均有分布。

【药用部位】 果实、叶或根皮。果实俗称枸杞，根皮称为地骨皮。

【采收加工】 果实：秋季果实成熟时采摘，除去果柄，及时薄层摊放晾干或烘干。

叶：春、夏季采收，鲜用或晒干。

根皮：夏、秋季采挖，挖出根后，除去地上部分和细须根，洗净，用木棒敲根部，使皮部与木心分离，剥取根皮，除去木心，晒干。

【药材性状】 果实：椭圆形或卵形，两端较小，长6～12 mm，直径4～8 mm，表面鲜红色或暗红色，有不规则皱褶，基部有果柄痕，顶端有一突起的花柱痕。肉薄，内有10～30粒扁平、黄色的种子。无臭，味甘。

叶：单叶或数片叶簇生于嫩枝。叶片皱缩，展平后卵形或长椭圆形，长1.5～5 cm，宽0.5～2.5 cm，全缘，表面深绿色。质脆，易碎。气微，味苦。

根皮：筒状、槽状卷片，或为不规则的碎片，长短不一，一般长3～10 cm，宽可达2 cm，厚1～5 mm。外层黄棕色或灰黄色，粗糙疏松，有交错的纵裂隙，易剥落。内层黄白色或黄褐色，有细纵纹。质脆，易折断，断面颗粒性。气微。

【性味】 果实：味甘，性平。叶：味苦、甘，性凉。根皮：味甘、淡，性寒。

【功能主治】 果实：滋养肝肾，益精明目。主治肾虚腰痛，阳痿，遗精早泄，头晕目眩，青光眼，视力减退，夜盲症，消渴，虚痨咳嗽。

叶：补肾益精，清热，止渴，祛风明目。主治虚劳发热，烦渴，目赤昏痛，障翳夜盲，崩漏带下，热毒疮肿，五劳七伤。

根皮：清热凉血，退骨蒸。主治肺热咳嗽，烦热消渴，阴虚发热，骨蒸有汗，高血压，吐血，衄血，血淋，痈肿，恶疮。

139. 苦蘵 *Physalis angulata* L.

【形态】 一年生草本，被疏短柔毛或近无毛，高常30～50 cm；茎多分枝，分枝纤细。叶柄长1～5 cm，叶片卵形至卵状椭圆形，顶端渐尖或急尖，基部阔楔形或楔形，全缘或有不等大的齿，两面近无毛，长3～6 cm，宽2～4 cm。花梗长5～12 mm，纤细，和花萼一样生短柔毛，长4～5 mm，5中裂，裂片披针形，生缘毛；花冠淡黄色，喉部常有紫色斑纹，长4～6 mm，直径6～8 mm；花药蓝紫色，有时黄色，长约1.5 mm。果萼卵球状，直径1.5～2.5 cm，薄纸质，浆果直径约1.2 cm。种子圆盘状，长约2 mm。花、果期5—12月。

【生境】 生于河畔、林下及村边路旁。

【分布】 汉川市各乡镇均有分布。

【药用部位】 全草、根、果实。

【采收加工】 全草：夏、秋季采收，鲜用或晒干。

根：夏、秋季采挖，洗净，鲜用或晒干。

果实：秋季果实成熟时采收，鲜用或晒干。

【药材性状】 全草：茎有分枝，具细柔毛或近光滑；叶互生，黄绿色，多皱缩或脱落，完整者卵形，长 3 ～ 6 cm，宽 2 ～ 4 cm（用水泡开后展平），先端渐尖，基部偏斜，全缘或有疏锯齿，厚纸质。花淡黄棕色，钟形，先端 5 裂。有的可见果实，球形，橙红色，外包淡黄绿色膨大的宿萼，长约 2.5 cm，有 5 条较深的纵棱。气微，味苦。以全草幼嫩、色黄绿、带宿萼多者为佳。

果实：带宿萼的果实膨大似灯笼，压扁或皱缩，长至 2.5 cm；宿萼膜质，表面淡黄绿色，具棱，有纵脉及细网纹，被细毛；质柔韧，中空或内有浆果。浆果类球形，直径 5 ～ 8 mm；表面淡黄绿色，内含多数种子。气微，味微甜、酸。以完整、色淡黄绿者为佳。

【性味】 全草：味苦、酸，性寒。根：味苦，性寒。果实：味酸，性平。

【功能主治】 全草：清热，利尿，解毒，消肿。主治感冒，肺热咳嗽，咽喉肿痛，牙龈肿痛，湿热黄疸，痢疾，水肿，热淋，天疱疮，疔疮。

根：利水通淋。主治水肿腹胀，黄疸，热淋。

果实：解毒，利湿。主治牙痛，天疱疮，疔疮。

140. 白英 *Solanum lyratum* Thunb.

【别名】 蜀羊泉、白毛藤、千年不烂心。

【形态】 草质藤本，长 0.5 ～ 1 m，茎及小枝均密被具节长柔毛。叶互生，多数为琴形，长 3.5 ～ 5.5 cm，宽 2.5 ～ 4.8 cm，基部常 3 ～ 5 深裂，裂片全缘，侧裂片越靠近基部的越小，端钝，中裂片较大，通常卵形，先端渐尖，两面均被白色发亮的长柔毛，中脉明显，侧脉在下面较清晰，通常每边 5 ～ 7 条；少数在小枝上部的为心脏形，小，长 1 ～ 2 cm；叶柄长 1 ～ 3 cm，被有与茎枝相同的毛被。聚伞花序顶生或腋外生，疏

花，总花梗长 2 ～ 2.5 cm，被具节的长柔毛，花梗长 0.8 ～ 1.5 cm，无毛，顶端稍膨大，基部具关节；花萼环状，直径约 3 mm，无毛，萼齿 5 枚，圆形，顶端具短尖头；花冠蓝紫色或白色，直径约 1.1 cm，花冠筒隐于花萼内，长约 1 mm，冠檐长约 6.5 mm，5 深裂，裂片椭圆状披针形，长约 4.5 mm，先端被微柔毛；花丝长约 1 mm，花药长圆形，长约 3 mm，顶孔略向上；子房卵形，直径小于 1 mm，花柱丝状，长约 6 mm，柱头小，头状。浆果球状，成熟时红黑色，直径约 8 mm；种子近盘状，扁平，直径约 1.5 mm。

花期夏、秋季，果熟期秋末。

【生境】 生于草地或路旁、田边。

【分布】 汉川市各乡镇均有分布。

【药用部位】 全草或根。

【采收加工】 夏、秋季采收，洗净，晒干或鲜用。

【药材性状】 茎类圆柱形，直径 2 ～ 7 mm，表面黄绿色至暗棕色，密被灰白色茸毛，在较粗的茎上茸毛极少或无，具纵皱纹，且有光泽；质硬而脆，断面淡绿色，纤维性，中央空洞状。叶皱缩卷曲，密被茸毛。有的带淡黄色至红黑色果实。气微，味微苦。

【性味】 味微苦，性微寒。

【功能主治】 清热解毒，利湿消肿，抗癌。主治感冒发热，风湿性关节炎，黄疸型肝炎，胆囊炎，胆石症，癌症，子宫颈糜烂，带下，肾炎性水肿；外用治疮痈肿毒。

141. 龙葵 *Solanum nigrum* L.

【别名】 山辣椒、苦葵。

【形态】 一年生草本，高 60 cm。茎直立，多分枝，有棱角，沿棱角具稀细毛。叶互生，卵形，长 4 ～ 10 cm，宽 2 ～ 5.5 cm，先端锐尖，基部宽楔形或平截形，下延至叶柄，全缘或有波状锯齿，两面主脉和侧脉有细毛。伞形聚伞花序侧生，花柄下垂，每花序有花 4 ～ 10 朵，花白色；萼筒圆筒形，5 裂；花冠钟形，5 裂，裂片轮状伸展，呈长方状卵形；雄蕊 5 枚，着生于花冠筒口，花丝分离，内有细柔毛；子房球形，柱头圆形。浆果球形，有光泽，成熟时红色或紫红色，种子扁圆形。花期 6—7 月，果期 8—9 月。

【生境】 多生于溪边、路旁、灌丛或林下。

【分布】 汉川市各乡镇均有分布。

【药用部位】 全草。

【采收加工】 夏、秋季割取，晒干。

【药材性状】 本品茎多分枝，长 30 ～ 60 cm，直径 5 ～ 10 mm；表面黄白色或淡黄棕色，有纵沟和细纵纹；质地坚韧，易折断，断面纤维性，中空。单叶互生，常皱缩破碎，完整者展开呈卵形，黄绿色。叶腋或枝端常有球形浆果，紫红色，表面皱缩，内有多数扁圆形种子。

【性味】 味苦，性微寒；有小毒。

【功能主治】 清热解毒，活血，利尿消肿，抗癌。主治各种癌症，急性肾炎，尿道炎，带下，疔疮，丹毒，跌打损伤，咽喉肿痛，慢性支气管炎，牙痛，目赤肿痛，湿疹。

142.牛茄子　*Solanum surattense* Burm. f.[*]

【别名】颠茄子、癫茄、大颠茄、颠茄。

【形态】直立草本至亚灌木，高30～60 cm，也有高达1 m的，植物体除茎、枝外，各部均被具节的纤毛，茎及小枝具淡黄色细直刺，通常无毛，稀被极稀疏的纤毛，细直刺长1～5 mm或更长，纤毛长3～5 mm。叶阔卵形，长5～10.5 cm，宽4～12 cm，先端短尖至渐尖，基部心形，5～7浅裂或半裂，裂片三角形或卵形，边缘浅波状；上面深绿色，被稀疏纤毛；下面淡绿色，无毛或纤毛在脉上稀疏分布，在边缘则较

密；侧脉与裂片数相等，在上面平，在下面突出，分布于每裂片的中部，脉上均具直刺；叶柄粗壮，长2～5 cm，微具纤毛及较长的直刺。聚伞花序腋外生，短而少花，长不超过2 cm，单生或多至4朵，花梗纤细，被直刺及纤毛；花萼杯状，长约5 mm，直径约8 mm，外面被细直刺及纤毛，先端5裂，裂片卵形；花冠白色，筒部隐于花萼内，长约2.5 mm，冠檐5裂，裂片披针形，长约1.1 cm，宽约4 mm，端尖；花丝长约2.5 mm，花药长为花丝长度的2.4倍，顶端延长，顶孔向上。子房球形，无毛，花柱长于花药而短于花冠裂片，无毛，柱头头状。浆果扁球状，直径约3.5 cm，初绿白色，成熟后橙红色，果柄长2～2.5 cm，具细直刺；种子干后扁而薄，边缘翅状，直径约4 mm。

【生境】 生于路旁荒地、疏林或灌丛中。

【分布】 汉川市各乡镇均有分布。

六十五、玄参科 Scrophulariaceae

草本或灌木，少有乔木。叶互生、下部对生而上部互生，或全对生，或轮生，无托叶。花序总状、穗状或聚伞状，常合成圆锥花序，向心或更多离心。花常不整齐；花萼下位，常宿存，5（少有4）基数；花冠4～5裂，裂片不等或做二唇形；雄蕊常4枚，而有1枚退化，少有2～5枚或更多，花药1～2室，药室分离或汇合；花盘常存在，环状、杯状或小而似腺；子房2室，极少仅有1室；花柱简单，柱头头状，或2裂或2片状；胚珠多数，少有各室2枚，倒生或横生。果实为蒴果，少有浆果状，生于一游离的中轴上或着生于果爿边缘的胎座上；种子细小，有时具翅或有网状种皮，脐点侧生或在腹面，胚乳肉质或缺少；胚伸直或弯曲。

143. 阿拉伯婆婆纳 *Veronica persica* Poir.

【别名】肾子草、小将军、波斯婆婆纳、卵子草。

【形态】铺散多分枝草本，高 10 ～ 50 cm。茎密生 2 列多细胞柔毛。叶在茎下部对生，上部互生，卵圆形或圆形，长 6 ～ 20 mm，宽 5 ～ 18 mm，边缘具粗锯齿，基部圆形，无柄或上部叶有短柄。花单生于叶状苞腋，花梗长 15 ～ 25 cm，远超出苞叶外，花萼 4 裂，裂片狭卵形，长 6 ～ 8 mm；花冠淡红蓝色，具放射状深蓝色条纹，长 4 ～ 6 mm，裂片卵形至圆形，喉部疏被毛；雄蕊 2 枚，短于花冠；子房上位，2 室。蒴果 2 深裂，倒扁心形，宽大于长，具网纹。种子船形，腹面凹入，具皱纹。花期 3—5 月，果期 4—6 月。

【生境】多生于路旁、荒野杂草中。

【分布】汉川市各乡镇均有分布。

【药用部位】全草。

【采收加工】4—5 月采收，晒干。

【性味】味辛、淡，性温。

【功能主治】温肝肾，益气，除湿。主治睾丸肿痛，腰痛，带下，小便频数，风湿性关节炎。

六十六、爵床科 Acanthaceae

草本、灌木或藤本，稀小乔木。叶对生，稀互生，无托叶，极少数羽裂，叶片、小枝和花萼上常有条形或针形的钟乳体。花两性，左右对称，有梗或无，通常组成总状花序、穗状花序、聚伞花序、伸长或头状，有时单生或簇生而不组成花序；苞片通常大，有时有鲜艳色彩（头状花序的属常具总苞片，无小苞片）；小苞片 2 片，有时退化；花萼通常 5 裂（包括 3 深裂，其中 2 裂至基部，另 1 裂再 3 浅裂；2 深裂，各裂片再做 2 或 3 裂）或 4 裂，稀多裂或环状而平截，裂片镊合状或覆瓦状排列；花冠合瓣，具长或短的冠管，直或不同程度弯曲，冠管逐渐扩大成喉部，或在不同高度骤然扩大，有高脚碟形、漏斗形及不同长度的多种钟形，冠檐通常 5 裂，整齐或二唇形，上唇 2 裂，有时全缘，稀退化成单唇，下唇 3 裂，稀全缘，冠檐裂片旋转状排列，双盖覆瓦状排列或覆瓦状排列；发育雄蕊 4 枚或 2 枚（稀 5 枚），通常为二强，后对雄蕊等长或不等长，前对雄蕊较短或消失，着生于冠管或喉部，花丝分离或基部成对连合，或连合成一体的开口雄蕊管，花药背着，稀基着，2 室或退化为 1 室，若为 2 室，药室邻接或远离，等大或一大一小，平行排列或叠生，一上一下，有时基部有附属物（芒或距），纵向开裂；药隔多样（具短尖头，蝶形），花粉粒具多种类型，大小均有，有长圆球形、圆球形，萌发孔有螺旋孔、3 孔、2 孔、3 孔沟、2 孔沟、隐孔、假沟等，外壁纹饰有光滑、刺状、不同程度和方式的网状、不同形式和不同结构的肋条状；其不育雄蕊 1～3 枚或无；子房上位，其下常有花盘，2 室，中轴胎座，每室有 2 至多枚、倒生、成 2 行排列的胚珠，花柱单一，柱头通常 2 裂。蒴果室背开裂为 2 果爿，或中轴连同爿片基部一同弹起；每室有 1 至多枚胚珠，通常借助珠柄钩（由珠柄生成的钩状物）将种子弹出，仅少数属不具珠柄钩（如山牵牛属、叉柱花属、蛇根叶属、瘤子草属）。种子扁或透镜形，光滑无毛或被毛，若被毛，基部具圆形基区（基区细胞不同于其他表皮细胞）。

144. 爵床　*Rostellularia procumbens* (L.) Nees*

【别名】　白花爵床、孩儿草、密毛爵床。

【形态】　草本，茎基部匍匐，通常有短硬毛，高 20～50 cm。叶椭圆形至椭圆状长圆形，长 1.5～3.5 cm，宽 1.3～2 cm，先端锐尖或钝，基部宽楔形或近圆形，两面常被短硬毛；叶柄短，长 3～5 mm，被短硬毛。穗状花序顶生或生于上部叶腋，长 1～3 cm，宽 6～12 mm；苞片 1，小苞片 2，均披针形，长 4～5 mm，有缘毛；花萼裂片 4，线

形，约与苞片等长，有膜质边缘和缘毛；花冠粉红色，长 7 mm，二唇形，下唇 3 浅裂；雄蕊 2 枚，药室不等高，下方 1 室有距；蒴果长约 5 mm，上部具 4 粒种子，下部实心似柄状；种子表面有瘤状皱纹。

【生境】　生于山坡林间草丛中，为常见野草。

【分布】　汉川市各乡镇均有分布。

【药用部位】　全草。

【采收加工】　8—9 月盛花期采收，割取地上部分，晒干。

【药材性状】　根细而弯曲。茎具纵棱，直径 2～4 mm，基部节上常有不定根；表面黄绿色，被毛，节膨大；质脆，易折断，断面可见白色的髓。叶对生，具柄；叶片多皱缩，展平后呈卵形或卵状披针形，两面及叶缘有毛。穗状花序顶生或腋生，苞片及宿存花萼均被粗毛；偶见花冠，粉红色。蒴果棒状，长约 5 mm。种子 4 颗，黑褐色，扁三角形。气微。

【性味】　味苦、咸、辛，性寒。

【功能主治】　清热解毒，利湿消滞，活血止痛。主治感冒发热，咳嗽，喉痛，疟疾，痢疾，黄疸，肾炎浮肿，筋骨疼痛，小儿疳积，疮痈肿毒，跌打损伤。

六十七、车前科 Plantaginaceae

一年生、二年生或多年生草本，稀为小灌木，陆生、沼生，稀为水生。根为直根系或须根系。茎通常变态成紧缩的根茎，根茎通常直立，稀斜升，少数具直立和节间明显的地上茎。叶螺旋状互生，通常排成莲座状，或于地上茎上互生、对生或轮生；单叶，全缘或具齿，稀羽状或掌状分裂，弧形脉 3～11 条，少数仅有 1 条中脉；叶柄基部常扩大成鞘状；无托叶。穗状花序狭圆柱状、圆柱状至头状，偶尔简化为单花，稀为总状花序；花序梗通常细长，出于叶腋；每花具 1 片苞片。花小，两性，稀杂性或单性，雌雄同株或异株，风媒，少数为虫媒或闭花受粉。花萼 4 裂，前对萼片与后对萼片常不相等，裂片分生或后对合生，宿存。花冠干膜质，白色、淡黄色或淡褐色，高脚碟状或筒状，筒部合生，檐部（3）4 裂，辐射对称，裂片覆瓦状排列，开展或直立，多数于花后反折，宿存。雄蕊 4 枚，稀 1 或 2 枚，相等或近相等，无毛；花丝贴生于冠筒内面，与裂片互生，丝状，外伸或内藏；花药背着，"丁"字形，先端骤缩成一个三角形至钻形的小突起，2 药室平行，纵裂，顶端不汇合，基部心形；花粉粒球形，表面具网状纹饰，萌发孔 4～15 个。花盘不存在。雌蕊由背腹向 2 心皮合生而成；子房上位，2 室，中轴胎座，稀为 1 室基底胎座；胚珠 1～40 枚，横生至倒生；花柱 1，丝状，被毛。果实通常为周裂的蒴果，果皮膜质，无毛，内含 1～40 粒种子，稀为含 1 粒种子的骨质坚果。种子盾状着生，卵形、椭圆形、长圆形或纺锤形，腹面隆起、平坦，或内凹成船形，无毛；胚直伸，稀弯曲，肉质胚乳位于中央。

145. 车前　*Plantago asiatica* L.

【别名】克马叶、车前草。

【形态】多年生草本，高 20～30 cm。根状茎短而肥厚，有多数须根，全体近无毛或有短毛。叶丛生于根茎顶端，贴近地面，叶柄长 5～22 cm，上面有槽，基部扩展成鞘，叶片宽卵状椭圆形，长 5～15 cm，宽 3～9 cm，先端钝或短尖，基部渐狭成柄，全缘或有不明显钝齿。花茎自叶丛中央抽出，长 10～30 cm，穗状花序长可达 20 cm；花绿白色，每花有苞片 1 片，三角形，花萼 4 深裂，花冠筒状，

膜质，顶端 4 裂，裂片三角形，干膜质；雄蕊 4 枚，伸出花冠外；雌蕊 1 枚，子房 2 室；花柱有毛。蒴果卵状圆锥形，近中部周裂；种子 6～8 粒，长 1.5～1.8 mm，黑褐色。花期 5—7 月，果期 8—9 月。

【生境】　生于路旁、山坡草地或田边地角。

【分布】　汉川市各乡镇均有分布。

【药用部位】　全草、种子。全草称为车前草，种子称为车前仁。

【采收加工】　全草：夏季将全株拔起，去净泥沙，晒干。

种子：秋季果实成熟时剪取果穗，晒干，搓出种子，除去杂质。

【药材性状】　干燥的全草根茎极短，须根丛生，须状；叶有长柄，叶多已皱缩卷曲或破碎，完整叶卵状椭圆形或广卵形；上面灰绿色或污绿色，有明显弧形脉 5～7 条；先端钝或短尖，全缘或有不规则浅齿。穗状花序数条，花茎长。蒴果周裂，花萼宿存。气微香，味微苦。

种子呈椭圆形或不规则形，略扁，细小；长 1.5～1.8 mm，宽约 1 mm。表面淡棕色至黑褐色，置放大镜下观察可见细皱纹，并有凹窝状的种脐。质硬，气微，味淡，遇水有黏滑感。

【性味】　全草：味微苦，性寒。种子：味甘，性寒。

【功能主治】　全草：清热利尿，止咳，止血。主治小便短赤，热淋，血淋，肺热咳嗽，湿热黄疸，水肿，暑湿泄泻，痢疾，鼻衄，疮痈肿毒。

种子：利水通淋，清热明目，止咳化痰，湿热泄泻。主治膀胱湿热，小便淋沥、短少，暑湿泄泻，目赤涩痛，白浊，带下，肺热咳喘，痰多，高血压。

六十八、忍冬科 Caprifoliaceae

灌木或木质藤本，有时为小乔木或小灌木，落叶或常绿，很少为多年生草本。茎干有皮孔或否，有时纵裂，木质松软，常有发达的髓部。叶对生，很少轮生，多为单叶，全缘、具齿或有时羽状或掌状分裂，具羽状脉，极少具基部或离基三出脉或掌状脉，有时为单数羽状复叶；叶柄短，有时两叶柄基部连合，通常无托叶，有时托叶形小而不显著或退化成腺体。聚伞或轮伞花序，或由聚伞花序集合成伞房式或圆锥式复花序，有时因聚伞花序中央的花退化而仅具 2 朵花，排成总状或穗状花序，极少花单生。花两性，极少杂性，整齐或不整齐；苞片和小苞片存在或否，极少小苞片增大成膜质的翅；萼筒贴生于子房，萼裂片或萼齿（2）4～5 枚，宿存或脱落，较少于花开后增大；花冠合瓣，辐状、钟状、筒状、高脚碟状或漏斗状，裂片（3）4～5 枚，覆瓦状或稀镊合状排列，有时二唇形，上唇 2 裂，下唇 3 裂，或上唇 4 裂，下唇单一，有蜜腺或无；花盘不存在，或呈环状，或为一侧生的腺体；雄蕊 5 枚，或 4 枚而二强，着生于花冠筒，花药背着，2 室，纵裂，通常内向，很少外向，内藏或伸出于花冠筒外；子房下位，2～5（10）室，中轴胎座，每室含 1 至多枚胚珠，部分子房室常不发育。果实为浆果、核果或蒴果，具 1 至多粒种子；种子具骨质外种皮，平滑或有槽纹，内含 1 枚直立的胚和丰富、肉质的胚乳。

146. 忍冬　*Lonicera japonica* Thunb.

【别名】金银花、双花。

【形态】常绿缠绕木质藤本，长达 8 m。茎细长圆柱形，中空，多分枝，褐色至赤褐色，外皮常呈条状剥裂，幼枝密生柔毛和腺毛。叶对生，宽披针形至长椭圆形，长 3～4 cm，宽 1.5～5 cm，顶端短渐尖或钝，基部圆形至心形。幼时两面无毛，后渐无毛，全缘，边缘密被长柔毛，上面深绿色，下面淡绿色，叶柄短。花成对腋生，具单一总柄，与叶柄近等长；苞片 2 片，叶状，长达 2 cm，卵形或阔卵形，小苞片离生，长约 1 mm；花萼短，具 5 齿，无毛；花冠筒细，长 3～4 cm，上部分成二唇形，上唇宽，4 裂，下唇狭，不裂，外被柔毛，花初开时白色，后变黄色；雄蕊 5 枚，伸出花冠外；子房下位，花柱细长。浆果球形，成熟时黑色，果径 0.5 cm。种子数粒。花期 5—7 月，果期 8—9 月。

【生境】多生于山坡、田边、沟边、林缘灌丛中。

【分布】汉川市各乡镇均有分布。

【药用部位】含苞未放的花蕾及藤茎。花蕾称为金银花，藤茎称为忍冬藤、二花藤。

【采收加工】花蕾：芒种过后，选晴天分批摘取含苞未开放的花蕾或半开放的花朵，薄摊于烘箱中，用文火缓缓烘干，晒时不能翻动，以免颜色变黑。若当天晒不干，第二天不能再晒，要阴干，以保证色泽不变。

藤茎：霜降前后砍取匀条蔓茎，除去细枝残叶，扎小把晒干。

【药材性状】金银花呈长棒状，上粗下细，多弯曲，长 2～3 cm，膨大外径约 25 mm。表面淡黄色或淡棕色，密被短柔毛及腺毛。剖开的花冠内含雄蕊 5 枚，雌蕊 1 枚，基部常有细小的花萼附着，花萼 5 裂，黄绿色，商品也夹有已开放的花朵，花冠裂成唇形，裂片卷缩，雄蕊及雌蕊往往伸出而呈须状。气清香。

忍冬藤呈细长圆柱形，有时扭转，直径 0.2～1 cm，表面灰白色至暗红色或淡红棕色，具细纵纹，被细柔毛，尤以嫩枝为多。皮部易剥落，常露出灰白色的木部。茎节明显，具对生的叶痕，质坚硬，断面黄白色，髓部有空洞。气微，味淡。

【性味】味甘，性寒。

【功能主治】花蕾：清热解毒。主治湿病发热，热毒血痢，疮痈肿毒，瘰疬，痔漏。

藤茎：清热解毒，通经活络。主治风湿性关节炎，荨麻疹，腮腺炎，上呼吸道感染，肺炎，流行性感冒，疮痈肿毒。

147. 接骨草　*Sambucus chinensis* Lindl.

【别名】陆英、蒴藋、八棱麻、臭草。

【形态】　灌木状草本，高1～3 m。根状茎圆柱形，横走，黄白色，节膨大。茎直立，多分枝，具纵棱，有白色髓部。单数羽状复叶，小叶5～9，有短柄或无；小叶片披针形，长5～12 cm，宽3～7 cm，先端渐尖，基部近圆形稍偏斜，边缘有细锯齿，无毛。大型复伞房花序顶生，各级总梗和花梗无毛至有毛，具由不孕花变成的黄色杯状腺体；花小，白色；花萼5裂，裂片三角形，长约0.5 mm；花冠辐射状，裂

片5，椭圆形，长约15 mm；雄蕊5枚，着生于花冠喉部；花柱短，柱头头状，3浅裂。浆果状核果近球形，红色或橙黄色，核2～3枚，卵形，表面有小瘤状突起。花期8月，果期10月。

【生境】　多生于林下、山坡和沟边。

【分布】　汉川市各乡镇均有分布。

【药用部位】　全草或根。

【采收加工】　全年可采，根茎挖出后，除去泥土，截取地上部分，分别晒干。

【药材性状】　根茎圆柱形略扁，长而扭曲，直径2～10 mm，表面灰褐色，有明显的皱纹，节稍膨大，上生须根。质坚韧，不易折断，断面可见白色或浅棕色宽广的髓部。叶对生，单数羽状复叶绿褐色，多皱褶破碎，完整的叶片呈长椭圆状披针形，边缘有粗锯齿，先端渐尖，基部不对称，近圆形。气微，味微苦。

【性味】　味微苦，性微温。

【功能主治】　祛风通络，消肿，解毒，活血，止痛。主治跌打损伤，风湿痹病，肾炎性水肿，风疹，疮痈肿毒。

六十九、败酱科 Valerianaceae

二年生或多年生草本，极少为亚灌木，有时根茎或茎基部木质化；根茎或根常有陈腐气味、浓烈香气或强烈松脂气味。茎直立，常中空，极少蔓生。叶对生或基生，通常一回奇数羽状分裂，具1～3对或4～5对侧生裂片，有时二回奇数羽状分裂或不分裂，边缘常具锯齿；基生叶与茎生叶、茎上部叶与下部叶常不同形，无托叶。花序为聚伞花序组成的顶生密集或开展的伞房花序、复伞房花序或圆锥花序，稀为头状花序，具总苞片。花小，两性或极少单性，常稍左右对称；具小苞片；花萼小，萼筒贴生于子房，萼齿小，宿存，果时常稍增大或成羽毛状冠毛；花冠钟状或狭漏斗形，黄色、淡黄色、白色、粉红色或淡紫色，冠筒基部一侧囊肿，有时具长距，裂片3～5，稍不等，花蕾时覆瓦状排列；雄蕊3或4枚，有

时退化为 1～2 枚，花丝着生于花冠筒基部，花药背着，2 室，内向，纵裂；子房下位，3 室，仅 1 室发育，花柱单一，柱头头状或盾状，有时 2～3 浅裂；胚珠单生，倒垂。果实为瘦果，顶端具宿存萼齿，并贴生于果时增大的膜质苞片上，呈翅果状，有种子 1 粒；种子无胚乳，胚直立。

148. 窄叶败酱　*Patrinia heterophylla* subsp. *angustifolia* (Hemsl.) H. J. Wang

【别名】　摆子草、盲菜、异叶败酱、墓头回。

【形态】　多年生草本。根状茎较长，横走；茎直立，被倒生微糙伏毛。基生叶丛生，长 3～8 cm，具长柄，叶片边缘圆齿状或具糙齿状缺刻，不分裂或羽状分裂至全裂，具 1～4（5）对侧裂片，裂片卵形至线状披针形，顶生裂片常较大，卵形至卵状披针形；茎生叶对生，茎下部叶常 2～3（6）对羽状全裂，顶生裂片较侧裂片稍大或近等大，卵形或宽卵形，罕线状披针形，长 7～9 cm，宽 5～6 cm，先端渐尖或长渐尖，中部叶常具 1～2 对侧裂片，顶生裂片最大，卵形、卵状披针形或近菱形，具圆齿，疏被短糙毛，叶柄长 1 cm，上部叶较窄，近无柄。花黄色，组成顶生伞房状聚伞花序，被短糙毛或微糙毛；总花梗下苞叶常具 1 或 2 对（较少为 3～4 对）线形裂片，分枝下者不裂，线形，常与花序近等长或稍长；萼齿 5，明显或不明显，圆波状、卵形或卵状三角形至卵状长圆形，长 0.1～0.3 mm；花冠钟形，冠筒长 1.8～2（2.4）mm，上部宽 1.5～2 mm，基部一侧具浅囊肿，裂片 5，卵形或卵状椭圆形，

长 0.8～1.8 mm，宽 1.6 mm；雄蕊 4 枚，伸出，花丝 2 长 2 短，近蜜囊者长 3～3.6 mm，余者长 1.9～3 mm，花药长圆形，长 1.2 mm；子房倒卵形或长圆形，花柱稍弯曲，长 2.3～2.7 mm，柱头盾状或截头状。瘦果长圆形或倒卵形，顶端平截，不育子室上面疏被微糙毛，能育子室下面及上缘被微糙毛或无毛；翅状果苞干膜质，倒卵形、倒卵状长圆形或倒卵状椭圆形，稀椭圆形，顶端钝圆，有时极浅 3 裂，或仅一侧有 1 浅裂，长 5.5～6.2 mm，宽 4.5～5.5 mm，网状脉常具 2 主脉，较少 3 主脉。花期 7—9 月，果期 8—10 月。

【生境】　生于草丛、路边、沙质坡或土坡上。

【分布】　汉川市各乡镇均有分布。

【药用部位】　根。

【采收加工】　秋季采挖，除去茎叶，杂质，洗净，鲜用或晒干。

【药材性状】　根细圆柱形，有分枝。表面黄褐色，有细纵纹及点状支根痕，有的具瘤状突起。质硬，断面黄白色，呈破裂状。

【性味】　味苦、微酸涩，性凉。

【功能主治】　燥湿止带，收敛止血，清热解毒。主治赤白带下，崩漏，泄泻，痢疾，黄疸，疟疾，肠痈，疮痈肿毒，跌打损伤。

七十、菊科 Asteraceae

　　草本、亚灌木或灌木，稀乔木。有时有乳汁管或树脂道。叶通常互生，稀对生或轮生，全缘或具齿或分裂，无托叶，或有时叶柄基部扩大成托叶状；花两性或单性，极少有单性异株，整齐或左右对称，5基数，少数或多数密集呈头状花序或短穗状花序，为1或多层总苞片组成的总苞所围绕；头状花序单生或数个至多数排列成总状、聚伞状、伞房状或圆锥状；花序托平或突起，具窝孔或无，有毛或无；具托片或无；萼片不发育，通常形成鳞片状、刚毛状或毛状的冠毛；花冠常辐射对称，管状，或左右对称，二唇形，或舌状，头状花序盘状或辐射状，有同形的小花，全部为管状花或舌状花，或有异形小花，即外围为雌花，舌状，中央为两性管状花；雄蕊4～5枚，着生于花冠管上，花药内向，合生成筒状，基部钝，锐尖，戟形或具尾；花柱上端两裂，花柱分枝上端有附器或无；子房下位，合生心皮2，1室，具1枚直立的胚珠；果实为不开裂的瘦果；种子无胚乳，具2片，稀1片子叶。

149. 藿香蓟　*Ageratum conyzoides* L.

【别名】　臭草、胜红蓟。

【形态】　一年生草本，高50～100 cm，有时又不足10 cm。无明显主根。茎粗壮，基部直径4 mm，或少有纤细的，而基部直径不足1 mm，不分枝，或自基部或中部以上分枝，或下基部平卧而节常生不定根。全部茎枝淡红色，或上部绿色，被白色尘状短柔毛或上部被稠密开展的长茸毛。叶对生，有时上部互生，常有腋生的不发育的叶芽。中部茎叶卵形、椭圆形或长圆形，长3～

8 cm，宽 2～5 cm；自中部叶向上、向下及腋生小枝上的叶渐小或小，卵形或长圆形，有时植株全部叶小型，长仅 1 cm，宽仅达 0.6 mm。全部叶基部钝或宽楔形，基出 3 脉或不明显 5 脉，顶端急尖，边缘圆锯齿，有长 1～3 cm 的叶柄，两面被白色稀疏的短柔毛且有黄色腺点，上面沿脉处及叶下面的毛稍多，有时下面近无毛，上部叶的叶柄或腋生幼枝及腋生枝上小叶的叶柄通常被白色稠密开展的长柔毛。头状花序通常 4～18 个在茎顶排成紧密的伞房状花序；花序直径 1.5～3 cm，少有排成松散伞房花序的。花梗长 0.5～1.5 cm，被尘状短柔毛。总苞钟状或半球形，宽 5 mm。总苞片 2 层，长圆形或披针状长圆形，长 3～4 mm，外面无毛，边缘撕裂。花冠长 1.5～2.5 mm，外面无毛或顶端有尘状微柔毛，檐部 5 裂，淡紫色。瘦果黑褐色，5 棱，长 1.2～1.7 mm，有白色稀疏细柔毛。冠毛膜片 5 或 6 个，长圆形，顶端急狭或渐狭成长，或短芒状，或部分膜片顶端截形而无芒状渐尖；全部冠毛膜片长 1.5～3 mm。花、果期全年。

【生境】　生于山坡林下、林缘、河边、山坡草地、田边或荒地。

【分布】　汉川市各乡镇均有分布。

【药用部位】　全草。

【采收加工】　夏、秋季采收，除去根部，鲜用或切段晒干。

【性味】　味辛、微苦，性凉。

【功能主治】　清热解毒，止血，止痛。主治感冒发烧，咽喉肿痛，口舌生疮，咯血，衄血，崩漏，脘腹疼痛，风湿痹病，跌打损伤，外伤出血，疮痈肿毒，湿疹瘙痒。

150. 黄花蒿　*Artemisia annua* L.

【别名】　臭蒿。

【形态】　一年生草本，高可达 1.5 m，全体近无毛。茎直立，圆柱形，表面具纵浅槽，上部多分枝。叶互生，通常三回羽状深裂，裂片短而细，宽 0.5～1 mm，上面深绿色，下面淡绿色，老时变为黄褐色，两面具极细粉末状腺点或细毛，叶轴两侧具狭翅，茎上部叶逐渐细小，常一回羽状细裂，无柄；基生叶花时凋谢。头状花序极多数，球形，细小，直径约 1.5 mm，具细短梗，排列呈圆锥花序；总苞片 2～3 层，平滑无毛，外层总苞片狭椭圆形，绿色，中层和内层的苞片均椭圆形，背面中央绿色，边缘膜质；小花全部管状，黄色，均能结果，着生于矩圆形花托上；外围雌花，花冠长约 0.8 mm，中央为两性花，花冠长约 1 mm；聚药雄蕊 5 枚；雌蕊 1 枚；柱头 3 裂，呈叉状，顶端截形。瘦果椭圆形。花期 8—10 月，果期 10—11 月。

【生境】　生于山坡、草丛、荒地、路边、河边。

【分布】　汉川市各乡镇均有分布。

【药用部位】　带花全草。

【采收加工】　夏、秋季枝叶茂盛，花开放时采取全草。

【药材性状】　干燥全草长30～100 cm，茎圆柱形，表面浅棕色或灰棕色，有纵向棱线，质硬，断面纤维性，中央有白色的髓。嫩枝具多数叶片，叶片羽状分裂，裂片排列紧密，质脆，易脆裂。带果穗或花序的枝，叶片多已脱落，花序仅残存小球状棕黄色的苞片，如鱼子。质脆易碎，有特异香气和有清凉感。

【性味】　味苦、辛，性寒。

【功能主治】　清热解暑，除蒸，化湿，截疟。主治暑邪外感发热，阴虚发热，骨蒸劳热，湿热黄疸，疟疾，小儿高烧。

151. 艾　*Artemisia argyi* Levl. et Van.

【别名】　艾蒿、蕲艾、家艾。

【形态】　多年生草本，高50～120 cm，全株被茸毛。茎直立，有纵沟槽，分枝或不分枝。叶互生；茎下部叶花期凋萎，中部以上叶片卵状椭圆形，长6～9 cm，宽4～8 cm，羽状深裂，侧裂1～2对，顶裂常又3裂，裂片条状披针形或披针形，先端渐尖，边缘全缘；叶片基部楔形，上面绿色，有疏蛛丝状毛和腺点，下面密被白色茸毛，有短柄，茎上部叶渐小，长椭圆形或狭披针形，浅裂或不裂，无柄。头状花序多数，排列

成总状，无梗；总苞卵形，密被茸毛；总苞片4～5层，边缘膜质；花红色，全为管状花；外围花雌性，不育；位于中央的花能育，雄蕊5枚，聚药，基部2裂，锐尖；子房下位，柱头2裂，裂片先端呈画笔状。瘦果长圆形，长约1 mm，无毛。花期7—9月，果期9—11月。

【生境】　多生于山坡路旁或为栽培种。

【分布】　汉川市各乡镇均有分布。

【药用部位】　叶。

【采收加工】　夏季开花前，割取地上部分，摘下叶片，阴干或晒干。

【药材性状】　本品多皱缩破碎，有短柄。完整叶片展平后呈卵状椭圆形，羽状深裂，裂片椭圆状披针形，边缘有不规则的粗锯齿，上面灰绿色或深黄绿色，有稀疏的柔毛及腺点，下面密生灰白色茸毛。气清香，味苦。

【性味】　味辛、苦，性温；有小毒。

【功能主治】　散寒止痛，温经止血，安胎。主治小儿咳嗽，哮喘，支气管炎，小腹冷痛，月经不调，

宫冷不孕，吐血，衄血，崩漏经多，妊娠下血，湿疹，皮肤瘙痒。

152. 红足蒿　*Artemisia rubripes* Nakai

【形态】　多年生草本。主根细长，侧根多；根状茎细，匍地或斜向上，直径 3 ～ 6 mm，具营养枝。茎少数或单生，高 75 ～ 180 cm，有细纵棱，基部通常红色，上部褐色或红色；中部以上分枝，枝长 10 ～ 20（30）cm；茎、枝初时微被短柔毛，后脱落无毛。叶纸质，上面绿色，无毛或近无毛，背面除中脉外密被灰白色蛛丝状茸毛；营养枝叶与茎下部叶近圆形或宽卵形，二回羽状全裂或深裂，具短柄，花期叶凋谢；中部叶卵形、长卵形或宽卵形，长 7 ～ 13 cm，宽 4 ～ 10 cm，一至二回羽状分裂，第一回全裂，每侧裂片 3 ～ 4 枚，裂片披针形、线状披针形或线形，长 2 ～ 4 cm，宽 2 ～ 6（10）mm，再次羽状深裂或全裂，每侧具 2 ～ 3 枚小裂片或为浅裂齿，先端锐尖，边缘稍反卷，叶柄长 0.5 ～ 1 cm，基部常有小型假托叶；上部叶椭圆形，羽状全裂，每侧具裂片 2 ～ 3 枚，裂片线状披针形或线形，先端锐尖，不再分裂或偶有小裂齿，无柄，基部有小型假托叶；苞片叶小，3 ～ 5 全裂或不分裂而为线形或线状披针形。头状花序小，多数，椭圆状卵形或长卵形，直径 1 ～ 1.5（2）mm，有极短的梗或无梗，具小苞叶，在分枝的上半部或分枝的小枝上排成密穗状花序，并在茎上组成开展或中等开展的圆锥花序；总苞片 3 层，外层总苞片小，卵形，背面初时具蛛丝状短柔毛，后渐稀疏，近无毛，边狭膜质，中层总苞片长卵形，背面初时疏被蛛丝状柔毛，后无毛，边宽膜质，内层总苞片长卵形或椭圆状倒卵形，半膜质，背面无毛或近无毛；雌花 9 ～ 10 朵，花冠狭管状，檐部具 2 裂齿，花柱长，伸出花冠外，先端 2 叉，叉端尖；两性花 12 ～ 14 朵，花冠管状或高脚杯状，檐部外卷，紫红色或黄色，花药线形，先端附属物尖，长三角形，基部钝，花柱近与花冠等长，先端稍叉开，叉端截形，有睫毛状毛。瘦果小，狭卵形，略扁。花、果期 8—10 月。

【生境】　生于荒地、草坡、灌丛、林缘、路旁、河边或草甸。

【分布】　汉川市各乡镇均有分布。

153. 鬼针草　*Bidens pilosa* L.

【别名】　一包针、婆婆针。

【形态】　一年生草本，高 30 ～ 100 cm，稍被毛。茎直立，四棱形，上部多分枝。中部和下部的叶对生，二回羽状深裂，先端尖或渐尖，边缘有不规则的尖齿或钝齿，两面有疏短毛，有长叶柄，上部叶互生，羽状分裂。头状花序顶生或腋生，直径 5 ～ 10 mm，有长梗；总苞片条状椭圆形，外面有细短毛，边缘膜质；外围舌状花，黄色，通常 1 ～ 3 朵，不育；中央管状花，黄色，两性，先端 5 裂，结果，子房下位，柱头 2 裂。

瘦果条形，长 1 ～ 2 cm，黄褐色，有 3 ～ 4 棱，被短毛，顶端冠毛针芒状，3 ～ 4 条，长 2 ～ 5 mm，有倒刺。花期 7—9 月，果期 9—10 月。

【生境】　多生于低山山坡、山脚溪边、郊野路旁较阴湿处。

【分布】　汉川市各乡镇均有分布。

【药用部位】　全草。

【采收加工】　秋季采挖，除去泥土，晒干。

【药材性状】　本品根呈圆锥形，有分枝，簇生多数须根。茎略呈方形或近圆柱形，多分枝，长 40 ～ 90 cm，直径 4 ～ 8 mm；表面黄绿色或棕黄色，具细纵棱，几无毛；质轻脆，易折断，断面黄白色，髓部疏松，具细纵棱，几无毛。叶多皱缩破碎，上面绿褐色，下面灰绿色，完整叶展开后二回羽状深裂，有的于茎顶端或叶腋处可见黄色头状花序或有 10 余个线形瘦果，呈针束状排列，褐色，具 3 ～ 4 棱，每个瘦果顶端有 3 ～ 4 条针芒状冠毛。气微，味苦。

【性味】　味苦，性平。

【功能主治】　清热解毒，散瘀活血。主治咽喉肿痛，阑尾炎，偏头痛，跌打损伤，毒蛇咬伤，痔疮，风湿骨痛，腰痛，湿疹。

154. 飞廉　*Carduus nutans* L.

【形态】　二年生草本，高 50 ～ 100 cm。主根肥壮，圆锥形。茎直立，具纵条棱，有绿色翅，翅有刺齿，通常分枝，有卷曲的毛。叶互生，中下部的叶椭圆状披针形，长 5 ～ 20 cm，宽 1 ～ 5 cm，羽状深裂，裂片边缘具锯齿及刺，刺长 3 ～ 10 mm，上面具细毛或近光滑无毛，下面初具白色蛛丝状毛，后渐脱落，叶无柄，而有下延绿色的翅；上部叶渐小。头状花序 2 ～ 3 个簇生于枝顶，直径 15 ～ 25 cm；总苞钟状，总苞片多层，内层短，中层至外层渐长，总苞片条状披针形，顶端长尖成刺状，向外反曲，内层条形，膜质，带紫色；花紫红色，全为管状花，花冠长约 15 mm，先端 5 裂；雄蕊 5 枚，聚药；基部箭头状或耳廓状，尾端细长，花丝有毛；子房下位，柱头 2 裂。瘦果长椭圆形，顶端平截，冠毛白色或灰白色，刺毛状。花期 6—8 月，果期 8—9 月。

【生境】　多生于山坡、路旁、田边、林缘或住宅附近。

【分布】 汉川市各乡镇均有分布。

【药用部位】 全草。

【采收加工】 地上部分夏、秋季割取，晒干。秋季挖根，除去泥土，鲜用或晒干。

【药材性状】 本品茎呈圆柱形，表面灰绿色或黄绿色，具纵棱，生有淡绿色的叶状翅，翅有针刺；质脆，易折断，断面类白色。叶互生，皱缩破碎，完整叶展开后呈羽状深裂，边缘有不等长的针刺，上面黄绿色，下面色较浅，有的有线状毛。头状花序圆球形，顶生总苞黄绿色，中层总苞片条状披针形，顶端长尖或刺状，向外反卷，冠毛黄白色呈刺状。气微，味微涩。

【性味】 味苦、微涩，性平。

【功能主治】 清热解毒，祛风利湿，止血。主治吐血，鼻衄，尿血，风湿性关节炎，膏淋，小便涩痛，小儿疳积，功能性子宫出血，带下，外伤出血，疮痈肿毒。

155. 天名精　*Carpesium abrotanoides* L.

【别名】 鹤虱、野烟叶。

【形态】 多年生草本，高30～100 cm，有臭气。茎直立，上部多分枝，幼时被柔毛。叶互生，基生叶莲座状，宽椭圆形至长椭圆形，长8～15 cm，宽4～8 cm，顶端尖或钝，基部下延成狭翅状，全缘或有不规则的锯齿，下面有细软毛或腺点；上部叶渐小，矩圆形，顶端尖头，近无柄。头状花序直径6～8 mm，沿茎、枝腋生，有短花梗或近无梗，平展或稍下垂；总苞钟状或圆球状；总苞片3层，淡黄白色，外层较短，卵形，

中层和内层较长，长椭圆形，花黄色，全为管状花；外围的雌花花冠细长，呈丝状，先端5齿裂；中央花冠筒状，先端5裂，两性；柱头2裂，伸出花冠外。瘦果条形，长3～4 mm，有细纵条纹，顶端有短喙，黑褐色，有黏液，无冠毛。花期7—9月，果期10—11月。

【生境】 生于山坡、路旁或草地。

【分布】　汉川市各乡镇均有分布。

【药用部位】　全草及果实。果实习称北鹤虱。

【采收加工】　全草：夏、秋季采挖，除去泥土，晒干。果实：秋季成熟时采收，除去杂质，晒干。

【药材性状】　果实细小，长3～4 mm，直径不足1 mm，具多数纵棱，一端收缩成细喙状，先端扩展成灰白色圆环；另一端稍尖，有着生痕迹。果皮薄，纤维性，种皮菲薄透明。子叶2片，类白色，稍有油性。气特异，味微苦。

【性味】　全草：味微涩，性寒；有小毒。

果实：味苦，性平；有小毒。

【功能主治】　全草：清热解毒，散瘀止痛，止血，杀虫。主治咽喉肿痛，牙痛，鼻衄，吐血，支气管炎，胃痛，风湿性关节炎，虫积，急性肝炎，急、慢惊风，疮痈肿毒，皮肤瘙痒。

果实：杀虫消积。主治蛔虫、蛲虫、绦虫病，虫积腹痛，小儿疳积。

156. 刺儿菜　*Cirsium setosum* (Willd.) MB.*

【别名】　小蓟。

【形态】　多年生草本，高30～80 cm。根状茎细长，茎直立，绿色带紫色，被白色茸毛。叶互生，长圆形或椭圆状披针形，长6～12 cm，宽15～25 cm，先端尖，具刺尖头，基部狭或钝；全缘、有齿或缺刻，具刺尖头，两面被疏或密的蛛丝状毛，无柄或近无柄。头状花序单生于分枝顶端，雌雄异株，花淡紫色或紫红色，雌株头状花序较大，总苞长约23 cm；总苞片多层，外面的较短；全为管状花。雄花长17～

20 mm，雄蕊5枚，聚药，基部箭头状，有不育雌蕊。瘦果椭圆形或长卵形，冠毛羽毛状，先端稍肥厚而弯曲。花期5—7月，果期7—8月。

【生境】　生于山坡、路旁、林缘及田中。

【分布】　汉川市各乡镇均有分布。

【药用部位】　全草或根。

【采收加工】　夏季采挖全草，除去泥土，晒干。亦可挖取根部，除去地上茎、叶及泥土，晒干。

【药材性状】　本品茎呈圆柱形，常折断，长25～45 cm，直径2～4 mm；表面黄绿色或紫棕色，嫩枝被白色柔毛，具纵棱，质脆，断面纤维状，中空。叶互生，皱缩卷曲，多已破碎，黄绿色，完整叶展开后呈长圆形或披针形，边缘有尖刺。头状花序顶生，总苞钟状，花灰褐色或已结果，冠毛羽状，外露。气微，味苦。

【性味】　味苦，性凉。

【功能主治】　凉血止血，活血，利胆除黄。主治吐血，衄血，咯血，尿血，高血压，牙龈肿痛。

157. 野菊　*Chrysanthemum indicum L.*

【别名】　苦薏、野黄菊。

【形态】　多年生草本，高可达 1 m。根状茎粗厚分枝。茎上部直立，基部通常呈匍匐状。基生叶脱落；茎生叶互生，卵状椭圆形或矩圆状卵形，长 4～8 cm，宽 1～3 cm，羽状深裂，顶端裂片较大，侧裂片通常 2 对，卵形或矩圆形，边缘有浅裂或锯齿，上面深绿色，具腺体，下面淡绿色，两面均有细毛，基部渐狭成具翅的叶柄；托叶有锯齿。头状花序直径 2～2.5 cm，有长梗，在茎枝顶端排列成伞房状圆锥花序或不规

则伞房花序；总苞半球形，总苞片 4 层，外层较小，边缘干膜质，背面中肋有柔毛，内层较大，薄膜状，边缘一层为舌状花，淡黄色，中央为管状花，两性，深黄色，先端 5 齿裂；雄蕊 5 枚，聚药；柱头 2 裂。瘦果有 5 条纵纹，基部狭窄，无冠毛。花期 9—10 月，果期 11—12 月。

【生境】　多生于河畔、路边和林缘边。

【分布】　汉川市各乡镇均有分布。

【药用部位】　全草、花。

【采收加工】　全草：夏、秋季采收，晒干。花：秋季花开时采摘，晒干。

【药材性状】　全草：茎圆柱形，有条棱，长 30～80 cm，直径 3～8 mm，灰绿色，质坚，易折断，断面不整齐，黄白色，在茎上部多分枝。叶多皱缩卷曲，破碎，下部叶多脱落，完整叶展开后呈卵形或卵状椭圆形，羽状深裂，顶端裂片较大，侧裂 2～3 对，边缘有不规则齿裂，叶下面密被毛。残留的头状花序排列成伞房状，花序直径 3～10 mm，总苞片 4 层，外层有柔毛，花黄色。气香，味苦。

花：花序略呈球形，直径 3～10 mm，总苞半圆球形，总共 4 层，棕黄色，背部中央绿褐色，边缘干膜质，透明，外层苞片背部被白色柔毛。舌状花 1 轮，雌性，黄白色或淡黄色，皱缩卷曲，管状花两性，多数，深黄色。气香，味苦。

【性味】　全草：味苦、辛，性寒。花：味苦、辛，性凉。

【功能主治】　全草：清热解毒。主治痈肿，疔疮，目赤，瘰疬，天疱疮，湿疹，上呼吸道感染。

花：清热解毒，疏风明目。主治痈肿，疔疮，丹毒，蛇虫咬伤，风热火眼，感冒，脑膜炎，慢性鼻炎，高血压，咽喉肿痛，湿热黄疸。

158. 鳢肠 *Eclipta prostrata* (L.) L.

【别名】 旱莲草、墨旱莲。

【形态】 一年生草本，高50～60 cm。全株被白色粗毛，茎直立或匍匐状，通常有不定根，多分枝。茎叶揉碎时，汁液变黑。叶对生，椭圆状披针形，长2～6 cm，宽4～20 mm，先端尖或渐尖，基部渐狭，全缘或有疏锯齿，两面均被白色硬毛；有短柄或无。头状花序顶生或腋生，直径约8 mm，总梗长12～20 mm；总苞片2层，每层4～5片，苞片外面均被白色硬毛；花杂性，排列在外边2层为舌状花，白色，雌性，

多数发育，子房扁椭圆形，被白毛，花柱伸出，柱头呈叉状；中央为管状花，两性，全部发育，花冠白色，先端4浅裂，雄蕊4枚。瘦果狭倒卵形，表面具瘤状突起，无冠毛。花期7—9月，果期9—10月。

【生境】 多生于沟边或田边路旁较潮湿处。

【分布】 汉川市各乡镇均有分布。

【药用部位】 地上部分。

【采收加工】 夏、秋季枝叶茂盛时割取，晒干。

【药材性状】 本品全体被白毛。茎呈圆柱形，表面绿棕色至紫褐色，有纵棱。叶对生，叶片常皱缩卷曲或破碎，灰绿色、墨绿色或棕绿色。茎顶多生头状花序，黄色，多已结果，瘦果浅褐色，扁四棱形。浸水后，揉其茎叶，则呈绿黑色。气微弱，味微苦、咸。

【性味】 味微苦、咸，性凉。

【功能主治】 滋养肝肾，凉血止血。主治头晕目眩，须发早白，牙齿不固，血热吐衄，便血，尿血，崩漏；外用治脚癣，湿疹，疱疹。

159. 一年蓬 *Erigeron annuus* (L.) Pers.

【别名】 野蒿、长毛草。

【形态】 二年生草本。茎直立，高30～100 cm，全株被短柔毛。基生叶丛生，有长柄，卵形或卵状披针形，长4～15 cm，宽2～7 cm，边缘具粗锯齿，基部渐狭成翅柄；茎生叶互生，近无柄，倒卵形、矩圆形至披针形，长3～9 cm，宽1～3 cm，顶端尖，边缘疏生锯齿；中部以下渐狭而全缘；枝上方的叶呈条形或条状披针形，通常全缘。头状花序排列成伞房状或圆锥状；总苞半圆形，总苞片条形，2～3层，不等长；边缘为舌状花，2层或2层以上，雌性，白色或淡紫色，花檐部条形，比管部长，超出冠毛；子房下位，柱头分裂；管状花多数，黄色，两性，聚药，柱头2裂，不伸出管外。瘦果扁平，边缘有棱。花期7—8月，果期9—10月。

【生境】　多生于山坡路旁、宅旁或杂草中。

【分布】　汉川市各乡镇均有分布。

【药用部位】　全草。

【采收加工】　夏、秋季采挖，除去泥土，晒干。

【药材性状】　本品根呈圆锥形，有分枝，黄棕色，具多数须根。全体疏被粗毛。茎呈圆柱形，长40～80 cm，直径2～4 mm，表面黄绿色，有纵棱线；质脆，易折断，断面有大型白色的髓。

单叶互生，叶片皱缩或已破碎，完整叶展开后呈披针形，黄绿色。有的于枝顶和叶腋可见头状花序排列成伞房状或圆锥状花序，花淡棕色。气微，味苦。

【性味】　味苦，性凉。

【功能主治】　清热解毒，散结抗疟。主治牙龈炎，急性肠胃炎，传染性肝炎，淋巴结炎，疟疾，蛇咬伤，痈毒。

160. 泥胡菜　*Hemistepta lyrata* (Bunge) Bunge*

【别名】　艾草、猪兜菜。

【形态】　一年生草本，高30～100 cm。茎单生，很少簇生，通常纤细，被疏蛛丝毛，上部长分枝，少有不分枝的。基生叶长椭圆形或倒披针形，花期通常枯萎；中下部茎叶与基生叶同形，长4～15 cm或更长，宽1.5～5 cm或更宽，全部叶大头羽状深裂或几全裂，侧裂片2～6对，通常4～6对，极少1对，倒卵形、长椭圆形、匙形、倒披针形或披针形，向基部的侧裂片渐小，顶裂片大，长菱形、三角形或

卵形，全部裂片边缘三角形锯齿或重锯齿，侧裂片边缘通常锯齿稀，最下部侧裂片通常无锯齿；有时全部茎叶或下部茎叶不裂，边缘有锯齿或无。全部茎叶质地薄，两面异色，上面绿色，无毛，下面灰白色，被厚或薄茸毛；基生叶及下部茎叶有长叶柄，长可达8 cm；柄基扩大抱茎，上部茎叶的叶柄渐短，最上部茎叶无柄。头状花序在茎枝顶端排列成疏松伞房花序，少有植株仅含1个头状花序而单生于茎顶的。总苞宽钟状或半球形，直径1.5～3 cm。总苞片多层，覆瓦状排列，最外层长三角形，长2 mm，宽1.3 mm；外层及中层椭圆形或卵状椭圆形，长2～4 mm，宽1.4～1.5 mm；最内层

线状长椭圆形或长椭圆形，长 7 ～ 10 mm，宽 1.8 mm。全部苞片质地薄，草质，中外层苞片外面上方近顶端有直立的鸡冠状突起的附片，附片紫红色，内层苞片顶端长渐尖，上方染红色，但无鸡冠状突起的附片。小花紫色或红色，花冠长 1.4 cm，檐部长 3 mm，深 5 裂，花冠裂片线形，长 2.5 mm，细管部为细丝状，长 1.1 cm。瘦果小，楔形或偏斜楔形，长 2.2 mm，深褐色，压扁，有 13 ～ 16 条粗细不等的突起的尖细肋，顶端斜截形，有膜质果喙，基底着生面平或稍见偏斜。冠毛，白色，2 层，外层冠毛刚毛羽毛状，长 1.3 cm，基部连合成环，整体脱落；内层冠毛刚毛极短，鳞片状，3 ～ 9 个，着生于一侧，宿存。花、果期 3—8 月。

【生境】 多生于丘陵、林缘、林下、草地、荒地、田间、河边、路旁。

【分布】 汉川市各乡镇均有分布。

【药用部位】 全草或根。

【采收加工】 夏、秋季采收，洗净，鲜用或晒干。

【药材性状】 全草长 30 ～ 80 cm。茎具纵棱，光滑或略被毛。叶互生，多卷曲皱缩，完整叶片呈长卵圆形或倒披针形，羽状深裂。常有头状花序或球形总苞。瘦果圆柱形，长 2.5 mm，具纵棱及白色冠毛。气微，味苦。

【性味】 味辛、苦，性寒。

【功能主治】 清热解毒，散结消肿。主治痔漏，疮痈肿毒，乳痈，淋巴结炎，风疹瘙痒，外伤出血。

161. 马兰 *Kalimeris indica* (L.) Sch. -Bip.*

【别名】 鱼鳅串、泥鳅串、路边菊。

【形态】 多年生草本，高 30 ～ 80 cm。根状茎匍匐状。茎直立，多分枝，绿色，光滑无毛。叶互生，倒披针形、倒卵状椭圆形至披针形，长 7 ～ 10 cm，宽 1.5 ～ 2.5 cm，先端急尖或钝，基部楔状下延，边缘有疏锯齿或羽状浅裂，并有糙毛，上部渐小，全缘；无叶柄。头状花序，直径约 2.5 cm，着生于分枝的顶端；总苞半球形，总苞片 2 ～ 3 层，披针形或倒披针状长圆形，有疏短毛，边缘膜质，有短缘毛，外围为 1 层舌状花，

淡蓝紫色，雌性；中央为管状花，黄色，两性，筒部被短毛，先端 5 浅裂；雄蕊 5 枚，聚药，基部钝圆；子房下位，柱头 2 裂。瘦果倒卵状长圆形，扁平，有毛，冠毛白色，长 1 ～ 2 mm，易脱落，不等长。花期 8—10 月。

【生境】 多生于田野、路旁和山坡上。

【分布】 汉川市各乡镇均有分布。

【药用部位】 全草。

【采收加工】 夏、秋季采挖，除去泥土，晒干。

【药材性状】 根茎呈细长圆柱形，着生多数淡棕黄色细根和须根。茎圆柱形，直径 2～3 mm，表面黄绿色，有细纵纹；质脆易折断，断面中央有白色髓。叶互生，叶片皱缩卷曲，多已破碎脱落，完整叶展平后呈倒卵状椭圆形或披针形，被短毛，有的于枝顶可见头状花序，花黄白色或已结果。气微，味淡、微涩。

【性味】 味淡、微涩，性凉。

【功能主治】 清热解毒，凉血止血，消积利尿。主治感冒发热，咳嗽，急性咽炎，扁桃体炎，流行性腮腺炎，传染性肝炎，胃及十二指肠溃疡，吐血，衄血，尿血，肠炎，痢疾，紫癜，脑炎，小儿疳积，小儿消化不良，崩漏，乳腺炎，痔疮，疮痈肿毒。

162. 翅果菊　*Lactuca indica* L.*

【别名】 野莴苣、山马草、苦莴苣、山莴苣、多裂翅果菊。

【形态】 多年生草本，根粗厚，分枝成萝卜状。茎单生，直立，粗壮，高 0.6～2 m，上部圆锥状花序分枝，全部茎枝无毛。中下部茎叶全形倒披针形、椭圆形或长椭圆形，规则或不规则二回羽状深裂，长达 30 cm，宽达 17 cm，无柄，基部宽大，顶裂片狭线形，一回侧裂片 5 对或更多，中上部的侧裂片较大，向下的侧裂片渐小，二回侧裂片线形或三角形，长短不等，全部茎叶或中下部茎叶极少一回羽状深裂，全形披针

形、倒披针形或长椭圆形，长 14～30 cm，宽 4.5～8 cm，侧裂片 1～6 对，镰刀形、长椭圆形或披针形，顶裂片线形、披针形、线状长椭圆形或宽线形；向上的茎叶渐小，与中下部茎叶同形并等样分裂或不分裂而为线形。头状花序多数，在茎枝顶端排列成圆锥花序。总苞果期卵球形，长 1.6 cm，宽 9 mm；总苞片 4～5 层，外层卵形、宽卵形或卵状椭圆形，长 4～9 mm，宽 2～3 mm，中内层长披针形，长 1.4 cm，宽 3 mm，全部总苞片顶端急尖或钝，边缘或上部边缘染紫红色。舌状小花 21 枚，黄色。瘦果椭圆形，压扁，棕黑色，长 5 mm，宽 2 mm，边缘有宽翅，每面有 1 条突起的细脉纹，顶端急尖成长 0.5 mm 的粗喙。冠毛 2 层，白色，长 8 层，几为单毛状。花、果期 7—10 月。

【生境】 生于山坡林缘、灌丛、草地及荒地。

【分布】 汉川市各乡镇均有分布。

【药用部位】 全草或根。

【采收加工】 春、夏季采收，洗净，鲜用或晒干。

【药材性状】 根呈圆锥形，多自顶部分枝，长 5～15 cm，直径 0.7～1.7 cm，顶端有圆盘形的

芽或芽痕；表面灰黄色或灰褐色，具细纵皱纹及横向点状须根痕；经加工蒸煮者呈黄棕色，半透明状。质坚实，较易折断，断面近平坦，隐约可见不规则的形成层环纹，有时有放射状裂隙。气微臭，味微甜而后苦。茎长条形。叶互生，无柄，叶形多变，叶缘不分裂、深裂或全裂，基部扩大成戟形半抱茎，有的可见头状花序或果序。果实棕黑色，有白色冠毛；气微，味苦。

【性味】　味苦，性寒。

【功能主治】　清热解毒，活血，止血。主治咽喉肿痛，肠痈，疮痈肿毒，产后瘀血腹痛，疣瘤，崩漏，痔疮出血。

163. 千里光　*Senecio scandens* Buch.-Ham. ex D. Don

【别名】　一扫光、九里光、黄花枝草。

【形态】　多年生草本。茎曲折，攀援，长 2 ～ 5 m，多分枝，有纵棱，初被密柔毛，后脱落，直径 2 ～ 3 mm。叶互生，卵状披针形或椭圆状三角形，长 7 ～ 10 cm，宽 3.5 ～ 4.5 cm，先端渐尖，基部楔形，边缘有不规则的浅齿或呈微波状，有时基部稍有深裂，两面均被细毛。头状花序顶生，排列成圆锥状伞房花序；总苞圆筒形，苞片披针形或狭椭圆形；先端尖，有细毛或无，边缘膜质，外边 1 层为舌状花，黄色，先端 3 齿裂；中央为管状花，两性，先端 5 裂；聚药雄蕊 5 枚；子房下位，柱头 2 裂。瘦果圆筒形，有细毛；冠毛长约 7 mm，白色。花期 9—12 月，果期 11—12 月。

【生境】　多生于山坡、路旁、沟边或林缘边。

【分布】　汉川市各乡镇均有分布。

【药用部位】　地上部分。

【采收加工】　夏、秋季花刚开放时割取，晒干。

【药材性状】　茎细长，圆柱形，木质，长可达数米，上部有分枝；表面绿褐色至紫褐色，有纵棱；质轻而较坚韧，断面纤维性，中央为白色或淡红色疏松髓部或中空。叶互生，叶片绿褐色，多皱缩破碎。花黄色，头状花序，有时可见白色细毛的瘦果。

【性味】　味甘，性凉。

【功能主治】　清热，明目，解毒。主治风热感冒，咽喉肿痛，扁桃体炎，风热火眼，肺炎，肠炎，痢疾，阑尾炎，疮痈肿毒，蛇虫咬伤，皮炎，湿疹，痔疮。

164. 加拿大一枝黄花　*Solidago canadensis* L.

【别名】　麒麟草、幸福草、黄莺、金棒草。

【形态】多年生草本，有长根状茎。茎直立，高达2.5 m。叶披针形或线状披针形，长5～12 cm。头状花序很小，长4～6 mm，在花序分枝上单面着生，多数弯曲的花序分枝与单面着生的头状花序形成开展的圆锥状花序。总苞片线状披针形，长3～4 mm。边缘舌状花很短。

【生境】 生于灌丛、荒地。

【分布】 汉川市新河镇有分布。

165. 苦苣菜　*Sonchus oleraceus* L.

【别名】 滇苦荬菜。

【形态】 一年生或二年生草本。根圆锥状，垂直伸展，有多数纤维状的须根。茎直立，单生，高40～150 cm，有纵条棱或条纹，不分枝或上部有短的伞房花序状或总状花序式分枝，全部茎枝光滑无毛，或上部花序分枝及花序梗被头状具柄的腺毛。基生叶羽状深裂，全形长椭圆形或倒披针形，或大头羽状深裂，全形倒披针形，或基生叶不裂，椭圆形、椭圆状戟形、三角形、三角状戟形或圆形，全部基生叶基部渐狭成

长或短翼柄；中下部茎叶羽状深裂或大头状羽状深裂，全形椭圆形或倒披针形，长3～12 cm，宽2～7 cm，基部急狭成翼柄，翼狭窄或宽大，向柄基且逐渐加宽，柄基圆耳状抱茎，顶裂片与侧裂片等大、较大或大，宽三角形、戟状宽三角形、卵状心形，侧生裂片1～5对，椭圆形，常下弯，全部裂片顶端急尖或渐尖，下部茎叶或接花序分枝下方的叶与中下部茎叶同型并等样分裂或不分裂而披针形或线状披针形，且顶端长渐尖，下部宽大，基部半抱茎；全部叶或裂片边缘及抱茎小耳边缘有大小不等的急尖锯齿或大锯齿，或上部及接花序分枝处的叶边缘大部全缘或上半部边缘全缘，顶端急尖或渐尖，两面光滑，质地薄。头状花序少数在茎枝顶端排列成紧密的伞房花序或总状花序，或单生于茎枝顶端。总苞宽钟状，长1.5 cm，宽1 cm；总苞片3～4层，覆瓦状排列，向内层渐长；外层长披针形或长三角形，长3～7 mm，宽1～3 mm，中内层长披针形至线状披针形，长8～11 mm，宽1～2 mm；全部总苞片顶端长急尖，外面无毛，或外层、中内层上部沿中脉有少数头状具柄的腺毛。舌状小花多数，黄色。瘦果褐色，长椭圆形或长椭圆状倒披针形，长3 mm，宽不足1 mm，压扁，每面各有3条细脉，肋间有横皱纹，顶端狭，无喙，冠毛白色，长7 mm，单毛状，彼此纠缠。花、果期5—12月。

【生境】　生于山坡或山谷林缘、林下、平地田间、空旷处或近水处。

【分布】　汉川市各乡镇均有分布。

【药用部位】　全草。

【采收加工】　冬、春、夏季均可采收，鲜用或晒干。

【药材性状】　根呈灰褐色，有多数须根。茎呈圆柱形，上部呈压扁状，长45～95 cm，直径4～8 mm，表面黄绿色，茎基部略带淡紫色，具纵棱，上部有暗褐色腺毛；质脆，易折断，断面中空。叶互生，皱缩破碎，完整叶展平后呈椭圆状广披针形，琴状羽裂，裂片边缘有不整齐的短刺状齿。有的在茎顶可见头状花序，舌状花黄色，或有的已结果。气微。

【性味】　味苦，性寒。

【功能主治】　清热解毒，凉血止血。主治肠炎，痢疾，黄疸，淋证，咽喉肿痛，疮痈肿毒，乳腺炎，痔瘘，吐血，衄血，咯血，尿血，便血，崩漏。

166. 钻叶紫菀　*Symphyotrichum subulatum* (Michx.) G. L. Nesom

【形态】　一年生草本植物。主根圆柱状，向下渐狭，长5～17 cm，直径2～5 mm，具多数侧根和纤维状细根。茎单一，直立，基部直径1～6 mm，自基部或中部或上部具多分枝，茎和分枝具粗棱，光滑无毛，基部或下部或有时整个带紫红色。基生叶在花期凋落；茎生叶多数，叶片倒披针形，极稀狭披针形，长2～10（15）cm，宽0.2～1.2（2.3）cm，先端锐尖或急尖，基部渐狭，边缘通常全缘，稀有疏离的小尖

头状齿，两面绿色，光滑无毛，中脉在背面突起，侧脉数对，不明显或有时明显，上部叶渐小，近线形，全部叶无柄。花后凋落；茎中部叶线状披针形。头状花序极多数，多数在茎顶端排列成圆锥状，直径7～10 mm，于茎和枝先端排列成疏圆锥状花序；花序梗纤细、光滑，具4～8枚钻形、长2～3 mm的苞叶；总苞钟形，直径7～10 mm；总苞片钟状，3～4层，外层披针状线形，长2～2.5 mm，内层线形，长5～6 mm，全部总苞片绿色或先端带紫色，先端尖，边缘膜质，光滑无毛。雌花花冠舌状，舌状花细狭，淡红色、红色、紫红色或紫色，线形，长1.5～2 mm，先端2浅齿，常卷曲，管部极细，长1.5～2 mm；两性花花冠管状，长3～4 mm，冠檐狭钟状筒形，先端5齿裂，冠管细，长1.5～2 mm。瘦果线状，长圆形或椭圆形，长1.5～2 mm，冠毛淡褐色，稍扁，具边肋，两面各具1肋，疏被白色微毛；冠毛1层，细而软，长3～4 mm。花、果期近全年。

【生境】　生于灌丛、草坡、沟边、路旁、荒地、荒野、村旁。

【分布】　汉川市各乡镇均有分布。

【药用部位】　全草。

【性味】 味苦、酸，性凉。

【功能主治】 凉血，止血，清热解毒。主治痈肿，湿疹。

167. 蒲公英　*Taraxacum mongolicum* Hand.-Mazz.

【别名】 黄花地丁、灯笼草。

【形态】 多年生草本，含白色乳汁，全株被白色疏软毛。主根粗长，肉质。基生叶丛生或呈莲座状；叶柄基部两侧扩大呈鞘状，叶片长椭圆状披针形或倒披针形，长 7～15 cm，宽 3～4 cm，先端钝或急尖，基部渐狭下延至叶柄，边缘有不规则疏齿或羽状浅裂或撕裂，两面均疏生短柔毛，有短叶柄。头状花序单一，生于花茎顶端，花茎密被白色蛛丝状毛或疏生柔毛；总苞钟形，苞片多层，外层较短，狭披针形，先端钝，边缘带白色或粉红色，内层较长，条状披针形或长卵状披针形，带紫色；全部为舌状花，花冠黄色，顶端平截，有 5 齿；雄蕊 5 枚，聚药；子房下位，花柱细长，柱头 2 深裂。瘦果倒披针形至纺锤形，有棱，有多数刺状突起，先端延长成喙，冠毛白色。花期 4—6 月，果期 6—8 月。

【生境】 多生于山坡、路旁、沟边。

【分布】 汉川市各乡镇均有分布。

【药用部位】 全草。

【采收加工】 春、夏、秋季开花时连根拔起，除去泥土，晒干。

【药材性状】 干燥的根略呈圆锥状，弯曲，长 4～10 cm，表面棕褐色，皱缩，根头部有棕色或黄白色的茸毛，或已脱落。叶皱缩成团，或成卷曲的条片，表面绿褐色或暗灰褐色，叶背主脉明显，有时有不完整的头状花序。气微，味苦。

【性味】 味苦、甘，性寒。

【功能主治】 清热解毒，利尿散结。主治急性乳腺炎，淋巴腺炎，瘰疬，疮痈肿毒，急性结膜炎，感冒发热，急性扁桃体炎，急性支气管炎，肝炎，胃炎，胆囊炎，尿路感染。

168. 苍耳　*Xanthium sibiricum* Patrin ex Widder*

【别名】 苍耳子、菜耳。

【形态】 一年生草本，高 20～90 cm。茎直立，有时基部分枝，绿色或微带紫色，上部间有紫色斑点，被短毛。叶互生，卵状三角形，长 4～10 cm，宽 3～10 cm，顶端短尖，基部浅心形，边缘具不规则锯齿或 3 齿裂，裂片边缘成齿牙状，两面均有贴伏的短粗毛，叶质粗糙，基出 3 脉明显。花单性，雌雄同株；

头状花序顶生或腋生，上部为雄性，下部为雌性；雄性花序球形，有多数不孕的花，苞片1～2层，椭圆状披针形，花托圆管状，有披针形透明膜质鳞片，包于花冠外，花冠管状，先端5齿裂，雄蕊5枚，花药分离，花丝合成单体，花柱细小，柱头不分裂，发育不完全；雌性花序总苞卵圆形或椭圆形，长10～18 mm，宽6～12 mm，苞片2层，外层苞片椭圆状披针形，内层苞片合成囊状，外面密被细毛，有钩刺，长1.5～

2 mm，先端有2喙，直立，苞内有2朵花发育，无花冠，柱头2深裂，伸出喙外。瘦果椭圆形，包于囊状苞内；无冠毛。花期8—9月，果期9—10月。

【生境】　多生于荒地、草地或路旁。

【分布】　汉川市各乡镇均有分布。

【药用部位】　果实及全草。

【采收加工】　果实：秋季成熟时采摘，晒干。全草：夏季割取，鲜用或晒干。

【药材性状】　果实呈纺锤形或卵圆形，长1～15 cm，直径4～7 mm。总苞表面黄绿色或黄棕色，密生坚硬的钩刺，一端有2根粗长略向内弯曲的鸟嘴状尖齿，分离或相连，基部留有果柄残痕。质坚韧，横断面可见中央有一隔膜，内各藏一瘦果。瘦果略呈纺锤形，一面较平坦，顶端有一突起的柱基，果皮灰黑色，纸质，有光泽，有纵纹。种子呈压扁状卵形，种皮膜质，浅灰色，有明显纵直条纹，除去种皮，内有乳白色子叶2片，油性，无臭。味甘、微苦。

【性味】　果实：味甘、微苦，性温；有小毒。全草：味甘、辛，性寒；有毒。

【功能主治】　果实：散风除湿，通鼻窍。主治风寒头痛，鼻渊流涕，风寒湿痹，风疹瘙痒。

全草：祛风清热，解毒杀虫。主治头风，头晕，湿痹，拘挛，目赤，风癞，疔肿，疮痈肿毒，皮肤瘙痒。

169. 黄鹌菜　*Youngia japonica* (L.) DC.

【别名】　黄鸡婆。

【形态】　一年生草本，高10～100 cm。根垂直伸展，生多数须根。茎直立，单生或少数茎簇生，粗壮或细，顶端伞房花序状分枝或下部有长分枝，下部被疏皱波状长或短毛。基生叶全形倒披针形、椭圆形、长椭圆形或宽线形，长2.5～13 cm，宽1～4.5 cm，大头羽状深裂或全裂，极少有不裂的，叶柄长1～7 cm，有狭翼，宽翼或无翼，顶裂片卵形、倒卵形或卵状披针形，顶端圆形或急尖，边缘有锯齿或儿全缘，侧裂片3～7对，椭圆形，向下渐小，最下方的侧裂片耳状，全部侧裂片边缘有锯齿或细锯齿，或边缘有小尖头，极少边缘全缘；无茎叶或极少有1～2片茎生叶，且与基生叶同形并等样分裂；全部叶及叶柄被皱波状长或短柔毛。头花序含10～20朵舌状小花，少数或多数在茎枝顶端排列成伞房花序，花序梗细。总苞圆柱状，长 4～5 mm，极少长 3.5～4 mm；总苞片 4 层，外层及最外层极短，宽卵形或宽形，长、宽均不足 0.6 mm，顶端急尖，内层及最内层长，长 4～5 mm，极少长 3.5～4 mm，宽 1～1.3 mm，披针形，顶端急尖，边缘白色宽膜质，内面有贴伏的短糙毛；全部总苞片外面无毛。舌状小花黄色，花冠管外面有短柔毛。瘦果纺锤形，压扁，褐色或红褐色，长 1.5～2 mm，向顶端有收缢，顶端无喙，有 11～13 条粗细不等的纵肋，肋上有小刺毛。冠毛长 2.5～3.5 mm，糙毛状。花、果期 4—10 月。

【生境】 生于山坡、山谷、山沟林缘、林下、林间草地及潮湿地、河边沼泽地、田间与荒地。

【分布】 汉川市各乡镇均有分布。

【药用部位】 根或全草。

【采收加工】 5—6 月采收全草，秋季采根，鲜用或切段晒干。

【性味】 味甘、微苦，性凉。

【功能主治】 清热解毒，利尿消肿。主治感冒，咽痛，眼结膜炎，乳痈，疮痈肿毒，毒蛇咬伤，痢疾，肝硬化腹水，急性肾炎，淋浊，血尿，带下，风湿性关节炎，跌打损伤。

（二）单子叶植物纲 Monocotyledoneae

七十一、水鳖科 Hydrocharitaceae

一年生或多年生淡水和海水草本，沉水或漂浮水面。根扎于泥里或浮于水中。茎短缩，直立，少有匍匐。叶基生或茎生，基生叶多密集，茎生叶对生、互生或轮生；叶形、大小多变；有叶柄或无；有托叶或无。佛焰苞合生，稀离生，有梗或无，常具肋或翅，先端多为 2 裂，其内含 1 至数朵花。花辐射对称，稀左右对称；单性，稀两性，常具退化雌蕊或雄蕊。花被片离生，3 或 6 枚，有花萼、花瓣之分，或无花萼、花瓣之分；雄蕊 1 至多枚，花药底部着生，2～4 室，纵裂；子房下位，由 2～15 个心皮合生，1 室，侧膜胎座，有时向子房中央突出，但不相连；花柱 2～5 个，常分裂；胚珠多数，倒生或直生，珠被 2 层。果实肉果状，果皮腐烂开裂。种子多数，形状多样；种皮光滑或有毛，有时具细刺瘤状突起；胚直立，胚芽极不明显，海生种类有发达的胚芽，无胚乳。

170. 水鳖　*Hydrocharis dubia* (Bl.) Backer

【形态】　浮水草本。须根长可达 30 cm。匍匐茎发达，节间长 3～15 cm，直径约 4 mm，顶端生芽，并可产生越冬芽。叶簇生，多漂浮，有时伸出水面；叶片心形或圆形，长 4.5～5 cm，宽 5～5.5 cm，先端圆，基部心形，全缘，远轴面有蜂窝状储气组织，并具气孔；叶脉 5 条，稀 7 条，中脉明显，与第一对侧生主脉所成夹角呈锐角。雄花序腋生；花序梗长 0.5～3.5 cm；佛焰苞 2 枚，膜质，透明，具紫红色条纹，

苞内雄花 5～6 朵，每次仅 1 朵开放；花梗长 5～6.5 cm；萼片 3 片，离生，长椭圆形，长约 6 mm，宽约 3 mm，常具红色斑点，先端尤多，顶端急尖；花瓣 3 片，黄色，与萼片互生，广倒卵形或圆形，长约 1.3 cm，宽约 1.7 cm，先端微凹，基部渐狭，近轴面有乳头状突起；雄蕊 12 枚，成 4 轮排列，最内轮 3 枚退化，最外轮 3 枚与花瓣互生，基部与第 3 轮雄蕊连合，第 2 轮雄蕊与最内轮退化雄蕊基部连合，最外轮与第 2 轮雄蕊长约 3 mm，花药长约 1.5 mm，第 3 轮雄蕊长约 3.5 mm，花药较小，花丝近轴面具乳突，退化雄蕊顶端具乳突，基部有毛；花粉圆球形，表面具突起纹饰；雌佛焰苞小，苞内雌花 1 朵；花梗长 4～8.5 cm；花大，直径约 3 cm；萼片 3 片，先端圆，长约 11 mm，宽约 4 mm，常具红色斑点；花瓣 3 片，白色，基部黄色，广倒卵形至圆形，较雄花花瓣大，长 1.5 cm，宽约 1.8 cm，近轴面具乳头状突起；退化雄蕊 6 枚，成对并列，与萼片对生；腺体 3 个，黄色，肾形，与萼片互生；花柱 6 个，每个 2 深裂，长约 4 mm，密被腺毛；子房下位，不完全 6 室。果实浆果状，球形至倒卵形，长 0.8～1 cm，直径约 7 mm，具数条沟纹。种子多数，椭圆形，顶端渐尖；种皮上有许多毛状突起。花、果期 8—10 月。

【生境】　生于静水池沼中。

【分布】　汉川市各乡镇均有分布。

【药用部位】　全草。

【采收加工】 春、夏季采收，鲜用或晒干。

【性味】 味苦，性寒。

【功能主治】 清热利湿。主治湿热带下。

七十二、百合科 Liliaceae

通常为具根状茎、块茎或鳞茎的多年生草本，很少为亚灌木、灌木或乔木状。叶基生或茎生，后者多为互生，较少为对生或轮生，通常具弧形平行脉，极少具网状脉。花两性，很少为单性异株或杂性，通常辐射对称，极少稍两侧对称；花被片6，少有4或多数，离生或不同程度的合生（成筒），一般为花冠状；雄蕊通常与花被片同数，花丝离生或贴生于花被筒上；花药基着或"丁"字形着生；药室2，纵裂，较少汇合成一室而横缝开裂；心皮合生或不同程度的离生；子房上位，极少半下位，一般3室（很少为2、4、5室），具中轴胎座，少有1室而具侧膜胎座；每室具1至多枚倒生胚珠。果实为蒴果或浆果，较少为坚果。种子具丰富的胚乳，胚小。

171. 薤头　*Allium chinense* G. Don

【别名】 荞头。

【形态】 鳞茎数枚聚生，狭卵状，粗 0.5～2 cm；鳞茎外皮白色或带红色，膜质，不破裂。叶 2～5 片，具 3～5 棱的圆柱状，中空，近与花葶等长，直径 1～3 mm。花葶侧生，圆柱状，高 20～40 cm，下部被叶鞘；总苞片 2 裂，比伞形花序短；伞形花序近半球状，较松散；小花梗近等长，比花被片长 1～4 倍，基部具小苞片；花淡紫色至暗紫色；花被片宽椭圆形至近圆形，顶端钝圆，长 4～

6 mm，宽 3～4 mm，内轮的稍长；花丝等长，约为花被片长的 1.5 倍，仅基部合生并与花被片贴生，内轮的基部扩大，扩大部分每侧各具 1 齿，外轮的无齿，锥形；子房倒卵球状，腹缝线基部具有帘的凹陷蜜穴；花柱伸出花被外。花、果期 10—11 月。

【生境】 栽培。

【分布】 汉川市各乡镇均有分布。

【药用部位】 鳞茎。

【采收加工】 栽后第2年5—6月采收，将鳞茎挖起，除去叶苗，洗去泥土，鲜用或略蒸一下，晒干或烘干。

【性味】 味辛、苦，性温。

【功能主治】 理气宽胸，通阳散结。主治胸痹心痛彻背，胸脘痞闷，咳喘痰多，脘腹疼痛，带下，疮痈肿毒。

172. 湖北麦冬 *Liriope spicata* (Thunb.) Lour. var. *prolifera* Y. T. Ma

【别名】 山麦冬、土麦冬。

【形态】 植株有时丛生；根稍粗，直径1～2 mm，有时分枝多，近末端处常膨大成矩圆形、椭圆形或纺锤形的肉质小块根；根状茎短，木质，具地下走茎。叶长25～60 cm，宽4～6（8）mm，先端急尖或钝，基部常包以褐色的叶鞘，上面深绿色，下面粉绿色，具5条脉，中脉比较明显，边缘具细锯齿。花葶通常长于或几等长于叶，少数稍短于叶，长25～65 cm；总状花序长6～15（20）cm，具多数花；花通常（2）3～

5朵簇生于苞片腋内；苞片小，披针形，最下面的长4～5 mm，干膜质；花梗长约4 mm，关节位于中部以上或近顶端；花被片矩圆形、矩圆状披针形，长4～5 mm，先端钝圆，淡紫色或淡蓝色；花丝长约2 mm；花药狭矩圆形，长约2 mm；子房近球形，花柱长约2 mm，稍弯，柱头不明显。种子近球形，直径约5 mm。花期5—7月，果期8—10月。

【生境】 生于山坡、山谷林下、路旁或湿地。

【分布】 汉川市各乡镇均有分布。

【药用部位】 块根。

【采收加工】 立夏或清明前后采挖，剪下块根，洗净，晒干。

【药材性状】 块根呈纺锤形，略弯曲，两端狭尖，中部略粗，长1.5～3.5 cm，直径3～5 mm，表面淡黄色，有的黄棕色，不饱满，具粗糙的纵皱褶，纤维性强，断面黄白色，蜡质样，味较淡。

【性味】 味甘、微苦，性微寒。

【功能主治】 养阴生津。主治阴虚肺燥，咳嗽痰黏，胃阴不足，口燥咽干。

173. 菝葜 *Smilax china* L.

【别名】 金刚兜、大菝葜、金刚刺、金刚藤。

【形态】 攀援灌木；根状茎粗厚，坚硬，为不规则的块状，直径 2～3 cm。茎长 1～3 m，少数可达 5 m，疏生刺。叶薄革质或坚纸质，干后通常红褐色或近古铜色，圆形、卵形或其他形状，长 3～10 cm，宽 1.5～6（10）cm，下面通常淡绿色，较少苍白色；叶柄长 5～15 mm，占全长的 1/2～2/3，具宽 0.5～1 mm（一侧）的鞘，几乎都有卷须，少有例外，脱落点位于近卷须处。伞形花序生于叶尚幼嫩的小枝上，

具十几朵或更多的花，常呈球形；总花梗长 1～2 cm；花序托稍膨大，近球形，较少稍延长，具小苞片；花绿黄色，外花被片长 3.5～4.5 mm，宽 1.5～2 mm，内花被片稍狭；雄花中花药比花丝稍宽，常弯曲；雌花与雄花大小相似，有 6 枚退化雄蕊。浆果直径 6～15 mm，成熟时红色，有粉霜。花期 2—5 月，果期 9—11 月。

【生境】 生于林下、灌丛中、路旁、河谷或山坡。

【分布】 汉川市各乡镇均有分布。

【药用部位】 干燥根茎。

【采收加工】 秋末至次年春采挖，除去须根，洗净，晒干或趁鲜切片，干燥。

【药材性状】 本品为不规则块状或弯曲扁柱形，有结节状隆起；表面黄棕色或紫棕色，具圆锥状突起的茎基痕，并残留坚硬的刺状须根残基或细根。质坚硬，难折断，断面呈棕黄色或红棕色，纤维性，可见点状维管束和多数小亮点。切片形状不规则，边缘不整齐，切面粗纤维性；质硬，折断时有粉尘飞扬。气微。

【性味】 味甘、微苦、涩，性平。

【功能主治】 利湿去浊，祛风除痹，解毒散瘀。主治小便淋浊，带下，风湿痹病，疮痈肿毒。

七十三、雨久花科 Pontederiaceae

一年生或多年生的水生或沼泽生草本，直立或飘浮；具根状茎或匍匐茎，通常有分枝，富含海绵质和通气组织。叶通常 2 列，大多数具有叶鞘和明显的叶柄；叶片宽线形至披针形、卵形或其至宽心形，具平行脉，浮水、沉水或露出水面。某些属的叶鞘顶部具耳（舌）状膜片。有的种类叶柄充满通气组织，膨大呈葫芦状，如凤眼蓝。气孔为平列型。花序为顶生总状、穗状或聚伞圆锥花序，生于佛焰苞状叶鞘的腋部；花小至大型，虫媒花或自花受精，两性，辐射对称或两侧对称；花被片 6，排成 2 轮，花瓣状，蓝色，淡紫色，白色，很少黄色，分离或下部联合成筒，花后脱落或宿存；雄蕊多数为 6 枚，2 轮，稀为

3 或 1 枚，1 枚雄蕊则位于内轮的近轴面，且伴有 2 枚退化雄蕊；二体雄蕊存在于雨久花属、沼车前属和眼子花属中；花丝细长，分离，贴生于花被筒上，有时具腺毛；花药内向，底着或盾状，2 室，纵裂或稀为顶孔开裂；花粉粒具 2（3）核，1 或 2（3）沟；雌蕊由 3 个心皮组成；子房上位，3 室，中轴胎座，或 1 室具 3 个侧膜胎座；花柱 1，细长；柱头头状或 3 裂；胚珠少数或多数，倒生，具厚珠心，稀仅有 1 枚下垂胚珠。蒴果或小坚果，室背开裂。种子卵球形，具纵肋，胚乳含丰富淀粉粒，胚为线形直胚。本科植物导管具梯状穿孔板，叶中无导管。

174. 凤眼蓝　*Eichhornia crassipes* (Mart.) Solms

【别名】 水葫芦、水浮莲、凤眼莲。

【形态】 浮水草本或根生于泥中，高 30 ～ 50 cm。茎极短，具长匍匐枝，和母株分离后，生出新植株。叶基生，直立，莲座状，宽卵形或菱形，大小不等，长、宽均 2.5 ～ 12 cm，先端圆钝，基部浅心形、截形、圆形或宽楔形，全缘，无毛，有光泽，叶脉呈弧状；叶柄长短不等，可达 30 cm，中部肿胀成囊状，内有气室，基生叶基部有鞘状苞片。穗状花序有花 6 ～ 12 朵，花葶多棱角；花被筒长 1.5 ～ 1.7 cm，花被裂片 6 片，长约 5 cm，卵形、矩圆形或倒卵形，青紫色，稍弯曲，外面近基部有腺毛，上面 1 片较大，蓝色而有黄色斑点；雄蕊 6 枚，3 个花丝具腺毛；子房无柄，花柱线形。蒴果包藏于凋萎的花被筒内。种子多数，卵形，有棱。

【生境】 生于水塘中。

【分布】 汉川市主要水域均有分布。

【药用部位】 全草或根。

【采收加工】 夏季采收，鲜用或晒干。

【性味】 味辛、微涩，性微寒。

【功能主治】 清热解毒，除湿。主治水肿，水泻，夏季受暑，热疮。

七十四、鸭跖草科 Commelinaceae

一年生或多年生草本，有的茎下部木质化。茎有明显的节和节间。叶互生，有明显的叶鞘；叶鞘开口或闭合。花通常在蝎尾状聚伞花序上，聚伞花序单生或集成圆锥花序，有的伸长，有的缩短成头状，有的无花序梗而花簇生，甚至有的退化为单花。顶生或腋生，腋生的聚伞花序有的穿透包裹它的叶鞘而钻出鞘外。花两性，极少单性。萼片3片，分离或仅在基部连合，常为舟状或龙骨状，有的顶端盔状。花瓣3片，分离，也有花瓣在中段合生成筒，而两端仍然分离。雄蕊6枚，全育或仅2～3枚能育而有1～3枚退化雄蕊；花丝有念珠状长毛或无毛；花药并行或稍稍叉开，纵缝开裂，罕见顶孔开裂；退化雄蕊顶端各式（4裂成蝴蝶状，或3全裂，或2裂叉开成哑铃状，或不裂）；子房3室，或退化为2室，每室有1至数枚直生胚珠。果实大多为室背开裂的蒴果，稀为浆果状而不裂。种子大而少数，富含胚乳，种脐条状或点状，胚盖（脐眼一样的东西，胚就在它的下面）位于种脐的背面或背侧面。

175. 鸭跖草   *Commelina communis* L.

【别名】竹叶菜、竹芹菜。

【形态】一年生草本，高30～60 cm。茎圆柱形，肉质，多分枝，下部匍匐状，有明显的节，节常生根，节间较长，上部近直立，节稍膨大，表面绿色或暗绿色，具细纵纹。叶互生，卵状披针形，带肉质，长4～9 cm，宽1～2 cm，先端渐尖或短尖，基部狭圆成膜质鞘，全缘，边缘及鞘口有纤毛。花3～4朵，深蓝色，着生于二叉状聚伞花序柄上的佛焰苞内；佛焰苞心状卵形，长约2 cm，折叠状，稍弯，先端渐尖，基部浑圆，绿色，全缘；花被片6，排成2列，萼片状，绿白色，内列3片中的前1片白色，卵状披针形，基部有爪状物，后2片深蓝色，花瓣状，卵圆形；雄蕊6枚，后3枚退化，前3枚

发育；雌蕊1枚，柱头头状。蒴果椭圆形，稍扁平，成熟时裂开；种子4粒，三棱状半圆形，长2～3 mm，暗褐色，有皱褶而具窝点。

【生境】生于田边、水沟旁的阴湿处。

【分布】汉川市各乡镇均有分布。

【药用部位】全草。

【采收加工】 秋季采收，鲜用或晒干。

【性味】 味甘，性寒。

【功能主治】 清热解毒，利尿消肿。主治流行性感冒，咽喉肿痛，肠炎，痢疾，蛇咬伤，疮痈肿毒。

七十五、禾本科 Poaceae

植物体木本（竹类和某些高大禾草亦可呈木本状）或草本。绝大多数根的类型为须根。茎多为直立，但亦有匍匐蔓延至如藤状，通常在其基部容易生出分蘖条，一般明显地具有节与节间两部分（茎在本科中常特称为秆，在竹类中称为竿，以与禾草者相区别）；节间中空，常为圆筒形或稍扁，髓部贴生于空腔的内壁，但亦有充满空腔而使节间为实心者；节处之内有横隔板存在，故是闭塞的，从外表可看出鞘环和在鞘上方的秆环两部分，同一节两环间的上下距离可称为节内，秆芽即生于此处。叶为单叶互生，常以1/2叶序交互排列为2行，一般可分为3个部分：①叶鞘，它包裹着主秆和枝条的各节间，通常是开缝的，以其两边缘重叠覆盖，或两边缘愈合而成为封闭的圆筒，鞘的基部可稍膨大；②叶舌位于叶鞘顶端和叶片相连接处的近轴面，通常为低矮的膜质薄片，或由鞘口繸毛来代替，稀不明显至无叶舌，在叶鞘顶端之两边还可各伸出一突出体，即叶耳，其边缘常生纤毛或繸毛；③叶片，常为窄长的带形，亦有长圆形、卵圆形、卵形或披针形等形状，其基部直接着生于叶鞘顶端，无柄（少数禾草及竹类的营养叶则可具叶柄），叶片有近轴（上表面）与远轴（下表面）的两个平面，在未开展或干燥时可作席卷状，有1条明显的中脉和若干条与之平行的纵长次脉，小横脉有时亦存在。

176. 看麦娘 *Alopecurus aequalis* Sobol.

【别名】 棒棒草。

【形态】 一年生。秆少数丛生，细瘦，光滑，节处常膝曲，高 15 ～ 40 cm。叶鞘光滑，短于节间；叶舌膜质，长 2 ～ 5 mm；叶片扁平，长 3 ～ 10 cm，宽 2 ～ 6 mm。圆锥花序圆柱状，灰绿色，长 2 ～ 7 cm，宽 3 ～ 6 mm；小穗椭圆形或卵状长圆形，长 2 ～ 3 mm；颖膜质，基部互相连合，具3脉，脊上有细纤毛，侧脉下部有短毛；外稃膜质，先端钝，等大或稍长于颖，下部边缘互相连合，芒长 1.5 ～ 3.5 mm，约

于稃体下部 1/4 处伸出，隐藏或稍外露；花药橙黄色，长 0.5～0.8 mm。颖果长约 1 mm。花、果期 4—8 月。

【生境】　生于田边及潮湿之地。

【分布】　汉川市各乡镇均有分布。

【药用部位】　全草。

【采收加工】　春、夏季采收，鲜用或晒干。

【性味】　味淡，性凉。

【功能主治】　清热利湿，止泻，解毒。主治水肿，水痘，泄泻，黄疸型肝炎，赤眼，毒蛇咬伤。

177. 荩草　*Arthraxon hispidus* (Thunb.) Makino

【别名】　绿竹、光亮荩草、匿芒荩草。

【形态】　一年生。秆细弱，无毛，基部倾斜，高 30～60 cm，具多节，常分枝，基部节着地易生根。叶鞘短于节间，生短硬疣毛；叶舌膜质，长 0.5～1 mm，边缘具纤毛；叶片卵状披针形，长 2～4 cm，宽 0.8～1.5 cm，基部心形，抱茎，除下部边缘生疣基毛外余均无毛。总状花序细弱，长 1.5～4 cm，2～10 个呈指状排列或簇生于秆顶；总状花序轴节间无毛，长为小穗的 2/3～3/4。无柄小穗卵状披针形，呈两侧压扁，长 3～

5 mm，灰绿色或带紫；第一颖草质，边缘膜质，包住第二颖的 2/3，具 7～9 脉，脉上粗糙至生疣基硬毛，尤以顶端及边缘为多，先端锐尖；第二颖近膜质，与第一颖等长，船形，脊上粗糙，具 3 脉而 2 侧脉不明显，先端尖；第一外稃长圆形，透明膜质，先端尖，长为第一颖的 2/3；第二外稃与第一外稃等长，透明膜质，近基部伸出一膝曲的芒；芒长 6～9 mm，下部扭转；雄蕊 2 枚；花药黄色或带紫色，长 0.7～1 mm。颖果长圆形，与稃体等长。有柄小穗退化仅到针状刺，柄长 0.2～1 mm。花、果期 9—11 月。

【生境】　生于山坡草地阴湿处。

【分布】　汉川市各乡镇均有分布。

【药用部位】　全草。

【采收加工】　7—9 月割取全草，晒干。

【性味】　味苦，性平。

【功能主治】　止咳定喘，解毒杀虫。主治久咳气喘，肝炎，咽喉炎，口腔炎，鼻炎，淋巴结炎，乳腺炎，疔疮。

178. 芦竹　*Arundo donax* L.

【别名】　毛鞘芦竹。

【形态】　多年生，具发达根状茎。秆粗大直立，高 3～6 m，直径 1～3.5 cm，坚韧，具多数节，常生分枝。叶鞘长于节间，无毛或颈部具长柔毛；叶舌截平，长约 1.5 mm，先端具短纤毛；叶片扁平，长 30～50 cm，宽 3～5 cm，上面与边缘微粗糙，基部白色，抱茎。圆锥花序极大型，长 30～60（90）cm，宽 3～6 cm，分枝稠密，斜升；小穗长 10～12 mm；含 2～4 朵小花，小穗轴节长约 1 mm；外稃中脉延伸成 1～2 mm 的短芒，背面中部以下密生长柔毛，毛长 5～7 mm，基盘长约 0.5 mm，两侧上部具短柔毛，第一外稃长约 1 cm；内稃长约为外稃之半；雄蕊 3 枚，颖果细小黑色。花、果期 9—12 月。

【生境】　生于河岸道旁、沙质土壤上。

【分布】　汉川市各乡镇均有分布。

【药用部位】　根茎。

【采收加工】　夏季拔取全株，砍取根茎，洗净，剔除须根，切片或整条晒干。

【药材性状】　根茎呈弯曲扁圆条形，长 10～18 cm，直径 2～2.5 cm，黄棕色，有纵皱纹，一端稍粗大，有大小不等的突起，基部周围有须根断痕；有节，节上有淡黄色的叶鞘残痕，或全为叶鞘所包裹。质坚硬，不易折断。以质嫩、干燥、茎秆短者为佳。

【性味】　味苦、甘，性寒。

【功能主治】　清热泻火，生津除烦，利尿。主治热病烦渴，虚劳骨蒸，吐血，热淋，小便不利，风火牙痛。

179. 狗牙根　*Cynodon dactylon* (L.) Pers.

【别名】　百慕达草。

【形态】　低矮草本，具根茎。秆细而坚韧，下部匍匐地面蔓延甚长，节上常生不定根，直立部分高 10～30 cm，直径 1～1.5 mm，秆壁厚，光滑无毛，有时两侧略压扁。叶鞘微具脊，无毛或有疏柔毛，鞘口常具柔毛；叶舌仅为 1 轮纤毛；叶片线形，长 1～12 cm，宽 1～3 mm，通常两面无毛。穗状花序 2～6 个，长 2～5（6）cm；小穗灰绿色或带紫色，长 2～2.5 mm，仅含 1 小花；

颖长 1.5 ～ 2 mm，第二颖稍长，均具 1 脉，背部成脊而边缘膜质；外稃船形，具 3 脉，背部明显成脊，脊上被柔毛；内稃与外稃近等长，具 2 脉。鳞被上缘近平截；花药淡紫色；子房无毛，柱头紫红色。颖果长圆柱形。花、果期 5—10 月。

【生境】 多生于村庄附近、道旁河岸、荒地山坡。其根茎蔓延力很强，广铺地面，为良好的固堤保土植物，常用于铺建草坪或球场；但生于果园或耕地时，则为难除灭的有害杂草。

【分布】 汉川市各乡镇均有分布。

【药用部位】 全草。

【采收加工】 7—9 月采收，晒干。

【药材性状】 本品根茎细长呈竹鞭状。匍匐茎部分，长可达 1 m，直立茎部分长 10 ～ 30 cm。叶线形，叶鞘具脊，鞘口通常具柔毛。气微，味微苦。

【性味】 味苦、微甘，性凉。

【功能主治】 祛风活络，凉血止血，解毒。主治风湿痹病，半身不遂，劳伤吐血，鼻衄，便血，跌打损伤，疮痈肿毒。

180. 十字马唐 *Digitaria cruciata* (Nees) A. Camus

【形态】 一年生。秆高 30 ～ 100 cm，基部倾斜，具多数节，节生毛，着土后向下生根并向上抽出花枝。叶鞘常短于其节间，疏生柔毛或无毛，鞘节生硬毛；叶舌长 1 ～ 2.5 mm；叶片线状披针形，长 5 ～ 20 cm，宽 3 ～ 10 mm，顶端渐尖，基部近圆形，两面生疣基柔毛或上面无毛，边缘较厚成微波状，稍粗糙。总状花序长 3 ～ 15 cm，5 ～ 8 个着生于长 1 ～ 4 cm 的主轴上，广开展，腋间生柔毛；穗轴宽

约 1 mm，边缘微粗糙；小穗长 2.5 ～ 3 mm，宽约 1.2 mm，孪生；第一颖微小，无脉；第二颖宽卵形，顶端钝圆，边缘膜质，长约为小穗的 1/3，具 3 脉，大多无毛；第一外稃稍短于其小穗，顶端钝，具 7 脉，脉距近相等或中部脉间稍宽，表面无毛，边缘反卷，疏生柔毛；第二外稃成熟后肿胀，呈铅绿色，顶端渐尖成粗硬小尖头，伸出于第一外稃之外而裸露；花药长约 1 mm。花、果期 6—10 月。

【生境】 生于河岸、山坡草地。

【分布】 汉川市各乡镇均有分布。

181. 紫马唐 *Digitaria violascens* Link

【形态】 一年生直立草本。秆疏丛生，高 20 ～ 60 cm，基部倾斜，具分枝，无毛。叶鞘短于节间，

无毛或生柔毛；叶舌长 1 ～ 2 mm；叶片线状披针形，质地较软，扁平，长 5 ～ 15 cm，宽 2 ～ 6 mm，粗糙，基部圆形，无毛或上面基部及鞘口生柔毛。总状花序长 5 ～ 10 cm，4 ～ 10 个呈指状排列于茎顶或散生于长 2 ～ 4 cm 的主轴上；穗轴宽 0.5 ～ 0.8 mm，边缘微粗糙；小穗椭圆形，长 1.5 ～ 1.8 mm，宽 0.8 ～ 1 mm，2 ～ 3 枚生于各节；小穗柄稍粗糙；第一颖不存在；第二颖稍短于小穗，具 3 脉，脉间及边缘生柔毛；第一外稃与小穗等长，有 5 ～ 7 脉，脉间及边缘生柔毛；毛壁有小疣突，中脉两侧无毛或毛较少，第二外稃与小穗近等长，中部宽约 0.7 mm，顶端尖，纵行颗粒状粗糙，紫褐色，革质，有光泽；花药长约 0.5 mm。花、果期 7—11 月。

【生境】　生于山坡草地、路边、荒野。

【分布】　汉川市各乡镇均有分布。

182. 光头稗　*Echinochloa colona* (L.) Link

【形态】　一年生草本。秆直立，高 10 ～ 60 cm。叶鞘压扁而背具脊，无毛；叶舌缺；叶片扁平，线形，长 3 ～ 20 cm，宽 3 ～ 7 mm，无毛，边缘稍粗糙。圆锥花序直立、狭窄，长 5 ～ 10 cm；主轴具棱，通常无疣基长毛，棱边上粗糙。花序分枝长 1 ～ 2 cm，排列稀疏，直立上升或贴向主轴，穗轴无疣基长毛或仅基部被 1 ～ 2 根疣基长毛；小穗卵圆形，长 2 ～ 2.5 mm，具小硬毛，无芒，较规则地成 4 行排列于穗轴的一侧；第一颖三角形，长约为小穗的 1/2，具 3 脉；第二颖与第一外稃等长而同形，顶端具小尖头，具 5 ～ 7 脉，间脉常不达基部；第一小花常中性，其外稃具 7 脉，内稃膜质，稍短于外稃，脊上被短纤毛；第二外稃椭圆形，平滑，有光泽，边缘内卷，包着同质的内稃；鳞被 2，膜质。花、果期夏、秋季。

【生境】　多生于田野、园圃、路边湿润地。

【分布】　汉川市各乡镇均有分布。

【药用部位】　根。

【采收加工】　夏、秋季挖根，除去地上部分，洗净，鲜用或晒干。

【性味】　味微苦，性平。

【功能主治】　利水消肿，止血。主治水肿，腹水，咯血。

183. 白茅　*Imperata cylindrica* (L.) P. Beauv.

【别名】　茅草根、地筋。

【形态】　多年生草本，高20～80 cm。根茎白色，横走，密生鳞片，先端尖锐，有甜味。秆丛生，直立，具2～3节，节上有4～10 mm的白色柔毛。单叶互生，集于基部；叶鞘破碎呈纤维状，无毛；叶舌干膜质，钝头，长约1 mm，先端渐尖，基部渐狭，边缘及背面较粗糙；主脉明显；根生叶几与植株相等，茎生叶较短。圆锥花序柱状，长5～20 cm，宽1～3 cm，具柄，基部密生白色的丝状柔毛，两颖片相等或第一颖稍短，除背面下部略呈草质外，其他均为膜质，边缘具纤毛，背面疏生丝状柔毛，第一颖较狭，具3～4脉，第二颖较宽，具4～6脉；第一外稃卵状长圆形，长约15 mm，先端钝，内稃缺如；第二外稃披针形，长

1.2 mm，先端尖，两侧微呈齿状，内稃长约1.2 mm，宽约1.5 mm，先端截平，具尖钝大小不等的数齿；雄蕊2枚，花药黄色，长约3 mm；柱头2，深紫色。颖果，花期夏、秋季。

【生境】　生于山坡、草地、路旁。

【分布】　汉川市各乡镇均有分布。

【药用部位】　根茎。

【采收加工】　春、秋季采挖，除去地上部分及鳞片、泥土，洗净，晒干，捆成小把。

【药材性状】　干燥的根茎呈细长圆柱形，有时分枝，长短不一；通常30～60 cm，直径2～4 mm；表面黄白色或淡黄色，微有光泽，具纵皱纹，有棕黄色微隆起的节，节间长短不等，通常1.5～3 cm；体轻，质略脆，不易折断，断面纤维性，皮部白色，多有裂隙，放射状排列，中柱淡黄色，易与皮部剥离。无臭，味甘。

【性味】　味甘，性寒。

【功能主治】　凉血止血，清热利尿。主治血热吐血，衄血，尿血，热病烦渴，黄疸，水肿，热淋涩痛，急性肾炎性水肿。

184. 芦苇　*Phragmites australis* (Cav.) Trin. ex Steud.

【形态】　多年生，根状茎十分发达。秆直立，高1～3（8）m；直径1～4 cm，具20多节，基部和上部的节间较短，最长节间位于下部第4～6节，长20～25（40）cm，节下被蜡粉。叶鞘下部者短于、而上部者长于其节间；叶舌边缘密生一圈长约1 mm的短纤毛，两侧缘毛长3～5 mm，易脱落；叶

片披针状线形，长 30 cm，宽 2 cm，无毛，顶端长渐尖成丝形。圆锥花序大型，长 20 ～ 40 cm，宽约 10 cm，分枝多数，长 5 ～ 20 cm，着生稠密下垂的小穗；小穗柄长 2 ～ 4 mm，无毛；小穗长约 12 mm，含 4 朵花；颖具 3 脉，第一颖长 4 mm；第二颖长约 7 mm；第一不孕外稃雄性，长约 12 mm，第二外稃长 11 mm，具 3 脉，顶端长渐尖，基盘延长，两侧密生等长于外稃的丝状柔毛，与无毛的小穗轴相连接处具明显关节，成熟

后易从节上脱落；内稃长约 3 mm，两脊粗糙；雄蕊 3 枚，花药长 1.5 ～ 2 mm，黄色；颖果长约 1.5 mm。

【生境】　生于江河湖泽、池塘及沟渠沿岸和低湿地。

【分布】　汉川市各乡镇均有分布。

【药用部位】　新鲜或干燥的根茎和叶。

【采收加工】　根茎：全年均可采挖，除去芽、须根及膜状叶，鲜用或干燥。

叶：5—10 月均可采收。

【药材性状】　鲜根茎：长圆柱形，有的略扁，长短不一，直径 1 ～ 2 cm；表面黄白色，有光泽，外皮疏松可剥离；节呈环状，有残根及芽痕；体轻，质韧，不易折断；断面黄白色，中空，壁厚 1 ～ 2 mm，有小孔排列成环；无臭，味甘。

干根茎：呈压扁的长圆柱形；表面有光泽，黄白色；节处较硬，红黄色，节间有纵皱纹，质轻而柔韧；无臭，味微甘。

叶：常皱缩卷曲或纵裂，展平后完整者分叶鞘、叶舌和叶片。叶鞘圆筒形，长 12 ～ 16 cm，外面灰黄色，具细密浅纵沟纹，内面有光泽；叶舌短，高 1 ～ 2 mm，下部呈棕黑色横线，上部为白色毛须状；叶片线状披针形，两面灰绿色，背面下部中脉外突，先端长尾尖黄色，基部渐窄，两侧小耳状，内卷，全缘。质脆，易折断，断面较整齐，叶鞘可见 1 列孔洞。气微，味甘。

【性味】　味甘，性寒。

【功能主治】　根茎：清热泻火，生津止渴，除烦，止呕，利尿。主治热病烦渴，胃热呕哕，肺热咳嗽，肺痈吐脓，热淋涩痛。

叶：清热辟秽，止血，解毒。主治霍乱吐泻，吐血，衄血，肺痈。

185. 桂竹　*Phyllostachys bambusoides* Sieb. et Zucc.*

【别名】　五月季竹、轿杠竹。

【形态】　竿高可达 20 m，粗达 15 cm，幼竿无毛，无白粉或被不易察觉的白粉，偶可在节下方具稍明显的白粉环；节间长达 40 cm，壁厚约 5 mm；竿环稍高于箨环。箨鞘革质，背面黄褐色，有时带绿色或紫色，有较密的紫褐色斑块与小斑点和脉纹，疏生脱落性淡褐色直立刺毛；箨耳小型

或大型而呈镰状，有时无箨耳，紫褐色，繸毛通
常生长良好，偶亦可无繸毛；箨舌拱形，淡褐色
或带绿色，边缘生较长或较短的纤毛；箨片带
状，中间绿色，两侧紫色，边缘黄色，平直或偶
可在顶端微曲，外翻。末级小枝具 2～4 叶；叶
耳半圆形，繸毛发达，常呈放射状；叶舌明显伸
出，拱形或有时截形；叶片长 5.5～15 cm，宽
1.5～2.5 cm。花枝呈穗状，长 5～8 cm，偶
可长达 10 cm，基部有 3～5 片逐渐增大的鳞片
状苞片；佛焰苞 6～8 片，叶耳小型或几乎无，
繸毛通常存在，短，缩小叶圆卵形至线状披针形，
基部收缩呈圆形，上端渐尖呈芒状，每片佛焰苞
腋内具 1 枚或 2 枚、稀 3 枚的假小穗，唯基部 1～
3 片的苞腋内无假小穗而苞早落。小穗披针形，
长 2.5～3 cm，含 1 或 2（3）朵小花；小穗轴
呈针状延伸于最上孕性小花的内稃后方，其顶端
常有不同程度的退化小花，节间除针状延伸的部
分外，均具细柔毛；颖 1 片或无颖；外稃长 2～

2.5 cm，被疏微毛，先端渐尖呈芒状；内稃稍短
于外稃，除 2 脊外，背部无毛或先端常有微毛；鳞被菱状长椭圆形，长 3.5～4 mm，花药长 11～
14 mm；花柱较长，柱头 3，羽毛状。笋期 5 月下旬。

【生境】　多为栽培。

【分布】　汉川市各乡镇均有分布。

186. 鹅观草　*Elymus kamoji* (Ohwi) S. L. Chen

【别名】弯穗鹅观草、柯孟披碱草。

【形态】秆直立或基部倾斜，高
30～100 cm。叶鞘外侧边缘常具纤
毛；叶片扁平，长 5～40 cm，宽 3～
13 mm。穗状花序长 7～20 cm，弯曲
或下垂；小穗绿色或带紫色，长 13～
25 mm（芒除外），含 3～10 小花；
颖卵状披针形至长圆状披针形，先端锐
尖至具短芒（芒长 2～7 mm），边缘
为宽膜质，第一颖长 4～6 mm，第二
颖长 5～9 mm；外稃披针形，具有较

宽的膜质边缘，背部以及基盘近无毛或仅基盘两侧具极微小的短毛，上部具明显的 5 脉，脉上稍粗糙，第一外稃长 8 ～ 11 mm，先端延伸成芒，芒粗糙，劲直或上部稍有曲折，长 20 ～ 40 mm；内稃约与外稃等长，先端钝，脊显著具翼，翼缘具有细小纤毛。

【生境】 生于山坡和湿润草地。

【分布】 汉川市各乡镇均有分布。

【药用部位】 全草。

【采收加工】 夏、秋季采收，晒干。

【性味】 味甘，性凉。

【功能主治】 清热凉血，镇痛。主治咳嗽，痰中带血，风疹，劳伤疼痛。

187. 狗尾草 *Setaria viridis* (L.) P. Beauv.

【别名】 莠、光明草。

【形态】 一年生草本，高 60 ～ 80 cm。根须状。秆直立或基部膝曲，通常较细弱，基部直径 4 mm。叶互生，叶鞘较松弛，无毛或具柔毛；叶舌白色，边缘具 1 ～ 2 mm 的长纤毛；叶片扁平，长 15 ～ 30 cm，宽 2 ～ 15 mm，先端渐尖，基部略呈圆形或渐窄，通常无毛。夏季开花，圆锥花序紧密呈圆柱形，长 3 ～ 15 cm，微弯曲或直立，绿色、黄色或变紫色，周围有较长的刚毛；小穗椭圆形，长 2 ～ 2.5 mm；先端钝；基部有粗糙、

绿色、黄色或变紫色的刚毛数条；第一颖卵形，具 3 脉，长约为小穗的 1/3，第二颖几与小穗等长，具 5 ～ 7 脉；第二外稃有细点状皱纹，成熟时背部稍隆起，边缘卷抱内稃。颖果长圆形，顶端钝，具细点状皱纹。

【生境】 生于荒坡、路旁。

【分布】 汉川市各乡镇均有分布。

【药用部位】 全草。

【采收加工】 夏、秋季采收，晒干。

【性味】 味淡，性平。

【功能主治】 祛风明目，清热利尿。主治风热感冒，目赤肿痛，黄疸型肝炎；外用治颈淋巴结结核。

188. 荻 *Miscanthus sacchariflorus* (Maxim.) Benth. et Hook. f. ex. Franch.

【形态】 多年生，具发达被鳞片的长匍匐根状茎，节处生有粗根与幼芽。秆直立，高 1 ～ 1.5 m，直径约 5 mm，具 10 多节，节生柔毛。叶鞘无毛，长于或上部者稍短于其节间；叶舌短，长 0.5 ～

1 mm，具纤毛；叶片扁平，宽线形，长 20～50 cm，宽 5～18 mm，除上面基部密生柔毛外两面无毛，边缘锯齿状粗糙，基部常收缩成柄，顶端长渐尖，中脉白色，粗壮。圆锥花序舒展成伞房状，长 10～20 cm，宽约 10 cm；主轴无毛，具 10～20 较细弱的分枝，腋间生柔毛，直立而后开展；总状花序轴节间长 4～8 mm，或具短柔毛；小穗柄顶端稍膨大，基部腋间常生柔毛，短柄长 1～2 mm，长柄长 3～5 mm；小穗

线状披针形，长 5～5.5 mm，成熟后带褐色，基盘具长为小穗 2 倍的丝状柔毛；第一颖 2 脊间具 1 脉或无脉，顶端膜质长渐尖，边缘和背部具长柔毛；第二颖与第一颖近等长，顶端渐尖，与边缘皆为膜质，并具纤毛，有 3 脉，背部无毛或有少量长柔毛；第一外稃稍短于颖，先端尖，具纤毛；第二外稃狭窄披针形，短于颖片的 1/4，顶端尖，具小纤毛，无脉或具 1 脉，稀有 1 芒状尖头；第二内稃长约为外稃之半，具纤毛；雄蕊 3 枚，花药长约 2.5 mm；柱头紫黑色，自小穗中部以下的两侧伸出。颖果长圆形，长 1.5 mm。花、果期 8—10 月。

【生境】　生于山坡草地、河岸湿地。

【分布】　汉川市各乡镇均有分布。

【药用部位】　地下茎。

【性味】　味微甘，性凉。

【功能主治】　祛暑解表，利尿解毒。主治中暑，感冒，尿路感染，带下，外伤出血症。

七十六、棕榈科 Arecaceae

灌木、藤本或乔木，茎通常不分枝，单生或丛生，表面平滑或粗糙，或有刺，或被残存老叶柄的基部或叶痕，稀被短柔毛。叶互生，在芽时折叠，羽状或掌状分裂，稀全缘或近全缘；叶柄基部通常扩大成具纤维的鞘。花小，单性或两性，雌雄同株或异株，有时杂性，组成分枝或不分枝的佛焰花序或肉穗花序；花序通常大型多分枝，被 1 或多个鞘状或管状的佛焰苞所包围；花萼和花瓣各 3 片，离生或合生，覆瓦状或镊合状排列；雄蕊通常 6 枚，2 轮排列，稀多数或更少，花药 2 室，纵裂，基着或背着；退化雄蕊通常存在或稀缺；子房 1～3 室或 3 个心皮离生或于基部合生，柱头 3 个，通常无柄；每个心皮内有 1～2 枚胚珠。果实为核果或硬浆果，1～3 室或具 1～3 个心皮；果皮光滑或有毛、有刺、粗糙，被以覆瓦状鳞片。种子通常 1 粒，有时 2～3 粒，多者 10 粒，与外果皮分离或黏合，被薄的或肉质的外种皮，胚乳均匀或嚼烂状，胚顶生、侧生或基生。

189. 棕榈　*Trachycarpus fortunei* (Hook.) H. Wendl.

【别名】 棕树。

【形态】 乔木状，高 3 ～ 10 m 或更高，树干圆柱形，被不易脱落的老叶柄基部和密集的网状纤维，除非人工剥除，否则不能自行脱落，裸露树干直径 10 ～ 15 cm，甚至更粗。叶片呈 3/4 圆形或近圆形，深裂成 30 ～ 50 片具皱褶的线状剑形，宽 2.5 ～ 4 cm，长 60 ～ 70 cm 的裂片，裂片先端具短 2 裂或 2 齿，硬挺甚至顶端下垂；叶柄长 75 ～ 80 cm，甚至更长，两侧具细圆齿，顶端有明显的戟突。花序粗壮，多次分

枝，从叶腋抽出，通常雌雄异株。雄花序长约 40 cm，具有 2 ～ 3 个分枝花序，下部的分枝花序长 15 ～ 17 cm，一般只二回分枝；雄花无梗，每 2 ～ 3 朵密集着生于小穗轴上，也有单生的；黄绿色，卵球形，钝 3 棱；花萼 3 片，卵状急尖，几分离，花冠约比花萼长 2 倍，花瓣阔卵形，雄蕊 6 枚，花药卵状箭头形；雌花序长 80 ～ 90 cm，花序梗长约 40 cm，其上由 3 个佛焰苞包着，具 4 ～ 5 个圆锥状的分枝花序，下部的分枝花序长约 35 cm，二至三回分枝；雌花淡绿色，通常 2 ～ 3 朵聚生；花无梗，球形，着生于短瘤突上，萼片阔卵形，3 裂，基部合生，花瓣卵状近圆形，比萼片长 1/3，退化雄蕊 6 枚，心皮被银色毛。果实阔肾形，有脐，宽 11 ～ 12 mm，高 7 ～ 9 mm，成熟时由黄色变为淡蓝色，有白粉，柱头残留在侧面附近。种子胚乳均匀，角质，胚侧生。花期 4 月，果期 12 月。

【生境】 栽培。

【分布】 汉川市各乡镇均有分布。

【药用部位】 根、花蕾及花、叶柄及叶鞘纤维、叶、成熟果实。

【采收加工】 棕榈根：全年均可采挖，挖根，洗净，切段，鲜用或晒干。

棕榈花：4—5 月花将开或刚开放时连花序采收，晒干。

棕榈皮：全年均可采收，一般多于 9—10 月采收其剥下的纤维状鞘片，除去残皮，晒干。

棕榈叶：全年均可采收，鲜用或晒干。

棕榈子：霜降前后，待果皮变为淡蓝色时采收，晒干。

【药材性状】 棕榈皮的陈久者，称为陈棕皮。商品中有选用叶柄部分或废棕绳。叶柄削去外面纤维，晒干，称为棕骨；废棕绳多取自破旧的棕床，称为陈棕。

陈棕皮：粗长的纤维，成束状或片状，长 20 ～ 40 cm，大小不一。色棕褐，质韧，不易撕断。气微，味淡。

棕骨：又称棕板，呈长条板状，长短不一，红棕色，基部较宽而扁平，或略向内弯曲，向上则渐窄而厚，背面中央隆起，呈三角形，背面两侧平坦，上有厚密的红棕色茸毛，腹面平坦或略向内凹，有左右交叉的纹理。撕去表皮后，可见坚韧的纤维。质坚韧，不能折断。切面平整，散生有多数淡黄色维管束而呈

点状。气无，味淡。

陈棕：呈破碎的网状或绳索状。深棕色至黑棕色，粗糙，质坚韧，不易断。气微，味淡。

棕榈子：果实肾形或近球形，常一面隆起，一面凹下，凹面有沟，旁有果柄根。长 8～10 mm，宽 5～8 mm，表面灰黄色或绿黄色，成熟者灰蓝色，平滑或有不规则网状皱纹，外果皮、中果皮较薄，常脱落而露出灰棕色或棕黑色坚硬的内果皮。种仁乳白色，角质。气微，味微涩而微甜。

【性味】味苦、涩，性平。

【功能主治】棕榈根：收敛止血，涩肠止痢，除湿，消肿，解毒。主治吐血，便血，崩漏，带下，痢疾，淋浊，水肿，关节疼痛，瘰疬，流注，跌打肿痛。

棕榈花：止血，止泻，活血，散结。主治血崩，带下，肠风，泻痢，瘰疬。

棕榈皮：收敛止血。主治吐血，衄血，便血，尿血，血崩，外伤出血。

棕榈叶：收敛止血，降血压。主治吐血，劳伤，高血压。

棕榈子：止血，涩肠，固精。主治肠风，崩漏，带下，泻痢，遗精。

七十七、天南星科 Araceae

草本植物，具块茎或伸长的根茎；稀为攀援灌木或附生藤本，富含苦味水汁或乳汁。叶单一或少数，有时花后出现，通常基生，如茎生则为互生，2 列或螺旋状排列，叶柄基部或一部分鞘状；叶片全缘时多为箭形、戟形，或掌状、鸟足状、羽状或放射状分裂；大都具网状脉，稀具平行脉（如菖蒲属）。花小或微小，常极臭，排列成肉穗花序；花序外面由佛焰苞包围。花两性或单性。花单性时雌雄同株（同花序）或异株。雌雄同序者雌花居于花序的下部，雄花居于雌花群之上。两性花有花被或否。花被如存在则为 2 轮，花被片 2 或 3 枚，整齐或不整齐地覆瓦状排列，常倒卵形，先端拱形内弯；稀合生成坛状。雄蕊通常与花被片同数且与之对生、分离；在无花被的花中；雄蕊 2～8 枚或多数，分离或合生为雄蕊柱；花药 2 室，药室对生或近对生，室孔纵长；花粉分离或集成条状；花粉粒头状椭圆形或长圆形，光滑。假雄蕊（不育雄蕊）常存在，在雌花序中围绕雌蕊（泉七属的一些种），有时单一、位于雌蕊下部（千年健属）；在雌雄同序的情况下，有时多数位于雌花群之上（犁头尖属），或常合生成假雄蕊柱（海芋属），但经常完全退废，这时全部假雄蕊合生且与肉穗花序轴的上部形成海绵质的附属器。子房上位，稀陷入肉穗花序轴内，1 至多室，基底胎座、顶生胎座、中轴胎座或侧膜胎座，胚珠直生、横生或倒生，1 至多数，内珠被之外常有外珠被，后者常于珠孔附近成流苏状（菖蒲属），珠柄长或短；花柱不明显，或伸长成线形或圆锥形，宿存或脱落；柱头各式，全缘或分裂。果实为浆果，极稀紧密结合而为聚合果（隐棒花属）；种子 1 至多粒，圆形、椭圆形、肾形或伸长，外种皮肉质，有的上部流苏状；内种皮光滑，有窝孔，具疣或肋状条纹，种脐扁平或隆起，短或长。胚乳厚，肉质，贫乏或不存在。

190. 半夏　*Pinellia ternata* (Thunb.) Breit.

【别名】 三步跳。

【形态】 多年生草本，高 15～30 cm。块茎球形至扁球形，直径 1～2 cm，下部生有多数须根。叶从块茎顶端伸出，叶柄长 6～24 cm，在下部内侧面生有一白色珠芽，有时叶端也有 1 枚，卵形；一年生的叶为单叶，卵状心形；2～4 年后为三出复叶，小叶椭圆形至披针形，中间小叶较大，长 5～8 cm，宽 3～4 cm，两侧 2 小叶较小，具短柄，先端锐尖，基部楔形，全缘。花葶高出于叶，长约 30 cm，佛焰苞长 6～7 cm，上部绿色，内部紫黑色，细管状，上部片状，椭圆形；肉穗花序顶生，一侧与佛焰苞贴生，花单性，无花被，雌雄同株，雄花着生于上部，白色，雄蕊密集呈圆筒状；雌花着生于下部，绿色，两者相

距 5～8 mm；花序先端附属物延伸成鼠尾状，直立，长 7～10 cm，伸出佛焰苞外。浆果卵状椭圆形，长 4～5 mm，绿色，成熟时红色。花期 5—7 月，果期 8—9 月。

【生境】 生于山坡林下、房前屋后、路边石墙缝隙中。

【分布】 汉川市各乡镇均有分布。

【药用部位】 块茎。

【采收加工】 夏季采收，放入筐内，浸入水中，除去外层及须根，晒干。

【药材性状】 干燥块茎呈圆球形、半圆球形或偏斜形，直径 0.6～2 cm。表面白色或浅黄色，未去净的外层有黄色斑点，顶端有凹陷的黄棕色茎痕，周围密布凹点须根痕，下面钝圆而光滑。质坚实，断面洁白，富粉性。无臭，味辛辣，嚼之发黏，麻舌而刺喉。

【性味】 味辛，性温；有毒。

【功能主治】 燥湿化痰，降逆止呕，消痞散结。主治痰多咳嗽，风痰眩晕，痰厥头痛，呕吐反胃，胸脘痞闷，梅核气；外用消痈肿。

七十八、香蒲科 Typhaceae

多年生沼生、水生或湿生草本。根状茎横走，须根多。地上茎直立，粗壮或细弱。叶 2 列，互生；鞘状叶很短，基生，先端尖；条形叶直立或斜上，全缘，边缘微向上隆起，先端钝圆至渐尖，中部以下腹面渐凹，背面平突至龙骨状突起，横切面呈新月形、半圆形或三角形；叶脉平行，中脉背面隆起或否；

叶鞘长，边缘膜质，抱茎或松散。花单性，雌雄同株，花序穗状；雄花序生于上部至顶端，花期时比雌花序粗壮，花序轴具柔毛或无毛；雌性花序位于下部，与雄花序紧密相接或相互远离；苞片叶状，着生于雌雄花序基部，亦见于雄花序中；雄花无被，通常由 1～3 枚雄蕊组成，花药矩圆形或条形，2 室，纵裂，花粉粒单体或四合体，纹饰多样；雌花无被，具小苞片或无，子房柄基部至下部具白色丝状毛；孕性雌花柱头单侧、条形、披针形、匙形，子房上位，1 室，胚珠 1 枚，倒生；不孕雌花柱头不发育，无花柱，子房柄不等长，果实纺锤形、椭圆形，果皮膜质，透明或灰褐色，具条形或圆形斑点。种子椭圆形，褐色或黄褐色，光滑或具突起，含肉质或粉状的内胚乳，胚轴直，胚根肥厚。

191. 水烛　*Typha angustifolia* L.

【别名】蜡烛草。

【形态】多年生，水生或沼生草本。根状茎乳黄色、灰黄色，先端白色。地上茎直立，粗壮，高 1.5～2.5（3）m。叶片长 54～120 cm，宽 0.4～0.9 cm，上部扁平，中部以下腹面微凹，背面向下逐渐隆起呈突凸形，下部横切面呈半圆形，细胞间隙大，呈海绵状；叶鞘抱茎。雌雄花序相距 2.5～6.9 cm；雄花序轴具褐色扁柔毛，单出或分叉；叶状苞片 1～3 片，花后脱落；雌花序长 15～30 cm，基部具 1 片叶状苞片，

通常比叶片宽，花后脱落；雄花由 3 枚雄蕊合生，有时由 2 或 4 枚组成，花药长约 2 mm，长距圆形，花粉粒单体，近球形、卵形或三角形，纹饰网状，花丝短，细弱，下部合生成柄，长（1.5）2～3 mm，向下渐宽；雌花具小苞片；孕性雌花柱头窄条形或披针形，长 1.3～1.8 mm，花柱长 1～1.5 mm，子房纺锤形，长约 1 mm，具褐色斑点，子房柄纤细，长约 5 mm；不孕雌花子房倒圆锥形，长 1～1.2 mm，具褐色斑点，先端黄褐色，不育柱头短尖；白色丝状毛着生于子房柄基部，并向上延伸，与小苞片近等长，均短于柱头。小坚果长椭圆形，长约 1.5 mm，具褐色斑点，纵裂。种子深褐色，长 1～1.2 mm。花、果期 6—9 月。

【生境】生于湖泊、河流、池塘浅水处，水深稀达 1 m 或更深，沼泽、沟渠亦常见，当水体干枯时可生于湿地及地表龟裂环境中。

【分布】汉川市各乡镇均有分布。

【药用部位】干燥花粉。

【采收加工】夏季采收蒲棒上部的黄色雄性花序，晒干后碾轧，筛取细粉，生用或炒用。

【药材性状】本品为黄色细粉，体轻，置水中则漂浮水面，手捻之有润滑感，易附着于手指上。气微，

味淡。以色鲜黄、润滑感强、纯净者为佳。

【性味】 味甘，性平。

【功能主治】 止血，化瘀，利尿。主治吐血，衄血，咯血，崩漏，外伤出血，闭经，痛经，胸腹刺痛，跌打肿痛，血淋涩痛。

七十九、莎草科 Cyperaceae

多年生草本，较少为一年生；多数具根状茎，少兼具块茎。大多数具有三棱形的秆。叶基生或秆生，一般具闭合的叶鞘和狭长的叶片，或有时仅有鞘而无叶片。花序多种多样，有穗状花序、总状花序、圆锥花序、头状花序或长侧枝聚伞花序；小穗单生、簇生或排列成穗状或头状，具2至多朵花，或退化至仅具1朵花；花两性或单性，雌雄同株，少有雌雄异株，着生于鳞片（颖片）腋间，鳞片覆瓦状螺旋排列或2列，无花被或花被退化成下位鳞片或下位刚毛，有时雌花为先出叶所形成的果囊所包裹；雄蕊3枚，少有1～2枚，花丝线形，花药底着；子房1室，具1枚胚珠，花柱单一，柱头2～3个。果实为小坚果，三棱形、双突状、平突状或球形。

192. 粉被薹草 *Carex pruinosa* Boott

【形态】 根状茎短。秆丛生，高30～80 cm，稍坚挺，平滑，基部具红褐色的叶鞘。叶与秆近等长或短于秆，宽3～5 mm，平张，边缘反卷。苞片叶状，长于花序。小穗3～5枚，顶生1朵雄花，有时其上有数朵雌花，窄圆柱形，长2～3 cm，具纤细柄；侧生小穗雌性，有时其顶端具雄花，圆柱形，长2～4 cm，宽5～6 mm；小穗柄纤细，长1.5～3 cm，下垂。雌花鳞片长圆状披针形或披针形，顶端渐尖，具短尖，长2.8～3 mm，中间绿色，两侧膜质，密生锈色点线，具3条脉。果囊等长或稍长于鳞片，长圆状卵形，长2.5～3 mm，宽约2 mm，密生乳头状突起和红棕色树脂状小突起，具脉，基部宽楔形，顶端急缩成短喙，喙口微凹。小坚果稍松地包于果囊中，宽卵形，双突状，长约2 mm，宽约1.5 mm，黄褐色；柱头2个。花、果期3—6月。

【生境】 生于河岸、溪旁潮湿处、草地。

【分布】 汉川市各乡镇均有分布。

193. 香附子 *Cyperus rotundus* L.

【别名】 香头草、梭梭草、金门莎草。

【形态】 匍匐根状茎长，具椭圆形块茎。秆稍细弱，高 15 ~ 95 cm，锐三棱形，平滑，基部呈块茎状。叶较多，短于秆，宽 2 ~ 5 mm，平张；鞘棕色，常裂成纤维状。叶状苞片 2 ~ 3（5）片，常长于花序或短于花序；长侧枝聚伞花序简单或复出，具（2）3 ~ 10 个辐射枝；辐射枝长达 12 cm；穗状花序轮廓为陀螺形，稍疏松，具 3 ~ 10 枚小穗；小穗斜展开，线形，长 1 ~ 3 cm，宽约 1.5 mm，具 8 ~ 28 朵花；小穗轴具较宽的、白色透明的翅；鳞片稍密地覆瓦状排列，膜质，卵形或长圆状卵形，长约 3 mm，顶端急尖或钝，无短尖，中间绿色，两侧紫红色或红棕色，具 5 ~ 7 条脉；雄蕊 3 枚，花药长，线形，暗血红色，药隔突出于花药顶端；花柱长，柱头 3 个，细长，伸出鳞片外。小坚果长圆状倒卵形，三棱形，长为鳞片的 1/3 ~ 2/5，具细点。花、果期 5—11 月。

【生境】生于山坡荒地草丛中或水边潮湿处。

【分布】 汉川市各乡镇均有分布。

【药用部位】 干燥根茎。

【采收加工】 春、秋季采挖，用火燎去须根，晒干。

【药材性状】 根茎纺锤形或稍弯曲，长 2 ~ 3.5 cm，直径 0.5 ~ 1 cm。表面棕褐色或黑褐色，有不规则纵皱纹，并有明显而略隆起的环节 6 ~ 10 个，节上有众多未除尽的暗棕色毛须及须根痕；去净毛须的较光滑，有细密纵脊纹。质坚硬，蒸煮者断面角质样，棕黄色或棕红色；生晒者断面粉性，类白色，内皮层环明显，中柱色较深，点状维管束散在。气香，味微苦。以个大、质坚实、色棕褐、香气浓者为佳。

【性味】 味辛、微苦、微甘，性平。

【功能主治】 疏肝解郁，调经止痛，理气调中。主治肝郁气滞胁痛，腹痛，月经不调，痛经，乳房胀痛，气滞腹痛。

194. 短叶水蜈蚣 *Kyllinga brevifolia* Rottb.

【别名】 三棱环。

【形态】 多年生草本，高 10～50 cm，全株光滑无毛，鲜时有如菖蒲的香气。根状茎柔弱，带紫色，匍匐平卧于地下，形似蜈蚣，节多数，节下生须根多数，每节上有一小苗。茎成列散生，纤弱，扁三棱形，平滑。叶狭线形，质软，长短不一，宽 2～4 mm，基部鞘状抱茎，最下 2 个叶鞘呈干膜质。夏季从杆顶生一个球形、黄绿色的头状花序，具极多数密生小穗，下面有向下反折的叶状苞片 3 片，所以又有三莢草之

称；鳞片膜质，背面龙骨状突起，无翅，具刺，顶端具外弯的短尖，脉 5～7；雄蕊 1～3 枚；柱头 2 个。小坚果倒卵状矩圆形，扁双突状，长为鳞片的 1/2，具密细点。

【生境】 生于路旁、沟边、田边等潮湿之地。

【分布】 汉川市各乡镇均有分布。

【药用部位】 全草。

【采收加工】 全年均可采收，晒干。

【性味】 味辛、甘，性平。

【功能主治】 祛风解表，止咳化痰，活血消肿。主治感冒咳嗽，百日咳，跌打损伤，蛇咬伤，疮痈肿毒。

中文名索引

拉丁名索引

参考文献

[1] 国家药典委员会.中华人民共和国药典[S].北京：中国医药科技出版社,2020.

[2] 南京中医药大学.中药大辞典[M].2版.上海：上海科学技术出版社,2006.

[3] 国家中医药管理局《中华本草》编委会.中华本草[M].上海：上海科学技术出版社,2002.

[4] 王国强.全国中草药汇编[M].3版.北京：人民卫生出版社,2014.

[5] 中国科学院中国植物志编辑委员会.中国植物志[M].北京：科学出版社,1979.

[6] 傅书遐.湖北植物志[M].武汉：湖北科学技术出版社,2002.

[7] 中国科学院植物研究所.中国高等植物图鉴[M].北京：科学出版社,1972.

[8] 傅立国.中国高等植物[M].青岛：青岛出版社,2012.

[9] 《中国高等植物彩色图鉴》编委会.中国高等植物彩色图鉴[M].北京：科学出版社,2016.

[10] 湖北省农业厅.湖北本草撷英[M].武汉：湖北人民出版社,2016.

[11] 徐国均,何宏贤,徐珞珊,等.中国药材学[M].北京：中国医药科技出版社,1996.

[12] 方志先,廖朝林.湖北恩施药用植物志[M].武汉：湖北科学技术出版社,2006.

[13] 湖北省中药资源普查办公室,湖北省中药材公司.湖北中药资源名录[M].北京：科学出版社,1990.

[14] 甘啟良.湖北竹溪中药资源志[M].武汉：湖北科学技术出版社,2016.

[15] 郭普东,刘德盛,俞邦友.湖北利川药用植物志[M].武汉：湖北科学技术出版社,2016.

[16] 中国食品药品检定研究院,广东省食品药品检验所.中国中药材真伪鉴别图典[M].3版.广州：广东科技出版社,2011.